企業專利策略、布局與貨幣化

五南圖書出版公司 印行

◆ 黃孝怡 著

序言——重視專利爲企業永續經營之道

本書《企業專利策略、布局與貨幣化》可以說是《專利與企業經營策略》的續篇，全書主要分爲企業專利策略、企業專利布局與專利貨幣化三個部分。主要在說明企業如何將專利從無到有，並加以商業化、金融化的歷程。

目前專利發展的，早已跳脫了「單純技術保護」的目的，而從「市場驅動」而進入了「金融趨動」的模式。也就是說專利除了做爲廠商在市場中競爭的法律工具，也越來越被當作具流動性的資產。因此，企業進行專利活動時必須在策略指導下進行，然後能有系統的、有效率地進行專利的開發、最後能將專利轉化成金融性質的資產。而本書的三個部分，正是依照這三個流程做詳盡的說明。

眾所周知的，美國是世界上專利最發達的國家，除了美國擁有悠久的創新傳統外，另一個重要的原因是美國擁有全世界發展最完善的交易市場，以及最活躍的專利交易活動。在專利交易市場中，有中介者穿針引線，一方面爲需求方搭橋尋找合適的專利，但另一方面也替專利權人尋找訴訟機會。這樣靠訴訟或訴訟仲介獲利的模式雖然被詬病已久，但不可諱言的，活躍的交易帶來更多的供給，因此專利的開發與專利的申請得以延續及成長，專利的組合也越來越多元。但另一方面，對於原本對專利陌生或是對專利無法投入大量資源的企業，就面臨了隨時被其他競爭者以專利訴訟狙擊的機會。

因此，想要永續經營的企業，都必須考慮專利的問題，特別是必須思考在有限資源下，如何建立有效的專利防禦網。這必須由企業規劃本身專利的策略、建立有效的專利組合、以及將專利資產活化三個步驟來完成，這也是本書最主要的內容。而企業在規劃專利策略與專利組合時，最好能與本身的經營策略相結合，以期透過專利活動提升企業本身的競爭能力與經營能力。因此本書對於企業專利策略的建議，主要根植在企業的經營策略上，而這些經營策略的原理，多半在《專利與企業經營理論》書中加以討論說明。本書中也有許多實例，可以對應到《專利與企業經營理論》中的理論，也驗證了企業經營理論在企業專利活動中的重要性。

在本書行將付梓之前，又發生臺灣的半導體設備大廠被英特格（Entegris）控告侵權並要付出高價賠償的案子，雖然家登決定上訴，但這件事情已告訴我們：當企業發展到一定階段，具有一定的市場能見度時，很難避免其他競爭者的專利訴訟。此時企業如果沒有完善的策略與專利保護網，很難不蒙受聲譽及實質上的損失。希望本書的目的就是希望企業能重視企業專利的策略與布局，以避免因爲專利的訴聳影響企業的發展。

目錄

第一篇　緒論篇

第二篇　企業專利策略

第三篇　企業專利布局

第四篇　專利商業化與貨幣化

第一篇　緒論篇

緒　言

許多企業對於專利的認知，多半停留在「申請、保護、訴訟」的層次：企業認爲自己具有獨特的技術或發明，因此申請專利加以保護，並針對有侵權疑慮的對象提出訴訟。但是在付出高額的專利成本與訴訟費用後，擁有專利的企業往往得不到期待的結果，因此專利的存在必要性與價值，一直被大眾所質疑。但是另一方面，許多國際性的企業，卻一直強調企業關於智財、特別是專利的相關收入每年不斷的增加。面對這樣兩極化的情況，我們有必要將專利眞正的必要性與價值，做進一步的了解。而要了解專利眞正的價值，最好的方式是從市場的角度出發，設法了解專利市場交易的眞實情況與市場交易中的專利價格，才能了解專利對於企業的價值。

此外，在了解專利市場的狀況後，我們應該進一步思考更深入的問題是：許多專利的買方獲得專利的目的是什麼？在獲得專利後，這些企業又會以什麼方式獲得收入，以達成財務報表上的平衡？而爲了提高專利在市場上容易達成交易的可能性，專利又呈現了怎樣的發展趨勢？特別要注意的是，專利市場的變化與專利趨勢的變化，並不是只對投入專利研發與專利交易的「專利市場玩家」發生影響；對於數量更龐大的「非專利玩家」，它們更有可能成爲「專利市場玩家」以專利狙擊的對象；特別是存在已久的非專利實施體，以及近年來將專利訴訟納入企業商業模式的許多高科技廠商，都隨時可能對它們認爲的侵權者要求高額權利金，否則就提起訴訟。

本書的第一篇，便針對以上的問題進行分析與討論。更重要的是，本書認爲企業必須針對近年專利發展所面對的挑戰，提出有效的對策，以維持企業在市場中的營運自由。本書第一篇的目的，就在協助企業在建立因應專利挑戰的基本策略，然後後續的各篇才能更進一步深入討論相關的做法，以期最終能協助企業建立本身的專利能力。

第一章 新時代企業面臨的專利挑戰

1.1 專利市場交易狀況及其解析

一個眾所周知的事實是：企業進行研發需要投入可觀的資金，雖然有部分的成本可以從商品的上市或技術授權獲得的收益來回收，但企業還是必須爲失敗與風險付出成本；另一方面，如果企業要以法律來保護研發成果，就必須再付出額外的成本，包括專利的申請費、審查費與年費，還有保護權利所需的成本如訴訟費用等。這些費用對企業不啻爲一筆沉重的負擔。因此，企業通常會採取多元的管道，以從研發成果獲利。而在專利市場進行專利交易，就成爲企業獲利的重要管道之一，而專利的市場交易也具有特殊的意義；因此本書首先將討論專利市場交易的最新狀況，包括專利交易市場的規模、交易的標的，以及其所代表的意義。

一、專利市場交易的規模

關於專利市場的交易規模，因爲缺乏全球性的公開交易市場，或是整合的公開交易記錄，因此要了解全球專利交易的總量和專利市場規模的大小，並不是一件容易的事。所以，目前專利市場的研究資料通常來自商業情報機構。所幸近年來專利資料逐漸受到重視，專利也逐漸被接受成爲一種可以交易的，並能協助企業獲得競爭優勢的資產，因此掌握專利情報也等於掌握了商業情報；而一些專利情報分析單位也應運而生。這些單位多半來自從事智財工作的法律專業單位，或是產業研究單位。例如 Richardson 等人經過 6 年的追蹤，以美國專利商標局（USPTO）的專利數據和 USPTO Assignment 資料庫、Derwent Innovation、PatSnap 和來自

DocketNavigator 的專利訴訟資料作爲資料來源，總共涵蓋了 125 億美元的專利資產，包括超過 3,500 個專利包（Patent Package），其中包括超過 86,000 個專利資產。透過這些來源的數據，Richardson 等人提出了針對專利經紀和私人市場的專利交易之統計分析。

（一）專利交易市場類型

通常來說，專利交易可以分爲專利授權交易和直接銷售專利的交易；而直接銷售專利市場又可以進一步分爲潛在買家購買專利組合（或稱專利包）的準公開的專利代理市場，以及私下協商轉讓的私人交易市場[1]。整體來說，專利授權加交易的市場最大，其次是專利買賣交易，然後專利買賣交易市場中包含了專利經紀人市場。

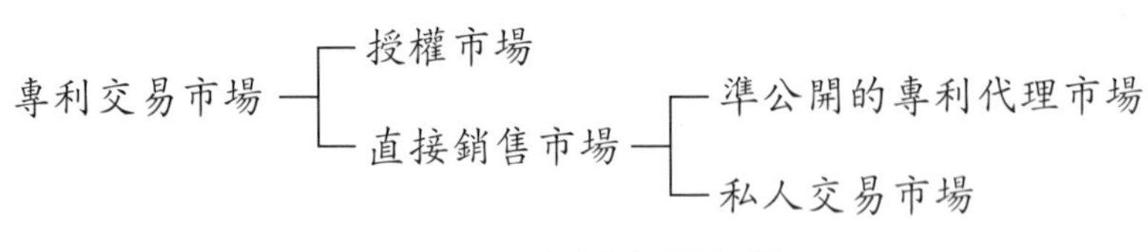

圖 1-1　專利交易市場

專利經紀人市場的定義則是潛在買家和賣家透過專利經紀人進行的專利交易，且其交易都會簽訂保密協議，使得市場對公眾不公開。專利經紀人實際上相當於智慧財產權的仲介，他們代表賣方銷售專利，並試圖尋找潛在買家進行交易談判。所謂專利經紀人（Patent Brokers）是指在專利的買賣雙方之間進行中介，並管理有關瀏麗資產的購買、銷售、授權或行銷等交易過程步驟的人[2]。專利經紀人應該具有以下能力，包括：過濾專利

---

1 Love, B. J., Richardson, K., Oliver, E., & Costa, M., (2018), "An Empirical Look at the Brokered Market for Patents", *Missouri Law Review*, 83, 359.

2 維基百科「Intellectual property brokering」條目，https://en.wikipedia.org/wiki/Intellectual_property_brokering，最後瀏覽日：2018 年 12 月 16 日。

資產以確定要出售的產品、選擇可能買家和賣家、篩選並確定重要的專利及其申請專利範圍、提供定價指導、爲銷售者提供銷售條款和時間表的指導、確定盡職調查的流程，和談判定價等[3]。在一般的專利交易中，他們收取約 20% 交易費用作爲傭金[4]。

另一方面，所謂的私人（Private）市場是指買賣雙方直接談判進行的專利交易，這樣的交易通常發生在較大規模的交易，而且因爲其交易目的較爲複雜而更具特殊性。Love 等人（2018）提到 2014 年 Twitter 以 3,600 萬美元從 IBM 購買 900 項專利。而這項交易是在 Twitter 準備於 2014 年 11 月申請初次公開發行（IPO）前發生的，起因在於 IBM 拿著三項專利向 Twitter 談判，由於當時 Twitter 手上僅有目前 9 項專利，爲了避免訴訟，於是與 IBM 達成包括交叉授權條款以及專利轉讓的協議。正如同 Twitter 自己所說明的[5]：「我們當前深陷多起智慧財產權訴訟。隨市場競爭的激烈，以及公司知名度的提升，預計將來還會遭到其他的專利和智慧財產權訴訟。」

（二）專利交易市場資料來源

當我們了解專利交易常見的類型和特性後，我們可以進一步探討專利

---

3 Richardson, K., Oliver, E., and Costa, M., "The 2017 brokered patent market - the fightback begins", Richardson Oliver Law Group LLP, 2018, https://www.richardsonoliver.com/wp-content/uploads/2018/01/The-Brokered-Patent-Market-The-Fightback-Begins-Back-IAM87-Richardson-Oliver-Costa.pdf，最後瀏覽日：2018 年 12 月 15 日。

4 同註 1。

5 國家實驗研究院科技政策研究與資訊中心科技產業資訊室，「Twitter 花 3,600 萬買下 IBM 的 900 項專利」，2014 年 3 月，http://iknows.spti.narl.org.tw/post/Read.aspx?PostID=9441，最後瀏覽日：2018 年 12 月 15 日。

交易資料的來源和統計的方式。依照宋海寧（2015）[6]的說明，專利交易的資料主要來自以下三方面：

1. **來自交易者的主動揭露**：例如上市公司的專利交易可被視爲公司的重大訊息，必須向投資大眾揭露；或是公司基於經營策略上的需求，例如與其他廠商進行策略聯盟等，會將相關的交易主動公告。

2. **來自專利主管機構的資料**：因爲專利交易之後需要在專利主管機構進行登記，因此專利主管機構公開的相關訊息也會揭露專利的轉讓資訊。

3. **來自專利中介者如專利交易經紀人**：專利經紀人通常可掌握著專利交易第一手資料，因此可以對市場進行分析和預測，如業界常見的 Richardson Oliver Law 律師事務所（Richardson Oliver Law Group LLP）的年度專利經紀人市場報告。本書接下來將以該事務所提出的專利經紀人市場資料分析加以說明。

根據 Richardson 等人（2018）對美國 2017 年的專利經紀和私人市場的統計結果顯示，整體而言呈現以下的趨勢爲[7]：

- 專利的銷售額增加到 29.6 億美元。
- 詢價降低了 8%，但下降幅度已經是近幾年相對較小的。
- 其中 60% 的銷售額是軟體專利。

（三）專利交易市場資料分析

另外從專利銷售和購買意願的趨勢來看，Richardson 等人（2018）的文章中揭露從 2011 年到 2017 年專利經紀和私人市場中詢價的專利累計數量，由 2011 年極少數量開始，到 2012 年快速的成長，一直到 2014 年因

6　宋海寧（2015）。「近年全球專利交易的統計和趨勢分析——以美國專利交易市場爲主進行考察」，**科技與法律**，(4)，頁 812-843。

7　同註 3。

爲美國最高法院對 Alice 案影響了金融技術（Fintech）的專利市場，進而使專利的交易趨緩，但之後再呈現急速的成長，到 2017 年已經超過百億美元。但這是總體的數量，眞正完成交易銷售的專利金額則是從 2012 年開始，呈現接近線性的成長，到了 2017 年底達到近 30 億美元。另外預測顯示，在 2018 年時成交量應該會接近 40 億美元[8]；不過值得注意的是，根據 Richardson 等人（2017）[9] 的預估，2017 年眞正的成長比前一年的預估稍低。

Richardson 等人（2017）進一步分析專利交易市場交易細節。首先，從 2012 年來，有一些新的趨勢出現，包括：

1. **大型公司購買和銷售專利行爲的轉變**：變得更爲積極而且交易的單位都很大；而中小企業和初次公開募集的公司也正建立了購買和銷售專利的能力。因此也因此造成企業購買專利數量超過非專業執業實體（NPEs）。

2. **新的專利交易市場出現**：包括 2015 年推出的「智慧財產管理」（Intellectual Property Management）專利市場以及 2016 年 Allied Security Trust（AST）公司推出的「產業專利購買計畫」（Industry Patent Purchase Program, IP3）。其中 IP3 是由一些擁有大量專利的公司如 Google、Microsoft、IBM、Ford、Apple、Cisco and Facebook 等企業共同組織成立的，目的在簡化 IP 銷售的方式，該計畫是由這些後來合計爲 21 家企業與

---

8 同註 3。

9 Richardson, K., Oliver, E., and Costa, M., “2016 Patent Market Report: Overview”, 2017/4/10, http://www.ipwatchdog.com/2017/04/10/2016-patent-market-report-overview/id=81689/，最後瀏覽日：2018 年 12 月 15 日。

AST 一起制定[10]。以上兩個新的專利市場使整個專利市場交易更爲活絡。

二、專利經紀人與私人市場交易的標的與價格

近年來，專利交易的一個重要趨勢就是交易的標的已經由單獨的專利轉變成專利組合（Patent Portfolio）或稱爲專利包（Patent Package）。所謂專利包是指將多個專利資產集合在一起，然後作爲交易單位。專利包的組合方式可能包括以擁有者爲主、以技術主題爲主，或是以交易需要爲主。相關的內容本書將在後續的章節內再做說明。

Richardson 等人（2017）統計關於專利經紀人與私人市場中專利包的大小分布[11]，發現幾年來專利包的大小變化並不大，但2017年的封包大小比 2016 年有往較小的專利包組合移動的趨勢：在 2016 年，包含 10 個或更少專利資產的專利包大約占 67%，但在 2017 年已經提升爲 69%。但僅有單一專利的專利包由 25% 稍微下降至約 23%，而具有 5 個以下專利的專利包提升至約 30%。此外，具有 10 個至 6 個專利的專利包和具有 11 個至 25 個專利的專利包所占比例也都提升了，約占 16～17%。而較多數專利的專利包的成交量下降，包括 26 至 50 個的以及包括 51 至 100 個專利的專利包，分別下降到金額的 7% 及 5% 以下。但以專利數最多的 101 至 200 的專利包，卻有微幅提升。整體來說，專利交易平均每個專利包具有的專利數量是 14.1，低於從 2016 年的 14.9 與 2015 年的 15.3。

從詢問價格來看，專利價格因專利包的大小有所不同，Richardson 等

---

10 Lloyd, R., “Facebook, Google, Apple, Microsoft, IBM and 14 others team up with AST to launch new patent buying initiative”, 2016/05/18, https://www.iam-media.com/defensive-aggregation/facebook-google-apple-microsoft-ibm-and-14-others-team-ast-launch-new，最後瀏覽日：2018 年 12 月 15 日。

11 同註 9。

人（2017）的統計顯示專利交易市場中專利的價格：僅有單一專利的專利包的專利價格爲近 40 萬美元，而具有 5 個以下專利的專利包其專利價格爲 15～20 萬美元；具有 10 個至 6 個專利的專利包其專利價格爲專利包的專利價格爲 10～15 萬美元；具有 11 個至 25 個專利其專利包其專利價格爲 5～10 萬美元；26 至 50 個的專利包的專利價格爲 5～10 萬美元；包括 51 至 100 個專利的專利包和專利數最多的 101 至 200 的專利包的專利價格均爲 5 萬美元以下。

表 1-1　交易的專利包大小和價格

專利包數	專利價格
單一	約 40 萬
5 個以下	15～20 萬
6～10 個	10～15 萬
11～25 個	5～10 萬
26～50 個	5～10 萬
51～100 個	5 萬以下
100～200 個	5 萬以下

資料來源：Richardson 等人，2017

而總價 25 萬美元至 200 萬美元之間的專利包受到的關注度最高，在 50 萬美元到 100 萬美元之間的專利包增加最多，從 29% 上升到 36%。總體來說，2017 年，每項專利資產的平均價格下降了 8.5%，其中包括了美國及非美國專利的統計；如果再進一步加以區分，美國公告的專利的平均價格下降了 5.3%，這可能代表美國公告的專利比較抗跌。

對於詢問價格的統計顯示，專利包的組成和交易和專利的包裝與行銷有關，專利包有如一種「套餐」的概念，因爲專利本身就有價值上的差異，例如基礎專利和可以作爲企業策略專利的專利，本身價值就比較高，開發的成本也高，因此價格也高。但有些專利僅是以上這些核心專利的衍生專利或應用專利，甚至只是對保護核心專利所需的專利布局，這些專利經紀效用遞減，就算與核心專利搭配一起形成專利包，其價格也無法提升太多，因而產生專利包愈大，平均專利價格反而下滑的現象。另外從專利的類別來看，軟體專利的銷售量排名第一，其次依序是電子領域、雲端技術、半導體、無線通訊、金融商業方法、自駕車、能源等領域相關專利。

如果往前追溯，Richardson 等人（2016）[12] 比較了 2014 年和 2015 年在專利經紀人交易市場的統計，其中交易專利包的數量從 2014 年的 556 件，回升到 2015 年的 566 件；其中這些專利包中包含了美國公告專利從 2014 年的 4,271 件，回升到 2015 年的 6,127 件；而非美國公告專利從 2014 年的 7,021 件，回升到 2015 年的 8,846 件。至於爲何從 2014 年到 2015 年，美國公告專利成長的比例是 43%，而非美國公告專利成長的比例是 27%？且美國公告專利的數量低於非美國公告專利的數量？Richardson 等人（2016）認爲原因是 2104 年 6 月美國最高法院在 Alice Corp. Pty. LTD v. CLS Bank Int. 一案中的判決，認定 Alice 公司的四項以軟體來實現商業方法的專利欠缺，將抽象概念轉換成具有專利資格的發明，因此判決 Alice

表 1-2　2014 年與 2015 年

	2014 年	2015 年
交易的專利包數量	556	566
美國公告專利	4,271	6,127
非美國公告專利	7,021	8,846

資料來源：Richardson 等人，2016

---

12 Richardson, K., Oliver, E., and Costa, M., “The 2015 Brokered Patent Market: A Good Year to be a Buyer”, 2016/02/08, http://www.ipwatchdog.com/2016/02/08/2015-brokered-patent-market/id=65747/，最後瀏覽日：2018 年 12 月 15 日。

公司的專利無效。此決定衝擊了專利交易市場，因爲許多潛在的專利購買者認爲這可能使得許多已公告的專利有被宣告無效的可能，特別是美國所公告的專利，因此降低了購買專利的意願。但弔詭的是，本來預期應該影響最大的軟體專利眞正受到影響卻不大，反而是其他類型的專利交易受到較大影響。但到了 2015 年，這些衝擊顯然已經趨緩。

1.2 從專利交易現況看專利發展趨勢

從以上對於專利經紀人交易市場的統計與分析，我們可以歸結出以下幾個可能影響專利發展的專利交易趨勢：

一、專利交易的主流從單一專利轉變成專利組合

從前面的資訊可以看出，專利經紀人市場中，超過 7 以上交易都是以專利包的形式出現。首先我們可以思考爲何單一專利不是專利交易市場的主流？推測可能的原因如下：

1. 因爲單一專利的利用方式較爲多樣，特別是具有高價値的專利，可以使用包括授權、交互授權、成爲技術標準、出售等。因此出售不是唯一的選擇。

2. 市場上具原創性的基礎性專利畢竟不多，多半是以同一技術主題的、有布局意圖和功能的專利，這些專利單一價値並不高，因此形成組合的價値才會較高。

3. 從專利買家的角度來看，許多專利買家通常的目的是作爲防禦功能，以免面臨專利的訴訟；在這樣的目標下，買家必須建立較完整的防護網，而專利包比較能符合其需求。

4. 從專利賣家的角度來看，許多專利賣家出售專利的目的是基於會計上的目的，希望能從專利出售回收研發成本；因此會採取綁售的方式，以

價值高的專利搭配價值低的專利，將價值低的專利以搭便車方式出清。

5. 新型態的專利購買方式出現，例如專利聚合體的出現，這是一種具有相似專利購買興趣與行動企業的聚合體，透過代理業者 Allied Security Trust 和 RPX 等尋找自己有興趣的專利進行收購，這些專利的類型包括：對聚合體成員中有威脅的專利；可以對抗訴訟對手的專利等。在透過代理者收購專利時，賣家和代理業者爲了經濟上的考量，也多都以專利組合的方式出售專利。

6. 因爲專利授權金的 FRAND 條款出現，使得標準必要專利（SEPs）權利金下降，因此可能產生的比價效應，讓單一專利的價格無法再炒高，因此賣家和交易仲介者往總價較高的專利組合設計作爲出售的商品。

7. 許多有能力進行大規模專利購買行動的廠商，其購買專利的行動具有策略上的意義：包括進行策略聯盟、開創新事業、或是補足目前業務上專利的不足。例如 2011 年 7 月，Apple、Microsoft、Ericsson、SONY 等公司組團以 45 億美元購買 Nortel（北電）公司的 6,000 件專利；2011 年 8 月 Google 花費 125 億美元收購 Motorola 以獲得其擁有的 17,000 個專利和 7,500 件專利申請案，以應付 Android 陣營可能的威脅；以及 2012 年 4 月 Microsoft 花費約 10.6 億美元購買美國線上（AOL）的約 800 件專利，被認爲可以獲得地圖供應網站 Mapquest 地圖技術，以便和 Google 的地圖業務競爭。

在專利交易的主流從單一專利轉變成專利組合的趨勢下，專利權人的專利申請與保護行動會產生影響。因爲除非專利本身具有很高的價值，否則專利申請者必須考量專利的策略功能，也就是必須更重視專利布局。透過專利布局產生的專利組合，才可能具有完整保護技術、防禦專利攻擊等功能，並提升專利組合的價值。但專利組合的布局無可避免會增加企業的專利成本，因此企業更必須增加專利的流動性，也就是俗稱的專利貨幣化。但如果廠商無法自行獨立發展完整的專利組合，專利市場中因此也產生協助買家、設計符合買家需求的專利組合的中介者。這些中介者有不同的類型，本書將在後續章節說明中介者的不同類型與運作模式。

二、訴訟產生專利交易的態勢有增加趨勢

如前面所提 Twitter 購買 IBM 專利的情況一樣，許多專利交易是在專利訴訟威脅下達成的。通常這樣的訴訟威脅來自大型的企業。這樣的專利訴訟威脅有個特色：當企業向另一個企業表達對方有侵犯己方專利權時，可能會同時向對方表達己方擁有龐大數量的專利，而對方也有可能侵害這些專利的權利，如此對方可能會陷入無止盡的訴訟麻煩中。而身爲專利數量少的一方，必須花極高的成本與時間來驗證自己是否有侵權；因此許多廠商爲避免麻煩，在權衡利弊得失下，通常會接受對方的要求而付出權利金，甚至是購買對方的專利。

三、製造或研發廠商投入非專利實施體角色

以往對於專利市場的角色，是區分非常清楚的：研發和製造的廠商進行研究和技術開發並申請並維護專利，然後再將專利技術商品化，進行產品的生產與銷售。而廠商在面臨競爭對手的競爭或發現自己的產品被侵權時，才會進行專利訴訟。但隨著「非專利實施實體」（Non-Practicing Entities, NPEs）出現，NPE 是指一公司組織，不以專利進行實際的生產或服務消費者或客戶，而是運用其自行開發或任何方法取得的專利，然後以法律訴訟方式控告他們認爲侵權的廠商，以取得專利賠償金或授權金作爲其主要獲利來源。而這樣的營運模式常被稱爲「專利蟑螂」或「專利流氓」（Patent Troll）。早期知名的非專利實施實體包括 Intellectual Venture、PRX、Acacia、AST。

但近年來因爲智慧型手機與網路軟體的專利戰爭，讓許多相關技術領域中握有大量專利的廠商開始思考，如何將自己擁有的專利用來獲利？因爲專利如果不能獲利，還要支付大量的專利成本如年費等。另一方面，當法院判決專利權利金額**必須考慮 FRAND 原則時，標準專利的價值已經不能符合具有大量專利的**研發大廠的需求，因此企業必須尋找其他將專利能流動化的方法。因此許多廠商決定採取 NPE 的營運模式爲自己的專利貨幣化的模式，它們可能與 NPE 合作，也可能與市場上的智財基金合作，成立自己的專利授權管理公司，由以下的例子進行說明[13]：

- Samsung Display 於 2013 年在美國成立 Intellectual Keystone 專門處理貿易和專利事務。
- Qualcomm 成立專門處理專利授權的公司 Qualcomm Technology Licensing，以收取終端產品廠商授權金爲主。
- 專利授權公司 Unwired Plane 在 2013 年與 Ericsson 合作，取得全球 Ericsson 約 260 個專利組合的）2,185 件專利。

表 1-1 說明不同階段 NPE 的型態變化，從企業基金階段、金融基金階段，到目前製造型企業與非專利實施體結合階段，此時製造業與基金合作成立 NPE。其運作的模式如圖 1-2 所表示：由廠商作爲彈藥庫提供專利子彈，基金提供訴訟的費用，專利授權公司針對目標廠商提訟或進行授權，侵權訴訟所獲得的賠償金或授權權利金，就是廠商專利的收益。

廠商進入 NPE 行業後，所造成的影響是多面向的。首先以往這些廠商對於專利授權與訴訟不是那麼專業，且對於產業與專利情報的掌握度不

---

13 國家實驗研究院科技政策研究與資訊中心科技產業資訊室，「科技大廠紛紛成立專利授權管理公司」，2013 年 5 月 29 日，http://iknow.stpi.narl.org.tw/Post/Read.aspx?PostID=8095，最後瀏覽日：2018 年 12 月 15 日。

高，因此對其他市場競爭者的威脅性大增。另一方面，對於原來市場存在的 NPE 而言，出現了專利授權或訴訟市場上的競爭者，因此單純的 NPE 必須開發新的業務，並且與這些廠商進入合作或競爭的階段。

表 1-3　專利實施體的性質變化[14]

階段	企業基金階段	金融基金階段	製造型企業與非專利實施體結合階段
型態	Intellectual Venture、PRX、Acacia、AST 等 NPE	非專利實施體與基金	結構化 IP 基金、專利私掠者、製造企業 NPE 化、製造企業成立 NPE

資料來源：〔韓〕崔哲，2017

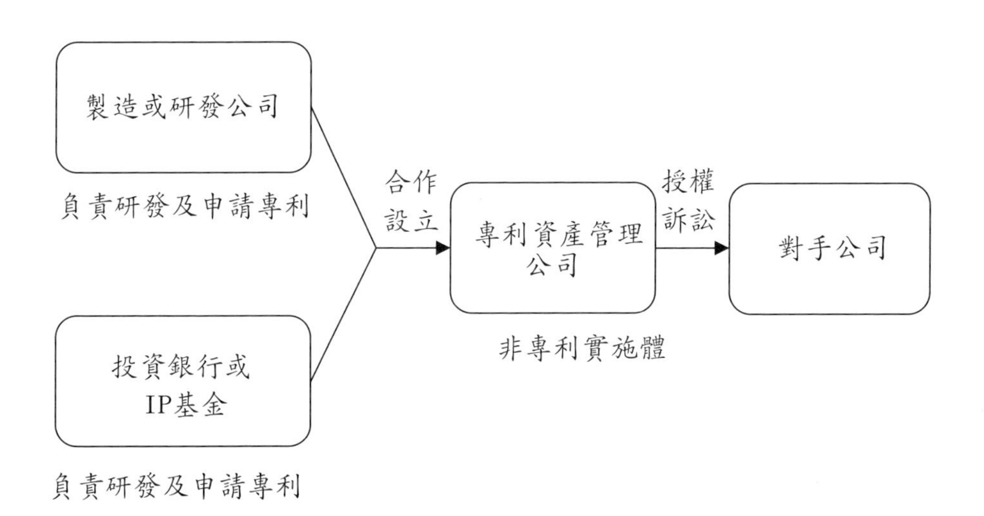

圖 1-2　製造廠商投入 NPE 的運作模式

[14]〔韓〕崔哲、〔韓〕裵桐淅、〔韓〕張源埈、〔韓〕孫秀娫著，金善花譯（2017），**知識產權金融**，北京：知識產權出版社。

四、專利貨幣化與智財金融的出現

如前所述，爲了讓專利能夠產生流動性並使企業能從專利中獲利，企業愈來愈重視專利的貨幣化，所謂得專利貨幣化包括專利資產證券化、專利的銷售、專利的融資貸款、智財的孵化基金、智財的防禦基金等。其中一部分已經進入金融的領域，因此又有「智慧財產金融」的說法出現。關於專利貨幣化與智財金融，本書後續章節將詳細說明。但這樣的趨勢造成廠商受到專利訴訟的威脅增加、付出專利授權金的機會也大增；因此廠商必須更重視專利的問題。

1.3 企業如何面對專利挑戰

一、專利對於企業的價值

專利對於企業產生的價值，除了前述所說提到的直接收益的價值，還有間接的價值，如同 Rivette 和 Kline（2000）在《哈佛商業評論》發表了 *Discovering New Value in Intellectual Property*[15] 一文，提出應該對於智慧財產權的價值有新的看法。Rivette 和 Kline（2000）認爲智慧財產權由三個方向從企業策略管理層面協助企業成功，包括：

1. **建立所有權市場優勢**：透過專利商品化模式，保護核心技術和商業方法、促進企業研究發展和提升品牌價值；而且擁有智慧財產權的公司也較易組成策略聯盟和交互授權。

2. **改善公司財務績效**：除了前面所述專利有助企業的經濟收益，智慧財產權會對企業產生新的收益、降低成本，以及創造新的價值並獲得新的

[15] Rivette, K. G., & Kline, D. (2000),"Discovering New Value in Intellectual Property", *Harvard Business Review*, 78(1), 54-66.

資本來源。

3. **增加企業競爭力**：專利可作為競爭的武器，用來包圍競爭者、開發新市場機會等。如同 Amazon 的網路購物「One-Click」專利為例，Amazon 以此專利對抗 Barners & Noble 公司控告其侵權。

石田正泰（2009）則提出智財對於企業經營戰略的機能包括[16]：

1. **建立壁壘以達成市場獨占的機能**：具體內容包括競爭優勢要素、戰略提升的要素。

2. **差異化競爭優勢確定的機能**：具體內容包括法的安定性、獨創性與異質性。

3. **經營利益與企業價值的創造**：具體內容包括企業自信的確定、交易的信賴度、經營的資源與擔保等。

因此，基於專利對於企業經營的機能，石田正泰（2009）也提出在評估智財價值時，除了智財權本身的有效性、獨占力，技術優勢如獨創性、改善的可能性、持續性，市場的價值等，也包括智財對企業經營的信賴程度與企業價值的評價的影響。

二、企業對智慧資產的應用層次——價值階梯

關於企業對企業智慧資產的應用，Harrison 和 Sullivan 在《董事會裡的愛迪生》[17] 一書提出可以分為五個層次：由低而高分別是防禦布局、管理成本、獲取價值、整合機會。如圖 1-3 中所描述的，有金字塔一般，由

---

16 （日本）石田正泰（2009），「企業経営における知的財産活用論——*CIPO* のための知的財産経営へのガイド」，社團法人發明協會。

17 Harrison & Sullivan 著，何越峰主譯（2017），**董事會裡的愛迪生——領先企業如何實現其知識產權的價值**，北京：知識產權出版。

下而上提升應用的層次。而各層次的內涵，分別說明如下[18]：

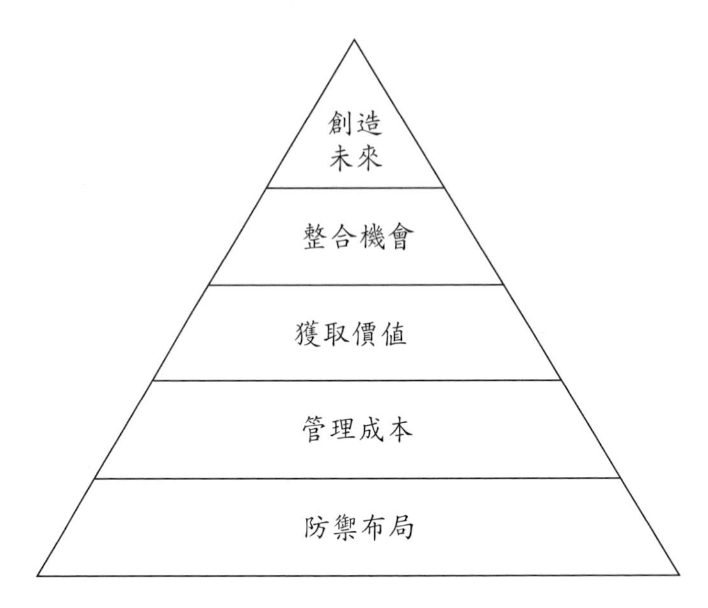

圖 1-3　企業智財價值階層圖（Harrison & Sullivan）[19]

（一）防禦布局

防禦布局主要考量的是傳統的防禦，如智財權的保護、訴訟的避免，以及在市場中的行動自由。在第一層次中的公司必須實施進行建立與實施識別智財保護機會的流程；建立促進專利保護、產出與應用的程序、建利將智財與商業價值關聯性的教育計畫等工作。

（二）管理成本

防禦布局主要考量的是降低公司成本，提高效率與效能。在第二層次中的公司必須實施建立智財組合與公司業務間關聯；制定篩選標準；管理

18 同註 17。

19 同註 17。

智財成本；思考以自行生產或購買技術等工作。

（三）獲取價值

獲取價值主要目標是將本身的智財作爲法律以及商業上的資產。在第三層次中的公司必須進行建立明確的期望智財價值類型；制定價值獲取策略；爲獲取價值而建立公司；建立智財評價參數等工作。

（四）整合機會

整合機會是指企業除了專利的貨幣化，能夠運用更多商業資產與智財資產，以獲得更多的談判機會；此時企業必須理解並利用企業的發明與創新間的關係，並能量化企業智財權帶來的風險和收益，並使之平衡。

（五）創造未來

在最高的創造未來層次中，企業智財管理的目標包括：將可授權的智財作爲商業資產管理並實現利益；將專利申請作爲技術選擇來投資；持續更新企業智財戰略與專利組合。

Harrison 和 Sullivan 點出了專利或智財對於企業的影響與價值，並明確區分企業在不同層次時應該達成的工作。企業可以根據自身的狀況、發展目標、能力與需求選擇可期待達成的層次。

三、企業對專利趨勢的因應之道——從專利策略、專利布局、到專利貨幣化

在先前的內容中，本書已提到專利對於企業的挑戰，以及企業重視專利可能產生的價值。因此，企業要能在市場中保護自己不受對手的專利攻擊與威脅，並能擊敗競爭對手以獲得競爭優勢，最好的方法就是認眞面對專利問題。因此本書提出以下的結構來討論企業應該如何面對專利問題，就是如同圖 1-4 所述的企業應該採取從專利策略制定、專利布局到專利貨

幣化的關聯性的措施，提升企業的專利能力與專業實力。

其中企業專利策略是指企業在創新研發、專利布局、專利保護、專利運用各階段所採行的策略。專利布局則可分爲策略性專利布局與技術性布局。策略性專利布局即專利的投資組合，是指在同一技術下包括不同市場或區域、時間、技術範圍、深度與廣度的單數或複數專利集合設計策略。技術性專利布局是指專利技術的開發，是要透過分析已有的專利技術，更進一步挖掘出可以發展的新技術或是更廣泛、更深入的技術與專利。

最後企業專利貨幣化行動包括透過專利商品化、專利資產證化、專利抵押擔保融資，以及專利金融化等手段，獲得專利的收益以回收專利的成本。然後可以將這些收入再投入企業的研發創新，以形成正向循環提升企業的競爭力。

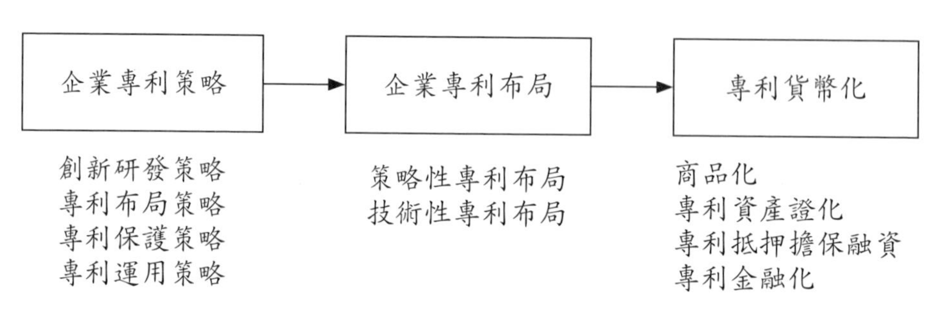

圖 1-4　從專利策略、專利布局到專利貨幣化

本書的後續結構如下：第二篇探討企業的專利策略，包括企業策略的定位與內涵、企業爲何需要專利策略、從企業競爭優勢角度看企業專利策略、企業策略與企業專利策略的關聯、企業經營策略與企業專利策略、企業競爭策略與企業專利策略、企業專利策略的本質與基本原則，以及三種企業專利策略類型、企業專利策略的計畫與實施、企業組織與企業專利策略、企業專利能力與實施專利策略因素等。

第三篇探討企業專利布局，包括專利布局分類——專利組合與專利探勘、企業專利布局的功能與價值、專利組合理論及其應用、專利組合策略及專利組合設計、如何以專利組合獲利、專利探勘的層次與專利探勘方法、專利分析與文件探勘、迴避設計、專利探勘方法——TRIZ 法等。

第四篇探討企業專利的商業化與貨幣化，包括專利商業化的定義與條件、專利商業化的類型、專利商業化的策略與實施、專利商業化的挑戰與因應之道、專利貨幣化的演進、專利商業化的定義與類型、專利貨幣化的市場參與者、企業專利貨幣化例——專利證券化、企業專利貨幣化例——專利擔保融資、高價值專利組合組建、專利盡職調查等議題。最後本書將一些實例來進行解析。

第二篇　企業專利策略

緒　言

從前述的內容我們可以了解，近年來產業間的專利競爭並沒有減緩的趨勢，企業的專利活動包括：研發、申請、管理、交易、訴訟等仍然是企業經營管理中重要的部分。但總體來說，企業也面臨了兩個專利的難題：一是多數的專利不但無法帶來額外的收益，甚至連成本也很難回收；但另一方面，如果沒有專利，除了技術無法保護，也可能面臨技術或產品被控侵權，在專利訴訟或與其他廠商進行策略聯盟談判時，也欠缺有利的的籌碼。簡單來說，企業面臨以下兩個問題：如何以有限的預算得到有用的專利？專利如何能做最有效的運用？

企業要面對以上兩個問題，首先必須理解專利對企業的意義。首先對於多數的企業來說，創新研發與研究成果是公司投入巨大資源後產生的心血結晶，所以如何有效卻又不必再投入龐大資源進行維護，對企業是非常重要的，特別是資源有限的中小企業。目前最常見的方式是專利以及營業秘密，近年來許多實證研究證明，許多企業認爲營業祕密是他們較優先考慮的研究成果保護手段，因爲營業祕密不需像專利一樣付出較高的成本，也沒有揭露技術內容的問題；以往的經驗更顯示，眞正能夠實施的企業專利比例是偏低的。但專利仍然有其必要性：專利可以作爲廠商進行策略聯盟談判的籌碼；專利比營業秘密更能加以商業化應用。因此目前企業仍然無法忽視專利的重要性。

而企業較常進行的專利活動包括專利授權、專利訴訟以及策略聯盟。而授權、訴訟以及聯盟都和企業的競爭對手，以及企業所屬產業中市場的競爭型態有關。因此，企業的專利行動其實也是企業試圖在市場上爭取競爭優勢的行爲；而這樣的行動，必須在有效的策略下進行。企業在有效的政策指導下，藉由專利活動創造有效的競爭資源、提升企業的能力，並藉此增進企業的營收，以達到提高企業競爭優勢的效果。而要能達成以上的效果，企業就必須制定有效的專利策略，創造有效的專利資源；也就是說，企業必須重視專利策略與專利布局。

本篇主要在說明企業如何建立自己的專利策略，然後在企業專利策略指導下進行專利的布局，包括策略性的布局，也就是專利組合，以及技術性的專利布局。經過專利布局後會產生企業的專利組合，而專利組合是企業專利商品化和貨幣化的核心。本篇內容主要在討論企業專利策略的建立。

在進入本篇的內容前，先說明企業專利策略與專利布局的意義。首先，策略是有目標行動的指導原則，它說明了行動的目標、需要的資源、必要的行動內容、行動的程序，以及進行行動的規範；企業專利策略則是企業對於其專利行動目標、資源、行動內容、程序、規範等的規劃。企業專利策略包括在創新研發、專利申請、專利保護，以及運用實施等不同階段的策略。而其內容涵蓋高階團隊的企圖心、企業專利相關能力的培養、企業資源的整合等。而企業專利布局主要是企業針對其研發成果的技術或產品，依照研發技術內容、技術發展可能性、產品市場分布、產品上市時間等因素，所提出的專利申請與保護措施。近年來專利布局可以區分爲策略性的布局，也就是專利組合（Patent Portfolio）；以及技術研發的布局，也就是專利探勘（Patent Mining）兩大面向。

第二章　從企業策略到企業專利策略

2.1 企業策略與策略管理的發展

一、策略的起源

策略（Strategy）的來源是希臘字 Strategos，原來的意義是指軍事上進行戰爭的思考方法或手段，因此又稱爲「將軍的藝術」。其內涵即是根據敵人採取的行動，採取因應的手段，例如將自己所擁有的戰爭工具和資源如：部隊、火炮、飛機、船艦等，做對應的、最佳的處置。而其中必須考慮時間、地點、對方回應、己方能力等條件，以期將己方的資源轉化成力量施加在敵人身上。通常早期在戰爭或軍事學中，策略往往被視爲藝術（Art）而不是科學，因爲其包括太多不確定的因素，其所面臨的變化的局面也超出以往做決策時可以預期的規模。另外戰略定義上不是明確清晰的，而且是有高度不確定性；因此而當策略被用於管理界時，從名詞定義、概念、範疇和與軍事用語的區別等，都可能產生相當程度的混淆。

除了一般所熟知「策略」的由來，對於源於軍事上作爲行動指導原則概念的策略，後續是如何的發展？又是如何成爲商業界重要的議題？而軍事上的「策略」和商業上的「策略」，究竟有何差異？Grattan（2007）在《策略過程——軍事與商業之比較》[20] 一書中，有著比其他研究者更詳細的討論。通常對於管理界的研究者，對於軍事策略的研究較少著墨，但本

[20] Grattan, Robert F. 著，國防部譯（2007），策略過程——軍事與商業之比較，國防部史政編譯室史政處。

書著重的企業競爭策略與專利策略，對於軍事策略有較接近的內涵。特別是在「攻擊策略」和「防禦策略」上，和軍事策略很難脫離關係。但雖然英文都是Strategy，基於習慣，本書在提到軍事上的策略時，會用「戰略」一詞；而在提到其他的策略時，則用「策略」一詞。

在「將軍的藝術」此一概念被提出之後，關於策略概念的發展，幾千年來，東西方都有不同的論述，雖然不見得在範疇和定義上相同，但東西方都重視策略的概念，而且逐步向政治和日常活動中滲透。隨著社會結構與人際互動愈來愈複雜化，人們也愈來愈覺得人的行爲需要經過思考的指導原則，而這些指導原則，以及思考指導原則的過程，具有一定的共通性，這就是策略發展日益受大眾所接受的原因。Grattan（2007）認爲策略會源於希臘，主要的原因是因爲希臘是公民社會，爲了面對集體領導，做此決策的人必須提出願景並能明確將願景表達並說服公民，並取得他們的同意。所以作爲願景、目的、方法的策略，是當時希臘決策者所必需的。

Grattan（2007）認爲中國的《孫子兵法》對於戰略的描述還比希臘最著名的《戰爭史》出現的還早，而且《孫子兵法》提到的戰略和西方的戰略觀念不謀而合。例如：《孫子兵法》的「不戰而屈人之兵」就是一種嚇阻策略；「五事：一曰道，二曰天，三曰地，四曰將，五曰法」就是相對優勢及資源優勢等。而西方另一個有名的戰略家是寫《君王論》的馬基維利（Nicolo Michiavelli），他主張將政治與軍事結合在一起，認爲政治和戰爭的關係密不可分，這也和孫子的觀點相似。

Grattan（2007）也提到幾種不同的戰略與策略定義，本書選擇轉述其中具代表性的定義如下[21]：

- 「戰略是以戰役爲工具手段達成戰爭的目標。」（Clausewitz）

---

[21] 同註20。

- 「戰略是分配及應用軍事工具，以實現政策目的的藝術。」（Liddell-Hart）
- 「策略是目標宗旨或目的的型式，以及達成目的的主要政策或方案，用以界定公司目前或將來所要經營的事業，或界定公司目前或將來的本質。」（Hofer and Schendel）
- 「策略在創造一個獨特且具有價值的位置，涉及一套不同的活動組合。」（Porter）

Grattan（2007）總結軍事和商業策略的差異是：

「軍事和企業組織在制訂決策時，均受到由上而下制訂過程的影響；軍方比企業更重視領導統御，對領導人物之發掘、培養與訓練，軍方比企業更有制度；面對風險，軍方不鼓勵冒險躁進，有些企業則可能制訂高風險的策略；軍方和企業都重視理性決策，但在緊急情況時仍須當機立斷；外在環境對兩種領域的策略形成都有重大影響，而軍方尤其將重點工作列爲首要任務。」

二、現代企業策略的產生

（一）Simon 與決策理論

關於現代企業策略的概念，最早可以追溯到現代管理學中決策理論的出現，其中的代表性人物是獲得 1978 年諾貝爾經濟學獎的學者 Simon（Herbert A. Simon）。Simon 在 1947 年出版的《管理行爲》（*Administrative Behavior*）一書中，闡述了組織決策的程序。Simon[22] 認爲管理理論應該兼顧「決策」與「執行」兩者，而決策的基礎包括事實成分以及道德成分，事實成分包括未來與現在的狀態與環境，而道德成分包括正確性與否價值

---

[22] Simon, H. 著，詹正茂譯，2018，**管理行爲**（原書第 4 版），北京：機械出版社。

判斷；也就是說針對一個決策，我們可以在道德上判斷「應該如何」或「是否正確」，但這樣的判斷不能推衍出最後的事實現象。也就是說我們可以用推理手段從經驗中推論出未來可能發生的事實，但卻不能以道德命題來得到這些結果。Simon 因此特別說明：決策的正確與否通常以是否能實現目標來判斷，但因爲目標是會隨著價值判斷而變化的，因此嚴格說起來，判斷決策適當與否應該以最後造成的事實來做價值判斷，而不是判斷決策本身的價值。

Simon 從組織與心理學的觀點出發，切入管理與決策，並以決策貫穿管理的核心，並將決策提升爲組織最重要的行爲。另一方面，Simon 從決策心理的角度，揭示了組織如何受到事實與價值判斷的影響，以及組織如何從心理層面做出評價的選擇，而更進一步產生組織的決策。Simon 也提出決策過程的四個階段[23]：

1. **蒐集資訊階段**：這些資訊包括大環境中的經濟、技術、社會等資訊，再加以判斷以作爲決策基礎。

2. **訂定計畫階段**：將待解決的問題做爲目標，依據前述蒐集並分析的資訊訂定各個候選的方案。

3. **選定要執行的計畫**：根據當時的現況與預估的未來發展狀況，選定一個執行的方案。

4. **評估計畫階段**：針對進行中的計畫進行審查與評估。

（二）Ansoff 與企業策略的發展

談到企業策略和策略管理，最重要的先驅人物之一是 Igor Ansoff，他於 1965 年在其《企業策略》（*Corporate Strategy*）一書中提到策略的概

---

[23] 方振邦、徐東華編著，2014，**管理思想史**，北京：中國人民大學出版社。

念是：「組織行動和產品市場之間的共同點，即定義了企業未來計畫的商業基本性質」。方振邦等人（2014）描述 Ansoff 對於經營策略的概念是：企業爲了適應外部環境，把目前狀況與未來可能要進行的經營活動，進行策略性的決策。前面曾經提到，Simon 認爲決策活動與組織的心理有關，如果綜合 Ansoff 的觀念，我們可以了解企業的行爲和外界環境、組織本身，以及組織採用策略息息相關、密不可分。後續的研究者針對此三者間的關係有許多的闡發，因此也產生了許多不同的理論觀點甚至學派。

而 Ansoff 對於策略管理的貢獻不僅於此，他認爲對於企業的策略而言，包括政治、經濟、社會、技術都是重要的影響因素，因此它提出了 PEST（Political, Economical, Social, Technological, PEST）分析，也就是「政治－經濟－社會－技術」分析架構。另一方面，他也提出了分析企業策略的「Ansoff 矩陣」（Ansoff Matrix），Ansoff 矩陣是以 2 乘 2 矩陣方式，表示企業進入市場後獲利的四種選擇，如表 2-1 所示[24]：

表 2-1　Ansoff 矩陣

產品／市場	現有產品	新產品
現有市場	市場滲透	產品開發
新市場	市場開發	多角化經營

資料來源：方振邦、徐東華（2014）

Ansoff 根據市場和產品的分類，提出四種不同的成長策略：其中市場包括現有市場與新市場、產品則包括現有產品與新產品。藉由四種不同的市場／產品組合，可以區分出四種不同的企業策略：

[24] 同註 23。

1. 市場滲透策略（Market Penetration Strategy）

在市場上面對現有的客戶推出市場上已經有的產品，由於不是開發新產品，因此必須以強化行銷、新商業模式、服務品質提升等方法來爭取客戶以提高市占率。

2. 市場開發策略（Market Development Strategy）

以現有產品進入新市場，此時跟原有市場的客戶相比，客戶的屬性和需求可能是相同的，但新市場和原有市場有不同的文化、經濟條件與社會環境，因此其客戶可能與原有市場客戶有不同的消費習慣與消費能力。因此，廠商必須提出新的策略來發展新的行銷策略與商業模式，以開發新市場。

3. 產品開發策略（Product Development Strategy）

企業在原有市場推出新產品，這類的新產品可能只是產品品質的提升或性能升級改良，以及設計上的新式樣；這樣的改變常被稱爲「漸進式的創新」（Incremental Innovation）。也可能推出全新概念、功能與元件的產品，可能改變了商業模式與消費者的使用習慣，這樣的改變常被稱爲「激進式的創新」（Radical Innovation）。在此類策略下，企業的獲利與否與創新的擴散息息相關，企業必須推動創造性的需求，以提高市占率才能獲利。

4. 多角化經營（Diversification）

企業在新市場中題出新產品，可能會產生不同的商業模式，但因爲企業無法確認哪一種模式會成功，因此會針對不同的市場、不同的客戶需要，提出不同的產品應用、行銷、服務的組合，以降低經營風險，並設法提高經營的綜效。

以上 Simon 和 Ansoff 提出的企業策略和策略管理的基礎概念，對後續的策略研究者有很大影響，例如之後其他策略管理理論中出現不同的矩陣分析架構。

三、二十世紀企業策略的發展

（一）1960 年代企業策略的發展

另一個在二十世紀 60 年代影響很大的策略管理理論與工具，則是 Kenneth R. Andrew 提出的「強度、弱點、機會、威脅」（Strength, Weakness, Opportunity, Threat, SWOT ）分析，通常稱爲 SWOT 分析。SWOT 分析是分析企業內部的強度（包括技術、成本、創新、能力、財務等），企業本身的弱點（包括競爭劣勢、管理上的劣勢、硬體及資金上的劣勢等），外部的機會（包括市場增長、互補產品、新市場機會的出現等），潛在的外部威脅（包括新的競爭者、新的產品、不利的政策、用戶或供應鏈廠商的討價還價能力等）。然後以 SWOT 矩陣分析以選擇不同的「強度－機會」（SO）策略、「弱點－機會」（WO）策略、「弱點－威脅」（WT）策略策略、「強度－機會」（ST）策略等。由於 SWOT 策略分析使用廣泛且已爲企業管理者與策略研究者所熟知，故本書就不再贅述。

（二）1970 年代企業策略的發展

1970 年代的策略管理理論中，最爲人所熟知的是 Boston 矩陣，其主要的開發者爲波士頓顧問集團（Boston Consulting Group, BCG）的創辦人 Bruce Herderson 在二十世紀 70 年代初開發的，主要目的是作爲一種策略管理的分析工具。BCG 矩陣方法是將 BCG 矩陣將組織的每一個戰略事業單位（SBUs）標在一種 2 維的矩陣圖上，因此 BCG 矩陣也劃分出 4 種不同的產品屬性，分別是：

1. **明星型產品**（Stars）：此類產品指市場高成長、公司也具有高市場份額的產品。

2. **問題型產品**（Question Marks）：問題型產品指市場高成長、但公司占有低市場份額的產品。公司如果要把此產品發展成公司的明星產品，則要採取增加投資的成長策略；如果不是，則可能要縮小投資規模，也就是採用收縮型的策略。

3. **金牛產品**（Cash Cows）：金牛型產品意義就是幫公司賺錢的「金牛」，公司產品在市場具有高份額。

4. **瘦狗型產品**（Dogs）：指低增長、低市場份額，瘦狗型產品意義就是在公司裡飼料很多卻長不肥的「瘦狗」。

BCG 矩陣的優點是將策略規劃和資本預算分配結合起來，用兩個重要的衡量指標，將產品來分為四種類型後，以相對簡單的分析來應對複雜的企業技術管理策略問題。該矩陣可以幫助多角化的公司確定該投資哪些產品？要從哪些產品賺取利潤？並刪除哪些產品以使業務組合達到最佳成效。至於產品應該如何發展才能成功？此外，Herderson 提到使公司產品的成功順序是：金牛產品→問題產品→明星產品→金牛產品……的循環。

表 2-2　BCG 矩陣中產品特性與策略分析

	公司在市場定位	優點	缺點	建議策略
明星型產品	在市場中占有支配地位	市場成長性高	不一定能替企業賺錢，企業必須繼續投資	適合採用成長策略
問題型產品	公司占有的市場份額很小	可能利潤很高	有投機性質	視公司對產品未來定位而定
金牛型產品	公司是成熟市場中的領導者	是企業目前現金的來源	未來的增長前景是有限的	維持現狀的穩定型策略
瘦狗型產品	公司占有的市場份額不高	無	需要投入大量現金，改善績效機會不大	採用收縮型策略

（三）1980 年代企業策略的發展

1980 年代的策略管理中，最爲人所熟知的是競爭策略，競爭策略的代表性人物爲哈佛大學教授 Michael E. Porter。Porter 的競爭優勢主張主要可見於他在 1980 年出版的《競爭優勢》（*Competitive advantage*）一書[25]。Porter 的理論架構實際上是來自產業組織理論中的「結構一行爲一績效」（Structure-Conduct-Performance, SCP）模式爲研究規範，研究課題包括了產業理論中的產業結構、產業內比較、進入障礙、退出障礙等觀念，Porter 以這些觀點來解釋企業如何制定策略和獲取持續超額利潤。

Porter 的策略理論分析企業獲利的兩個層次的因素：第一個層次是企業所在產業結構是否具有「產業吸引力」，而產業是否具有吸引力以產業的競爭作用力來分析。Porter 認爲任何產業都具有五種競爭的作用力：新的進入市場競對手，替代者的威脅，客戶的議價能力，供應商的議價能力，以及現存競爭對手之間的競爭。這五種作用力決定了產業的獲利能力。第二個層次是企業在該產業中的「競爭地位」，因此企業必須在產業中具有競爭優勢，而企業的競爭優勢主要有兩個，就是「成本優勢」與「差異化優勢」。Porter 認爲企業必須具備競爭策略以利於爲企業在產業領域中追求優勢地位，因此。Porter 在 1980 年提出一般性競爭策略（Generic Competitive Strategy type）的架構，包括：

1. **成本領導**（Cost leading）**策略**：建立相對於競爭者的明顯成本優勢。

2. **差異化**（Differentiation）**策略**：企業建立與其競爭者產品或服務能力的差異，以形成差異化的特色。

3. **焦點**（Focus）**策略**：企業集中力量在特定客戶群、產品線或市場，以達成自己的策略目標。

---

[25] Porter, M. E. 著，李明軒、邱如美譯（2010），競爭優勢（下），天下文化。

另一位提出競爭策略理論的管理學者是日本的學者大前研一，大前研一（1984）提出其競爭策略模型，認爲競爭策略是「以策略優勢爲思考中心所發展的策略」，並提出四種策略型態[26]：

1. **關鍵成功因素策略**：把公司資源集中在可取得競爭優勢的特定領域中的策略。

2. **相對優勢策略**：利用公司和對手間競爭條件差異以得到相對優勢的策略。

3. **主動攻擊策略**：採取主動攻擊以破壞競爭對手所依賴成功關鍵因素的策略。

4. **自由度策略**：發展創新研發活動，開闢新市場和發展新產品而取得競爭優勢的策略。

（四）1990 年代企業策略的發展

在 90 年代，日本的經濟力達到最高峰，在相對美國經濟不振的情況下，日本主要企業仍然有高度成長並且創造低成本和高品質的產品。因此管理學者研究日本企業，因此提出了新的企業策略理論，其中最受到矚目的是 Hamel 和 Prahalad 提出的核心能力觀點。Hamel & Prahalad（1990）從美日產業競爭企業競爭優勢的角度思考，提出一個著名的理論：企業核心能力（Core Competence）。Hamel & Prahalad（1990）提出以往企業競爭力來自於能夠以比競爭對手更低的成本和更快的速度，建立產生預期外產品的能力，但後來企業間競爭差異來源是將技術和生產技能整合，使企業能快速適應機會變遷的管理能力，這就是企業的核心能力。

Hamel 與 Prahalad（1990）認爲核心能力是組織所累積的知識學習效

---

[26]〔日〕大前研一著，黃宏義譯（1984），《策略家的智慧》，長河出版社。

果，需要各策略事業單位（Strategic Business Unit, SBU）間充分溝通與參與，以將各種不同領域技術加以整合，並且提供顧客特定的效用與價值的能力。核心能力是溝通、參與，以及跨組織邊界的深入承諾（這裡所稱的承諾包括投資）。

除了核心能力理論，企業策略領域承襲 80 年代對於競爭策略的研究，有學者認爲 Porter 的競爭策略是偏向靜態的，沒有關注企業間彼此的競爭行動，特別是針對對手發起競爭行動後的反應。因此有學者提出研究企業間動態的競爭行動，這個領域稱爲「動態競爭理論」（Competitive Dynamics Theory）。動態競爭理論雖然出現在 90 年代，但一直到二十一世紀才較受到重視。關於動態競爭的內涵，Wechtler 和 Rousselet（2012）[27] 回顧動態競爭理論的研究，認爲動態競爭的概念是把市場視爲一個動態過程，而企業的競爭行動和反應與企業如何實現競爭優勢相關。早期競爭動態研究透過設定競爭對手間對偶化的「行動一反應」來作爲競爭動力分析的基本單位，研究競爭行爲以及競爭對手被觸發的反應。後續的研究則關注在競爭行動和企業本身特質，以及競爭行動造成對手反應的可能性及反應速度，並藉由以上的分析預測競爭行爲。

而陳明哲和和 Miller（2012）[28] 定義了一些基本的動態競爭概念與假設，使得我們能更清楚的了解動態競爭的概念：

1. **競爭的定義**：是動態的和互動的、對偶的「行動一反應」的二元組，競爭行動一定會帶來反應；「行動一反應」的二元組構成了競爭的基石。

---

[27] Wechtler, H., & Rousselet, E. (2012), "Research And Methods In Competitive Dynamics: Review And Perspectives", In EURAM 2012.

[28] Chen, M. J., & Miller, D. (2012), "Competitive dynamics: Themes, trends, and a prospective research platform", *The Academy of Management Annals*, 6(1), 135-210.

2. **策略**：企業間的競爭互動是策略的核心。

3. **競爭對手分析**：競爭對手的成對比較。包括立場、企圖、看法和資源是競爭對手分析的核心，也是競爭動力的組成。

4. 每個公司是獨一無二的，具有自己的資源稟賦和市場位置，企業之間的每個競爭關係是特殊的（Idiosyncratic ）和有針對性的（Directional）。

5. 在制定策略時，企業必須考慮對手可能的報復，因此企業對自身及其競爭對手知識的了解十分重要。

（五）其他企業策略的發展

關於企業策略管理理論，還包括平衡計分卡、策略地圖、瞬時競爭策略等。特別是進入二十一世紀後，更是百家紛陳。但因爲本書主要在討論與專利策略相關的策略，因此不做進一步的介紹。

四、企業策略的發展與企業專利策略

專利策略通常被視爲智財戰略[29]的一環，而關於智財戰略，早期的發展重點在於國家級的智財戰略。國家級的智財戰略往往由政府發動，主要的內容在調整並完善本身的智財法律與制度，更針對國家全局的、整體的利益，設定策略與行動目標，並透過預測、規劃、評估、執行等作爲，以期達成設定的策略目標[30]。而許多國家如中、日、韓在解讀國家智財策略時，把“Strategy”解讀爲「戰略」而非「策略」，主要原因在於智財不只包括策略過程與策略內容，更包括了戰略過程、戰略評估、預測、推演等，內容更爲廣泛。「戰略」更強調力量使用的藝術，以及達成目標的目

---

29 此處所提到的智財相關策略因爲屬於國家級的，因此本書在此以「智財戰略」稱呼。

30 黃孝怡，觀點投書：臺灣需要什麼樣的智財戰略綱領？，風傳媒，2016 年 7 月 15 日，https://www.storm.mg/article/140484，最後瀏覽日：2018 年 11 月 5 日。

的性；而且「戰略」更具有層次性、更強調目的原則與行動手段的層次差異。因此使用「國家智財戰略」一詞比「智財策略」更爲適合，因爲我們可以說智財戰略是一個包括戰略過程、戰略評估、預測、推演的體系，同時也是一個實現國家戰略目標、並使智財制度發揮效能的公共政策架構[31]。

近年來，關於智財戰略的研究，逐漸發展成「國家級－地方級－企業級」三個層次，其中前兩級的關注焦點，簡單來說就是打造國家或地方的創新生態圈，其中包括相關法規與政策、專利制度等。由於本書的重點在企業專利政策，因此對於前兩者在此也就不予討論。而企業級的智財戰略，則是包括了專利、商標、著作權等與智財相關的策略；但本書認爲，其中與企業經營和企業策略最最息息相關、影響企業最大的，非專利策略莫屬，因此本書以討論企業專利策略爲主。

而關於企業的專利策略，各個國家企業間有很大的差異，例如以商業高度發展的美國而言，其專利制度可以追溯到其建國前由英國移植的北美專利制度，因此其人民與企業對專利的接受度相當高，企業每每以專利與專利訴訟做爲商業上競爭的手段。特別是但在二十世紀 80 年代，因爲經濟競爭力下降，美國檢討本身經濟體質後決定發揮其在高科技及創新方面的優勢，全力發展知識經濟。因此採取「親專利」（Pro-patent）政策：建立了聯邦上訴巡迴法院（CAFC）、改革美國專利商標局、實施專利池政策等政策與制度的調整，讓美國企業更重視專利的效用。另一方面，美國企業家對於智財的保護本來就相當重視，例如在 Apple 公司創辦人 Steve Jobs 的傳記中，就記載了關於 iPhone 手機的智財保護嚴密到連包裝都申請設計專利，就是出於 Jobs 的主張。因此，美國的企業雖然較少使

---

31 同註 30。

用企業專利策略此一名詞，但對於企業的專利策略，應該是全球企業最重視的。

而另一個主要的智財大國——日本，早期也沒有專門的企業專利策略，而是有企業的創新研發策略，例如自二次世界大戰後日本在技術發展上以「追隨策略」知名，即由政府策略性引進並推廣技術，並集中資源在日本具優勢的技術項目進行研究發展，希望能在重點產業上追趕並超越原來的技術領先國家。在專利方面，則以「專利網」包圍的策略，也就是以多個專利保護重點技術。但隨著全求專利競爭與專利戰爭的頻繁，日本企業逐漸將「智財策略」或「專利策略」視爲重要的企業政策，一些企業針對專利或智財特別規劃單獨的策略目標、執行方案與專利組合，並出版年度的「IP 策略報告」。而中國與韓國近年來也追隨以上的潮流，大力推動企業專利策略的發展。

但是以上所述的企業專利策略，還是偏重於實務面，其企業專利策略的內容，多半還是偏重在企業對專利制度的調適，對專利的經營，以及相關訴訟的因應策略。對於企業發展專利對於企業帶來如何的影響，缺乏深入的思考；特別是對於專利策略與企業策略管理關聯性的探討，也較爲不足。不過近年來有些企業很明確揭櫫其企業專利策略與其企業核心能力的建立相關，因此將專利策略與企業策略產生連結。而在於企業專利策略的研究，則逐漸發展出其與企業核心能力、專利能力等相關的研究與論述，可惜仍缺乏較全面的討論。本書則是希望能補前述理論以及實務上的不足，而嘗試以本書前面所提到的企業策略理論爲核心，將其作爲企業發展專利策略主要的核心思維，以使企業專利策略與企業策略相關，如此企業從事專利活動才不會只是單純的法律行爲，而能有助於企業的經營與建立競爭優勢。

2.2 企業策略的內涵

一、不同視角下的企業策略內涵

（一）策略的內涵與分類

關於策略，對於不同的領域和不同的研究者來說，有不同的定義和內涵，例如 Alfred D. Chandler（錢德勒）認爲策略是對企業基本的長期精神和目標、採取行動方案和分配實施目標所需資源的決策。哈佛大學著名管理學者 Kenneth Andrews（安德魯）提出策略是：「目標、目的、意圖的形式，以及實現這些目標的主要政策和計畫，以便確定公司的業務或是將要做什麼業務，以及公司的類型或將要成爲的類型」[32]。另外，Grattan（2007）則認爲策略的性質爲[33]：策略視爲競爭；策略視爲任務／願景；策略視爲混亂中的秩序；策略視爲決策。

而 Mintzberg（1987）描述了不同領域的策略定義如下[34]：

1. **在軍事方面**：戰略是軍事行動計畫的草案，戰略塑造了個人的行動，其中並對個人的決定進行決策。

2. **在賽局方面**：策略是一個完整的計畫，而此規定了參與者在每種可能情況下的選擇。

3. **在管理方面**：策略是一個一致的、全面的、綜合性的計畫，其目的在確保實現企業的基本目標。

4. **在字典中**：策略是用於獲得特定目標或結果的計畫，方法或一系列操作。

---

32 黃孝怡（2018），**專利與企業經營策略**，臺北：五南出版社。

33 同註 20。

34 Mintzberg, H. (1987),"The strategy concept I: Five Ps for strategy", *California management review*, 30(1), 11-24.

此外，Mintzberg（1987）也認爲，如果能清楚識別策略的不同定義，可以有效的協助研究者和業者進行操作。因此 Mintzberg（1987）提出了五個關於不同面向的策略定義，分別是：計畫（Plan）、謀略（Ploy）、模式（Pattern）、定位（Position）和觀點（Perspective），其內涵說明如下[35]：

1. 作爲計畫的戰略

對於任何理性決策的人而言，策略絕對是一種具有意識的行爲，也是一種處各種狀況的指導方針；從最基本的個人行爲如學生進行翻牆時具有的「翻牆策略」，到組織的行動如公司有計畫的提高市占率以攻占市場的「市場策略」。作爲計畫的策略通常具有兩個基本特徵：一是策略是在行動之前制定的，二是策略是有意識和有目的發展起來的。如同著名管理學家 Peter Drucker 所認爲的，策略是「有目的的行動」。策略是針對特定行動的事前概念，而不是行動時才進行設計和規劃的。

2. 作爲模式的策略

制定策略的目的不是僅僅作爲總體計畫或是特定的謀略，而且必須是要能夠實現的。因此只將戰略定義爲計畫是不夠的，策略的定義必須包含行爲的結果，因此 Mintzberg 提出了「策略是一種模式」的定義。策略是一種行動模式，從個人的決策來看，畫家選擇某種顏色作爲自己作品的主色調，使得一般人認爲這就是畫家的特色，這種產生與一般畫家產生差別印象的模式就是一種畫家個人的策略。另一個例子就是福特汽車公司長期以來提供的黑色 T 型車，讓市場了解福特公司的模式就是重視生產效率及產品一致性，這也是福特的一種策略。根據此定義，策略必須讓行爲產

---

[35] 同註 34。

生一致性。

3. 作爲謀略的策略

Mintzberg 在此所定義的謀略是指針對競爭對手的特定謀略，例如戰爭中使用計謀讓敵軍陷入圈套，或是使出欺敵的手段讓敵人改變原來的計畫。企業可能以各種方式阻止對手進駐或擴大市場，例如提出可能的手段來威脅對手等。Mintzberg 認爲此處所提到的謀略（包括計畫和眞實意圖）是威脅，而不是提出的手段本身，而這種謀略就是一種策略。

4. 作爲定位的策略

Mintzberg 也認爲策略是一種特別的定位，此處的定位是指對於組織的定位。所謂組織的定位是指根據組織必須根據內外環境而做出調整以適合在此環境中生存，而使組織得以在現有環境生存的方法就是策略。根據策略作爲定位的定義，策略是組織和環境的中介者，它要爲組織在環境生態中生存找到利基，也必須爲組織獲得經濟學上所說「尋租」（Rent-seeking）的功能。

5. 作爲觀點的策略

從企業的組織內部來看，組織內部不同的發展方向也可以被視爲策略，而這些策略源自於企業對於外部環境的觀點。例如有些企業認爲外部環境是高度競爭的，因此需要不斷的創新及開拓新的市場；而有的企業認爲環境的變化沒那麼快，因此採取穩健保守的策略。這些觀點和公司策略密不可分，因此 Mintzberg 稱觀點可被視爲策略。Mintzberg 提到有些企業喜歡行銷，甚至把行銷提升到一整體意識形態層級如 IBM；有的企業重視工程技術如 HP（Hewlett-Packard）；然後有的企業純粹專注於生產效率如麥當勞。

（二）從策略到企業策略

而關於企業策略內涵的討論，包括定位、功能與定義，許多學者都有不同的闡述。例如著名管理學者 Peter Drucker 從企業競爭優勢的角度，爲企業策略做出以下定義[36]：「企業爲了達到效果，經由分析並診斷企業、明確訂定企業應有狀態、擬出達到理想狀態的對策而獲得的結果，稱爲企業策略。」因爲公司的計畫反映出公司管理層對於因應外部競爭環境變遷，評估公司優缺點以及公司在產業中的定位所採取的競爭動態行動，進而導致企業間的績效出現差異而使某些企業較易具有競爭優勢。

對於將策略視爲競爭的觀點，Grattan（2007）也認爲[37]：策略就是在應付競爭對手，期代表性的人物或理論就是 Porter 的競爭策略。對於將策略視爲決策的觀點，Grattan（2007）認爲策略是一種選擇，而過程與決定有關，選擇的好壞導致策略的好壞。而專利策略本身也具有選擇的特性，也是一種競爭策略，因此本書認爲企業專利策略和 Grattan 這兩個策略觀點相同。

湯明哲教授則認爲：「策略是能將公司主要目標、政策及行動統合爲一緊密整體。良好的策略根據企業本身的條件、未來環境的發展、對手的行動來分配資源，追尋獨特、永續經營的定位。」[38]

從以上關於企業策略的看法，我們得到一些「策略」的相關要素，包括目標、資源、政策、計畫、行動、公司類型與定位，以及適應性。亦即對公司的策略而言，策略的主要精神在確定目標的情況下，經過有計畫的行動和政策，合理的分配資源，以達成設定的目標；而這些目標可能涉及

36〔日〕中野明著，黃美青譯（2007），**彼得・杜拉克的事業策略**，臺中：晨星出版社。

37 同註 20。

38 湯明哲（2003），**策略精論——基礎篇**，臺北：天下文化。

公司的定位、未來發展方向，以及對環境的適應性與調適能力。

此外企業策略包羅萬象，包括總體策略、經營策略、競爭策略、行銷策略、品牌策略、併購策略、技術開發策略、人才開發策略、行銷策略、生產策略等。其中統籌各分項策略的全局性指導綱領的可稱爲企業總體策略[39]。企業總體策略是爲了實現企業的基本使命和目標，對企業未來發展方向做出的長期性和總體性規劃、行動方案與資源分配的優先順序等。

二、企業策略的層級與類型

（一）企業策略的層級

企業策略應該配合企業的組織結構、目標市場等分爲以下三個策略層級：

1. 企業級策略

企業級策略（Corporate Strategy）主要關注的是公司整體發展方向與市場定位，以及公司獲利及持續發展的課題：包括應該選擇進入那些事業領域以達成組織長期獲利力的極大化？應以何種方式進入預定的事業領域？以及如何獲得有利的市場位置？常見的企業級策略包括企業的垂直整合（Vertical Integration）、多角化經營（Diversification）、策略聯盟（Strategic Alliance）、集中（Concentration）、市場滲透（Market Penetration）、地理擴張（Geographic Expansion）、產品發展（Product Development）等策略。

2. 事業級策略

事業級策略（Business Strategy）關注公司內不同事業群在市場的發展：包括企業在不同的產業中獲得競爭優勢的定位策略，或是公司在市場

[39] 同註 31。

上投入的承諾，及與競爭者的互動等。事業級策略包括定位、經營模式及競爭優勢等。最著名的事業層級策略是由 Michael Porter 所提出的，以產業競爭角度提出的一般性競爭策略：成本領導策略（Over-cost Leadership Strategy）、差異化策略（Differentiation Strategy）以及集中策略（Focus Strategy）三種基本策略。

3. 功能級策略

功能層級策略（Functional Strategy）關注公司在不同事業級策略下的製造、行銷、物料管理、研究發展，以及人力資源等；功能級策略的目標在達成高效率、品質、創新，並進而使企業獲得競爭優勢。

（二）企業策略型態的類型

組織會因為不同的市場環境和情勢採取不同的因應方式，因而產生不同的策略型態，關於最常見的企業策略型態是 Glueck 所提出四大策略型態，包括[40]：

1. 穩定策略（Stability Strategy）

為了保持企業現有的利益和優勢，以追求完善的和經過檢驗的目標，因此企業不做重大的策略改變，而繼續選擇原來的路徑，並繼續保持經營效率，並鞏固制高點。

2. 成長策略（Growth Strategy）

企業將其目標如市場占有率目標及銷售目標提高的策略，或稱為擴張策略（Expansion Strategy）。成長策略可以經由增加業務範圍、將業務多

---

40 The Institute of Chartered Accountants of India, "Intermediate Course Study Material 7B: Strategic Management", http://www.icaiknowledgegateway.org/littledms/folder1/ip-7.pdf，最後瀏覽日：2018 年 12 月 15 日。

角化、收購或合併業務等方式達成。

3. 退縮策略（Retrenchment Strategy）

企業採取降低成本、減少企業本身所提供的某些功能、從目前企業所提供之產品或服務之市場撤退，減少某些部門的人力與勞務投入，以重新定義甚至於解散清算整個公司的策略。

4. 綜合策略（Combination Strategy）

將穩定、成長、退縮等不同策略在互相不排斥時，同時應用於企業中不同事業部的策略。

（三）企業經營策略與企業競爭策略

前面曾說明，企業策略包羅萬象，但本書認爲與企業專利最相關的，是企業經營策略與企業競爭策略。因爲當企業把專利行爲作爲一種策略行爲時，專利對企業的資源、核心能力、競爭優勢等都會有更多廣泛的影響。例如從資源基礎的角度來看，因爲企業獲利能力源自企業所擁有的特有稀少性資源，而且此資源可帶給企業競爭優勢。資源理論認爲的企業資源包括有形資產及無形資產，無形資產包括技術知識、資本、品牌、智慧財產權等。專利如果符合價值性、稀少性、不可模仿性、無法替代性等條件，也可被視爲企業的策略性資源，可以透過尋租、價值創造和市場競爭優勢的方式爲企業獲得利潤。從核心能力角度來看，專利等無形資產被視爲能影響企業核心能力，也是企業能力的最後表現。因此專利可以從資源、能力、創新三個面向協助企業取得競爭優勢，而企業因此可進一步制定競爭策略，以專利作爲與對手競爭的工具。因此，企業的經營策略與競爭策略與企業的專利息息相關、密不可分。

關於企業策略與專利的關係，讀者如果有興趣進行深入了解，可參考作者所著的《專利與企業經營策略》一書。

2.3 企業爲何需要專利策略？

一、如何思考企業專利策略的價值

（一）專利策略應該幫助公司解決什麼問題？

對於企業管理領域而言，企業的策略管理已成爲必備的觀念，並發展成重要的領域。但通常在關於企業策略領域中，鮮少討論關於企業智財策略或是專利策略的。主要的原因可能是企業智財或專利本身牽涉到較多法律上的問題，一般企業經營者和管理階層較不熟悉；另一方面，許可企業認爲企業專利的投入成本高、回收機率偏低、專利的訴訟風險難以預測，因此絕大多數企業無法將專利作爲策略思考的對象。

但是另一方面，也有許多公司擁有自己的專利或智財策略，並根據自己的專利策略進行企業自己的專利活動：包括專利申請，維護、營運、授權、訴訟、聯盟，甚至參與所謂 NPE 的活動。而也有企業愈來愈將智財收入作爲公司年度收入的來源。更有一些產業領域的公司，爲了專利的訴訟與高額的授權金苦惱，而苦思解決之道。

面對以上兩種企業間對於專利策略完全不同的方向，要回應「企業是否需要專利策略」的問題，首先要能回答「專利策略能幫公司解決什麼問題？」特別是專利策略對於協助企業管理上的功能。ICM Industria1 在文獻中提到企業專利策略必須回答的管理問題包括[41]：

1. 智財和專利組合策略存在於產業中？技術領域中？生產製程中？

2. 商業策略和管理優先權中的專利組合角色是什麼？

---

[41] ICM Industrial, “How patent strategy and monetization can increase business Performance”, 2014, http://www.icm-industrial.ch/images/Briefing_ICM_Adv_IP_Strategy_Monetization_2014.pdf，最後瀏覽日：2018 年 10 月 18 日。

3. 在商業效能中的智財和專利組合資產產生的衝擊爲何？

4. 企業有怎樣的專利管理鴻溝（Gap）／優勢可對抗競爭者？

5. 我們能將專利資產財務槓桿化嗎？

6. 如何探索技術轉移的機會？

7. 顧客、競爭者、供應者、受雇者是否重視我們的專利？

以上的問題，在不同市場、不同產業、不同企業中有不同的狀況，不能一概而論，所以很難有一致性的答案。而要回答以上的問題，更需要進一步了解專利在自己企業中的作用與角色，但我們可以將其作爲思考自己的企業是否需求專利策略的原則與方向。以下本書將進一步提出企業在思考專利策略的價值時，必須思考的專利策略問題。

（二）企業涉及的專利策略問題有哪些？

企業在思考本身是否需要專利策略時，應該先了解企業經營過程中，牽涉到哪些專利策略問題，以及專利策略與企業經營間的關聯性；以下我們將進一步討論這些問題。

1. 企業面臨的專利問題是什麼？

包括企業會否面臨專利訴訟？企業的發明是否需要法律保護？企業是否因專利問題無法在市場上銷售商品？企業是否投入許多資源在專利開發上而無法回收？企業是否付出高額授權金？

2. 關於企業策略的內涵所包括的範疇有哪些？

關於企業專利策略的的內涵，包括專利策略的範疇，包括申請、維護、營運、訴訟、商業化等不同階段的策略，以及企業的經營、管理、行銷問題與專利策略的關聯。

3. 企業制定專利策略的動機是什麼？

企業是否制訂專利策略與企業是否被動面臨訴訟，或主動採取訴訟手段不一定有直接關聯。那麼企業制定專利策略的動機是什麼？就成爲一個值得思考的問題。

4. 企業專利策略是否能提升企業研發創新能力？

許多企業具有企業創新與研發策略，而專利也是企業創新研發重要的一環，兼負創新研發成果的保護與應用，因此我們必須探討企業的專利策略是否反過來影響企業的研發創新策略，進而提升企業的研發創新能力。

5. 企業專利策略會因不同企業而不同嗎？

企業專利策略是否因爲企業所屬的產業別、企業的規模、企業的組織、文化等而有所不同？其相同與相異處又是什麼？不同的企業可能因其產業類別、企業規模、競爭對手而有不同的企業專利策略；但有更多企業並沒有自己的專利策略。

6. 企業專利策略與其他企業策略關係爲何？

企業專利策略和企業策略如企業總體策略、企業競爭策略、企業競爭策略的關係爲何？是企業專利策略屬於企業策略的一環？還是企業總體策略、企業競爭策略、企業競爭策略指導企業專利策略？

7. 企業專利策略對企業專利行動有何影響？

企業專利策略會影響企業的專利行動？有企業專利策略的企業和沒有企業專利策略的企業，在企業行動上有何不同？事實上許多企業訂有自己的專利策略，並且依循其策略從事其企業專利活動。

8. 企業能透過專利策略獲利嗎？

通常企業的任何行動都以獲利爲目的，如果是無法獲利的作爲，企業通常會不予採行。所以專利策略是否能爲企業帶來獲利，是企業是否採行專利策略的關鍵。

關於以上的問題，本書的觀點是：企業是否需要專利策略、以及企業需要何種專利策略，沒有一致性的答案，企業應該做的事應該是建立「思考如何解決專利問題的能力」，而不是「一次性解決問題的能力」。企業應該先透過對以上問題的思考，再來決定是否需要制定專利策略，以及制定怎樣的專利策略。接著本書將根據以上所提出企業專利策略的問題，進一步歸納出企業應該如何思考企業專利策略的價值，特別是企業如何以企業策略的角度，思考企業專利策略的價值。

（三）如何思考企業專利策略的價值

根據前面的分析，我們可以歸納出企業專利策略對企業是否具有價值，主要決定於企業專利策略是否對以下兩方面對企業有正面的影響，包括：

1. 企業專利策略對企業創新能力的影響

專利通常被認爲是創新的成果展現，研發的成果也常被以專利保護。企業是否能夠有效使用專利保護創新成果？甚至從創新成果獲得回饋？企業專利策略是否有助於企業研發創新能力的提升，是企業專利策略成立的重要條件。

2. 企業專利策略對企業競爭優勢的影響

企業策略的目標之一就是爲企業獲得競爭優勢，通常企業的競爭優勢就是「成本優勢」與「差異化優勢」，具有較低成本以及與其他競爭對手有市場定位差異的企業，較容易獲利，也較具有競爭優勢。企業專利策略必須協助企業降低成本，並且產生市場排除力，使企業在市場上的壟斷力增加；如此才能提升企業的獲利，讓企業更有競爭優勢。因此如果企業專利策略有助於企業競爭優勢的提升，會使企業更有意願制定專利策略。

因此，本書以下將從企業創新能力與競爭優勢兩個角度，說明企業專利策略對企業可能產生的影響，企業可以從本書的討論，思考企業專利策略是否有助於企業本身。

二、企業專利策略對企業創新能力的影響

關於專利對企業創新的影響，Patel 和 Germeraad（2013）認爲「智慧財產權就是企業創新」[42]，Patel 和 Germeraad（2013）指出智慧財產權對企業的效益包括：

1. 美國每年的技術授權約 450 億美元，全球授權約爲 1000 億美元；許多大型企業的收入來自技術授權；例如 IBM 的智財投資組合的回報每年超過 10 億美元。

2. 根據《經濟學人》研究，四分之三的公司將它們的價值歸功於智慧財產權。

3. 美國的智慧財產密集型產業爲美國貢獻 5 兆美元產值。

另外，Navi Radjou 的副總裁 Forrester Research 甚至宣稱：「美國因爲未能善用合作夥伴關係，而浪費了 1 兆美元的智慧財產資產未充分利用。」[43]

這和我們一般印象中，智財／專利的利用率低、對企業帶來收益比例低的印象不同。主要原因在於一般人常把焦點放在專利交易市場及專利訴訟這些檯面上的收益過程，對於專利帶給企業潛在的影響較容易忽略。本

---

42 Patel, A., and Germeraad. P.,"The New IP Strategy Agend", https://www.lesi.org/docs/default-source/lnjune2013/1_germeraad3wr.pdf?sfvrsn=2，最後瀏覽日：2018 年 11 月 7 日。

43 同註 39。

書認爲，專利對於企業在創新能力及競爭優勢上具有正面的影響力，以下本書將詳細加以說明。本書認爲專利對於企業創新能力的影響，主要來自經由專利商業化過程，以及專利的訊號功能，這兩者爲企業的創新帶來正向的回饋，這些回饋會帶來更多的資源與經驗，會提升企業的創新能力；以下將分別說明。

（一）經由商業上成功帶來的企業創新能力提升

Patel 和 Germeraad（2013）提出企業商業成功與智財效能的關係，如圖 2-1 所示。其中在最基礎的層次，智財權可以協助穩定企業能擁有在市場上的營運自由度，讓企業不會受到法律訴訟或其他方式的干擾。例如 Apple 與三星在專利上的訴訟讓三星的產品受到美國的禁制令，股票因之下跌，管理團隊因此受到龐大壓力。

在智財效能較高的層次中，企業可透過智財的組合確定自己在市場的地位。主要是因爲企業使用專利等智財可能降低企業的成本，或是提升產品與技術的效能，並可能排除競爭對手，如此將可提升企業在市場競爭地位。當企業進一步從事跨國的業務拓展，也就是地理上的擴張時，會先選擇在專利保護力度較強的國家或地區，當企業在該地區或國家的營運不是很有把握時，企業可將專利授權給在地廠商進行商業化。

而企業在將研發成果商業化時，企業可從外部獲得技術授權或購買專利，就是所謂的「開放式創新」。而企業的智財策略必須考慮將商業、品管，技術標準、營運、研發和智慧財產權活動整合起來，讓新科技的應用對產業發生影響，這就是圖 2-1 的金字塔頂端。但在金字塔的頂端時，影響產業的關鍵是在公司創新的各個階段創造最大價值，而企業必須在專利保護和技術開放授權之間平衡點，也就是說如果讓更多的人參與自己的創新，可能有助於自己創新成果的拓展。例如 Tesla 和 Gogoro 開放自己的

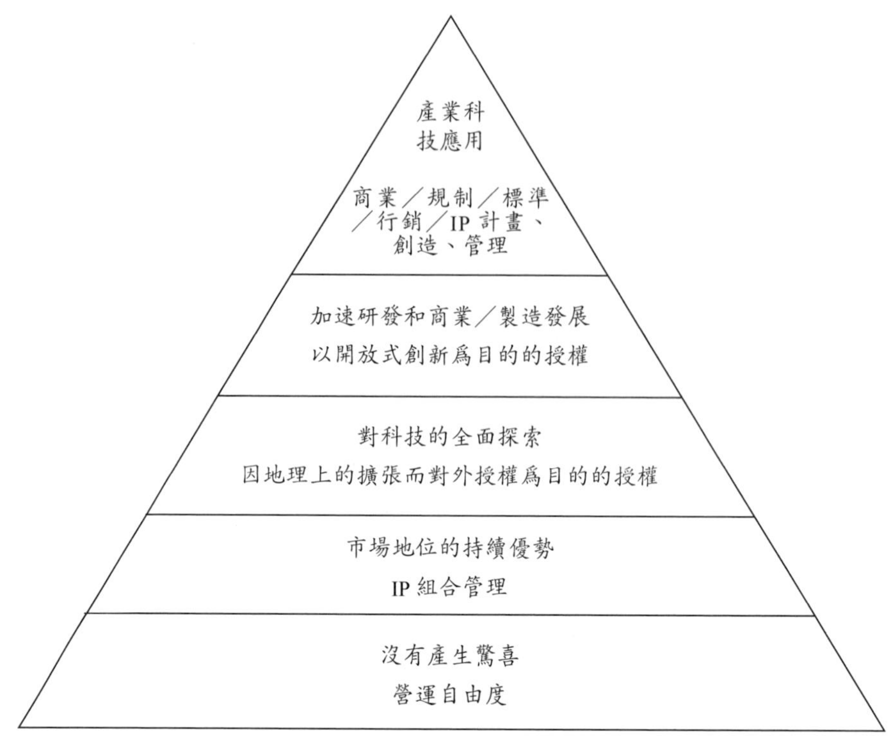

圖 2-1　智財效能與商業上成功的關聯圖（Patel 和 Germeraad[44]）

一些專利技術供大眾使用，可能擴大盟友，讓自己的創新成果發揮槓桿的效應。而 Somaya（2012）[45] 也提到強大的專利和積極的專利策略可以幫助公司將創新創造商業化價值：因爲專利權可以提供契約的保障，並通過與其他公司的策略聯盟或授權成爲商業利用發明的促進者。

而專利如何促進企業創新？Somaya（2012）[46] 認爲包括以下的幾種機制：

---

44 同註 42。

45 Somaya, D. (2012), "Patent strategy and management: An integrative review and research agenda", *Journal of management*, 38(4), 1084-1114.

46 同註 45。

1. **專利行動影響企業創新**：根據研究，企業對專利申請積極的企業，對於企業的研究與發展、產品與過程以及研發合作的程度較高。另外，因爲創新會造成創新的正向循環，因爲激進式發明需要不同領域的知識及資訊，在激進式創新的週期中可能培養出更激進技術的需求。主要因爲其他企業會引用激進式創新發明專利中的技術和知識，使得需要激進式創新的企業不得不擴大其知識與技術基礎，也就是必須檢索更多更廣領域的專利，並且吸收其中的知識和技術，再合成新的發明專利。這樣企業將比漸進式創新有較大的機率擴大其競爭優勢，但也會有較高的風險。

2. **專利協助企業獲得外部融資**：透過專利策略，可以吸引風險資本、提高抵押貸款能力、以及提升公司的IPO（首次公開發行）估價。由於擁有專利權的公司可從市場獲得融資的能力增強，企業可以有較多現金資產維持研發活動。

3. **專利策略可提供研發人員激勵**：專利可以爲發明人和研發人員提供內在和外在的獎勵。

4. **利用專利建立技術標準**：企業可以善用專利策略，使自己的專利與創新成果成爲技術標準的創建，並推動這些技術成爲行業中的主導設計。而這些專利將可用於廣泛的授權。

（二）經由專利訊號帶來的企業創新能力提升

當企業申請專利時，因爲專利制度的規定，必須公開相關的專利技術資訊，包括包含專利發明人、申請人、專利權人、專利前案、專利技術原理、欲解決問題、請求保護的範圍等，都必須揭露給公眾知悉。另一方面，關於專利取得、維護、營運、訴訟、移轉、授權等資訊也是公開的。這些資訊相當程度反映了企業的技術方向和創新水準，還有部分的公司營運狀況。這些資訊對於市場來說，可以說是一種「訊號」（Signal）：企業向外界釋出訊息，如此對於有技術需求的、正在尋找合作對象的，或是潛在的聯盟對象的企業，可以透過這些訊號，找到所需的技術或合作對象。

Somaya（2012）[47] 曾提到研究顯示，一些尋找商業化合作夥伴的小企業透過申請和獲得專利來揭露其創新的水準，從而降低了授權的交易成本外；並且也透過專利向潛在的技術合作夥伴證明其發明的品質。另外，企業也可以透過專利制度中的揭露規定，將技術公開成爲所謂的「先前技術」，讓其他的競爭者或潛在的競爭者，無法獲得這些技術的專利權；甚至有可能讓競爭者發現要在同一領域獲得專利先占優勢是困難的，因此轉移了研發的方向。因此可以說專利是一個向對手發出威攝訊號的工具，讓對手可以知難而退，特別是企業對於專利訴訟有相當的經驗，以及對技術商品化有能力與經驗的廠商，專利產生的威攝效力更大。

三、企業專利策略對企業競爭優勢的影響

所謂企業的競爭優勢（Competitive Advantageg）是指企業在生產、組織結構、效率、品牌、品質、商譽、研發以及管理行銷技術等方面，能夠提高企業競爭力的條件。Rothaermal（2008）[48] 更清楚的揭示企業要獲得競爭優勢，必須比其競爭者更能捕捉到較多的市場份額（Market Share），才能促使公司快速成長。對於競爭優勢理論，較著名的理論是 Porter 的競爭優勢理論，以及動態競爭理論，從這兩個理論來看，專利帶給企業的競爭優勢包括：

---

47 同註 45。

48 Rothaermel, F. T. (2008),“Chapter 7 Competitive advantage in technology intensive industries”, *In Technological Innovation: Generating Economic Results*, pp. 201-225.

（一）從 Porter 競爭優勢理論看專利競爭優勢

以 Porter 競爭優勢理論中一般性策略包括「低成本、差異化、聚焦」，從這個角度來看，專利協助企業取得競爭優勢的方式有：

1. **低成本**：發展新技術或改良製程，降低成本；減少訴訟機會降低風險成本，有限制的壟斷權可創造 Chamberlian 式壟斷租金。
2. **差異化**：建立公司品牌聲譽、保護品牌提高顧客忠誠度、建立競爭者進入市場障礙、建立技術標準增強了與供應商談判的地位。
3. **聚焦**：建立專利叢林阻絕競爭者的競爭。

許多行業、特別是商品銷售爲主的的競爭都是基於最小化成本，如果在產品性能、功能和品牌差異不大的情況下，價格的影響就很大，擁有最低成本生產或服務交付系統的人將擁有最高的市占率及利潤。以往的經驗顯示企業善用智財策略可以協助成本優勢，爲企業利潤做出貢獻。善用智財策略降低成本的最佳方式是設法將技術成本降低，特別是在複雜技術的市場中，公司必須使用自主研發的技術和從其他企業獲得的技術，如果要使用他人的技術，則可能要付出高額的權利金。在消費類電子產品，外部技術成本（包括專利使用費）可能占產品售價的 20～30%[49]，而在智慧型手機等某些類別中則可能更高。如果企業能夠自行研發，除了提高技術自主率，還可以藉由交互授權等方式，獲得較優惠的授權使用費率，降低技術成本而比競爭對手有更高的利潤。

（二）從動態競爭理論看專利競爭優勢

因爲專利本身在優勢期帶來的尋租效果是有時間性的，爲了提高專利的競爭優勢，企業會進行競爭動態（Competition Dynamics）的行動來

[49] Eckardt, R., “What is IP Strategy?”, 2012/10/03, https://ipstrategy.com/2012/10/03/what-is-ip-strategy/，最後瀏覽日：2018 年 11 月 10 日。

爭取競爭優勢，也就是「專利策略」。動態理論通常被應用在企業的競爭及反應，在專利的競爭中，從專利開發和專利布局為開端；例如競爭對手在相同領域隨後申請專利的行動，也是一種回應行動。從動態競爭角度來看，企業的動機和資源會影響其行動意願與能力。策略性使用專利組合可以形成某技術領域的優勢地位並抵抗競爭者的進攻，並增強談判的主動性，如此可以確立企業在市場中優勢地位，並同時激發本企業的後續創新。另一方面，Miele（2002）[50] 認為專利除了可以作為企業阻止市場中技術競爭者的武器，也可以增加資產負債表中的稅務優勢，及提升其在投資者眼中的價值，說服承銷商增加公司在初次上市時的承銷價，並且可以取得較佳的策略聯盟談判時位置與 OEM 協議。

2.4 企業策略與企業專利策略的關聯

關於企業專利策略，本書的觀點是：企業專利策略必須以企業的策略為基礎發展出來，才能對企業有所幫助。而在前面關於企業策略的討論中，本書提出企業經營策略與企業競爭策略的關聯度最高。採用不同類型經營策略如資源基礎型、核心能力型與知識創新型的企業，在專利策略上選擇的路線與思考邏輯不一樣。而落實在企業競爭策略上，主要在攻擊與防禦兩個面向上。本節以下即要說明企業專利策略與企業經營策略與競爭策略的關係。

一、企業經營策略與企業專利策略

如本書先前所述，企業策略的涵蓋面很廣，但本書認為與企業專利策

[50] Miele, A. L. (2002), “Patent strategy: The manager's guide to profiting from patent portfolios (Vol. 27), John Wiley & Sons.

略最相關的是企業經營策略與競爭策略。所謂企業經營策略是指企業在競爭的環境中，爲了持續成長、追求優勢和創造生存發展空間；在適應環境變化，並考量本身條件後，以長期的觀點所採取的反應行動。企業經營策略內涵包括，企業在市場環境條件下必須制定自己的經營目標，並爲了實現經營目標，規劃其行動方針、方案和競爭模式，並採取合適的行動。

而在企業經營策略中，包含企業會投入資源產生智慧財產和無形資產，便於建立企業在產品或服務市場中，比競爭對手享有先占優勢的資源與能力，先占優勢可以產生額外的收入。但是要獲得先占優勢，企業必須具備能將智財或專利轉化爲商品的業務能力與服務。但如果企業無法將技術或專利商業化，則可以採用以下兩種方法：一是採取開放式的創新，引入外部的技術或資源協助企業將技術商品化。另一種方式則是尋求外部的力量，而此力量與前面所述開放式創新所述的外部力量不同，是屬於專利市場的中介者；這些中介者可以協助企業的智財活化，稱爲智慧財產權的貨幣化，也可以協助沒有專利保護且又受到侵權訴訟的廠商，建立起提供防禦或進行訴訟後盾的專利資源。而這些做法都需要企業內部組織能力與客戶，競爭對手和組織外部其他人的關係，以及環境資源間做匹配，這將涉及企業經營策略的層次。而 Nithyananda（2012）提出企業經營策略中需要考慮關於智財的決定可以包括[51]：

1. **企業研發策略**：包括研發投資對股東財富創造的影響、企業的研發投資。

2. **企業智財策略**：包括智慧財產權如何影響公司的競爭戰略？智慧財

---

[51] Nithyananda, K. V.,(2012) “Alchemy and IPR-Monetizing Intellectual Property Rights”, 2017/7/27, http://nopr.niscair.res.in/bitstream/123456789/14764/3/JIPR%2017(5)%20406-416.pdf?utm_source=The_Journal_Database&trk=right_banner&id=1402271508&ref=b144c16ee30c2a319fa91f4b1441af89，最後瀏覽日：2019 年 1 月 30 日。

產權保護的成本與效益，何時何地需要智財權保護？

3. **智財發展策略**：包括如何發揮研發投資的效益？並探索授權機會。

4. **智財訴訟策略**：包括智財訴訟的成本與效益，公司何時，何地以及如何利用智財對抗競爭對手訴訟／侵權？

5. **智財貨幣化戰略**：包括評估貨幣化機會，執行貨幣化策略如授權、分拆、捐贈等。

6. **智財衡量和管理策略**：包括智財的估值指標，未來投資的資金來源，稅務規劃等。

而企業經營策略可區分爲以下的三種類型：資源基礎型、核心能力型與知識創新型，其與專利的關係可說明如下。

（一）資源基礎型經營策略與企業專利

資源基礎型經營策略主要是基於策略領域中的資源基礎觀點，主要認爲企業獲利能力源自企業所擁有的特有稀少性資源，而且此資源可帶給企業競爭優勢。資源理論認爲的企業資源包括有形資產及無形資產，無形資產包括技術知識、資本、品牌、智慧財產權等。能成爲策略性資源應該具備價值性、稀少性、不可模仿性、無法替代性。而企業的經營策略必須對企業策略性資源做最佳配置以獲得競爭優勢。而符合價值性、稀少性、不可模仿性、無法替代性等條件的專利，可以成爲企業的策略性資源，通常策略性專利可被視爲企業的策略性資源，因此可以爲企業獲得利潤。

（二）核心能力型經營策略與企業專利

核心能力型經營策略主要的理論基礎是從公司的核心能力出發，認爲核心能力是組織中累積關於如何協調不同生產技能的知識；核心能力有核心能力層、核心產品層和最終產品層三個層次。後來能力理論學派的學者陸續發展出吸收能耐、動態能耐等相關概念。核心能力觀點中專利等無形資產被視爲能影響企業核心能力，而事實上專利和企業的吸收能耐和動態能耐關係密不可分。

（三）創新型經營策略與企業專利

創新型經營策略主要的理論基礎是目前企業的知識基礎創新，創新管理觀點認爲，應該將知識作爲企業核心競爭力和研究創新的關鍵資源。愈來愈多的企業將知識能力和知識管理視爲公司關鍵資源，因此企業的研發功能重點轉移到研發工作的策略與總體業務目標之間的整合。

二、企業競爭策略與企業專利策略

企業競爭策略簡單來說，簡而言之就是替企業獲得競爭優勢的策略，本章先前已經介紹過關於競爭策略的理論，主要包括 Michael Porter 的一般性競爭策略及動態競爭理論。Porter 的一般性競爭策略（Generic Competitive Strategy type）的架構[52]，主要包括：成本領導策略、差異化策略及焦點策略。而動態競爭把市場視爲一個動態過程，透過設定競爭對手間對偶化的「行動─反應」來作爲競爭動力分析的基本單位，研究競爭行爲以及競爭對手被觸發的反應。對於企業的專利行動來說，企業的專利策略也必須考慮成本、差異化與焦點，而在專利市場中的競爭也是一種動態競爭，因此，本書認爲企業專利策略中，包含了競爭策略的內涵與精神。

另一方面，企業專利活動中不論是申請、維護、授權與訴訟，都比需考慮攻擊策略與防禦策略，因此接下來本書將討論企業專利的攻擊與防禦策略。

---

52 同註25。

（一）攻擊性專利策略

由於專利是保護組織資源免受模仿的有效工具，透過訴訟等手段，可以將對手排除在市場之外，因此我們說專利是具有攻擊性的。關於企業的攻擊策略，Michael Porter 在《競爭優勢》（*Competitive Advantage: Creating and Sustaining Superior Performance*）[53] 一書中提到關於向產業龍頭發起攻擊的議題，首先 Porter 提到攻擊策略的基本原則是：「無論挑戰者的資源獲實力有多強，都應該避免以模仿策略進行攻擊。」而要能夠成功的進行攻擊，挑戰者必須具備以下的條件 [54]：

1. **某一種的持續性優勢**：挑戰者必須具備比龍頭產業更明確的競爭優勢，包括成本或差異化；其中低成本可以用來爭奪地盤，以及獲得更高利潤。差異化可以使企業以最佳價格銷售並將行銷成本降到最低，以爭取到客戶的試用機會。

2. **其他相關活動的近似性**：當企業使用差異化策略挑戰時，要抵銷龍頭產業因規模造成的成本優勢；當企業使用低成本策略挑戰時，必須具備客戶可接受的價值。

3. **具有可延遲龍頭廠商報復的做法**：企業必須具有減緩龍頭廠商反擊的能力及策略。

企業的專利攻擊策略，主要是利用專利的市場排除功能，對競爭者的市場地位或進入市場提供阻礙。但要具備這樣的能力，企業必須具備可作爲資源基礎的關鍵專利，因此企業競爭優勢的核心來源是資源基礎。另一方面，在考慮對競爭者提出專利攻擊時，首先要考慮專利保護的有效性，特別是受攻擊者對於專利的迴避能力。特別是被攻擊者可以從專利市場找

---

[53] 同註 25。

[54] 同註 25。

到相應的專利資源，以作爲對抗專利訴訟的武器；在這種情形下，專利的排除功能可能無法完全發揮。所以公司的專利強度或專利制度不是很強大到足以提供保護時，競爭對手就可以透過發明專利的法律弱點來避開專利。此時公司還是會把策略重心放在核心產品的銷售，也就是強化互補性資產，此時專利的功能在強化企業本身的商品競爭力，眞正的決勝點在於市場銷售的競爭：包括價格與產品的差異。

另一方面，如果市場雙方都在類似技術上投入了相當的資源，因爲雙方在專利侵權上的訴訟對雙方而言，可能都是龐大的負擔。此時雙方可以透過和解或交互授權方式，付出權利金以獲取市場自由度。在這樣的思考邏輯下，企業從事專利研發的目的，可以轉化成以獲得授權金爲目標。例如蘋果公司不斷的創新並提出新產品，也同時向其他競爭者提出訴訟以獲得授權金；因此，這樣的策略通常是具有持續創新能力的企業才會偏向此一策略。

（二）專利防禦戰略

關於企業防禦擊策略，Michael Porter 在《競爭優勢》一書中提到，可能發動攻擊的廠商包括產業的新進廠商與重新定位的廠商，而防禦重點是降低被攻擊的可能性。Porter 認爲對抗挑戰者最佳的防禦是完善執行攻擊策略，主要是持續改善投資、改善成本地位與差異性。Michael Porter 提出的防禦策略包括[55]：

1. **提高產業的結構性障礙**：主要是提高競爭者的進入與移動障礙。
2. **增加對方被報復的可能**：增加攻擊者行動後被報復的可能。
3. **降低攻擊的誘因**：主要是提供障礙與反擊降低挑戰者的預期獲利。

---

55 同註 25。

從專利防禦策略的角度來看，主要在於雙方以專利發動攻擊時，雙方如何的反應與互動。如果基於「攻擊是最好的防禦」此一概念，專利的訴訟顯然不會中止而且會持續發生。因此基於防禦策略的原則，需要降低攻擊者的預期獲利，以降低攻擊者的攻擊意願。在某些行業，特別是可銷售產品及潛在服務中使用大量專利發明的行業，企業專利可以用作防範專利訴訟的屏障，這種專利通常稱爲防禦性專利。特別是這些行業通常是高科技產業，企業已經進行大量且不可逆的投資，而且專利與技術資訊也是公開的，從事專利攻擊非常容易，而且影響非常的大，雙方都必須全力應戰。在這樣前提下，其實雙方都會是攻擊方：不論是在一個訴訟案中提出反訴，或是在受到起訴後，也對對方其他產品提出新的訴訟，也就是「相互阻礙」的策略。要使用相互阻礙策略，企業必須獲得大量專利組合，威脅潛在競爭者，也就形成了專利的「軍備競賽」。總之，防禦性專利策略的目的是防止競爭者，以專利作爲市場隔離機制或要求高度的專利使用費，從而提高自己在市場上的自由度。

2.5 小結——企業專利策略的分類與選擇

由以上的討論，我們可以歸結出以下的結論：

1. 企業專利策略和企業的創新與競爭優勢相關。

2. 我們可以從企業經營策略與企業競爭策略的思考脈絡規劃企業專利策略。

3. 從企業經營的思考脈絡可以得到企業專利策略可以分爲資源基礎型專利策略、核心能力型專利策略、創新型專利策略。

4. 從企業競爭策略的思考脈絡所得到企業專利策略可以分爲攻擊策略與防禦策略，而不論哪一種型態的企業專利策略，都具有攻擊與防禦策略。

因此，本書認爲企業專利策略可區分爲資源基礎型專利策略、核心能力型專利策略、創新型專利策略三種類型，而這三者都必須具備攻擊與防禦策略。關於不同專利策略類型的詳細內容，本書將在下一章中詳述。

此外，企業在規劃企業專利策略時，需要考量另一個關鍵因素是企業規模大小。因爲要規劃與執行企業專利策略時，要考量組織的「能力」，通常指吸收與消化新知與因應外在環境變化並適應的能力，而落實在實體上，在於企業的組織、人力與文化。對於小型企業，特別是處於初期創業階段的公司，通常沒有資源僱用相關智財人員，其主要的資源可能是研發與製造，此時發展出少數的關鍵專利有所可能，但要做專利營運與管理可以說是緣木求魚。此時這類企業要規劃專利策略可能是困難的，甚至多數企業是沒有專利的，這些企業毫無疑問會暴露在專利攻擊下。此時這類企業應該也有一些防禦的準備，本書後續也會將以討論。

對於企業規模與智財策略，Heikkilä（2012）[56]引用前人對於芬蘭小企業智財策略的研究，其中針對 504 家芬蘭中小企業，這些企業在 2001 年的員工均不到 100 人，平均僱員 13 人。研究顯示的智財策略與大企業的策略本質並不同，小企業對於在市場上爭取速度的重視，是優於專利權的；相對而言只有與大學進行的產學合作的公司才重視智財策略。因爲參與產學合作的公司通常從一開始就較爲注重研發。小企業無法重視專利的因素，主要因爲缺乏申請專利的資源，而且需要保護專利的訴訟程序所需的成本，是小企業難以負擔的。其他針對芬蘭中小企業的調查研究也顯示，如果實施的成本較低，企業較願意採用更正式的智財保護方法如智慧

56 Heikkilä, J. (2012), “Intellectual property strategies and firm growth: evidence from Finnish small business data”, https://jyx.jyu.fi/bitstream/handle/123456789/37793/1/URN%3ANBN%3Afi%3Ajyu-201205081628.pdf，最後瀏覽日：2018 年 11 月 11 日。

財產權。

Somaya（2002）[57] 也討論企業規模與企業專利策略的關係，Somaya（2002）認為小企業本來應該需要花費大量資源來保護和利用其智財，而且會因為其資源限制會限制公司保護和利用其智財的能力，以致可能無法避免專利攻擊的風險，公司也可能無法從其創新中獲得收益。此時這類企業組織應依賴外部建議或資源並協助智財和利用。另外對於大型企業，因為它們可能有足夠的資源在內部處理智財產問題，但 Somaya（2002）認為大公司也會面臨很大的智財策略問題，特別是如果企業以往投入了大量資源發展智財而無法利用，會因智財權的生命週期有限，即使企業建立在過去技術成功的基礎上，但因為過去的成功並不能保證未來的成功，除非過去能將過去成功的收益投資於未來，企業的風險是逐步提高的。此外大多數公司缺乏正式的專利策略和全面的專利管理系統，並且專利活動和最高管理層優先事項之間通常沒有一致性。

其次，Somaya（2002）認為大公司的專利政策很大部分的挑戰來自內部的溝通和整合，和小公司參與智財權問題的所有關鍵人員可能在同一部門內工作，並且每天都可以互相交流。對於大型公司，特別是擁有獨立智財部門的公司，必須強化智財人員與公司內部研發創新人員，和利用創新的人員進行溝通。而智財部門也必須與高級管理層進行良好溝通，並要使其相信智財權的重要性。但大公司的智財部門可能也具有本位主義，可能會關注部門內部利益，而不是整個公司的利益。這個可能會導致政策決定的偏差。如何從專利政策的角度解決這個問題，本書後續也會加以討論。

---

57 Somaya, D. (2002), “Theoretical perspectives on patent strategy, University of Maryland”, http://citeseerx.ist.psu.edu/viewdoc/download?doi=10.1.1.195.354&rep=rep1&type=pdf，最後瀏覽日：2018 年 11 月 11 日。

第三章 企業專利策略

3.1 什麼是企業專利策略

一、專利策略的定義

（一）概念性的定義

在討論企專利策略的內涵時，必須先了解各方對於企專利策略不同的解讀，本書只摘取一些具代表性的看法。特別要說明的，一般企業通常規劃與制定的是智財策略，而本書討論的是專利策略，並不討論商標與著作權。兩者之間雖然有差異，但許多基本原則是一致的，因此企業的智財策略對於專利策略仍然具有極大的參考價值。

關於智財／專利的看法，Heikkilä（2012）[58]認爲智慧財產權策略是企業從產品和流程創新中獲得適當回報的方法。Heikkilä（2012）將智慧財產權策略分爲正式和非正式的策略兩大類。正式的策略包括使用專利權；而非正式的策略包括保密保護、交付時間的先占優勢，以及產品和服務。

ICM Industrial認爲[59]專利策略是制定規則和行動計畫來使用專利，以使企業能夠持續實現更高的產品價格、增加市場份額和／或維持比競爭對手更低的成本。ICM Industrial 認爲專利策略不是一次性的活動，而是持續性的過程：從考慮和評估公司專利組合的現狀，及其與技術和業務策略的關係開始，再根據內部情況和競爭對手的專利活動的狀況，確定預期目標和實際狀況的主要差距，最後再建立實施策略和行動計畫。

---

[58] 同註 56。

[59] 同註 41。

Knigh（2013）定義專利策略為[60]：某個技術領域中專利策略是管理以在有利條件下滿足市場競爭者的科學及藝術的研究。Knigh（2013）也提到另一種觀點的專利策略，他把發明的專利策略視為是一個獲得終局的謹慎計畫，包括用於欺騙競爭對手的「聰明方案」。此外，Knigh（2013）定義智財策略為[61]：智慧財產權策略是制定一系列行動，以利用智慧財產權使公司能夠持續實現更高的價格、增加市場份額，和／或維持比競爭對手更低的成本。

Somaya（2002）對專利策略的看法則強調了專利策略與企業的關聯，Somaya認為[62]：廣義的專利策略可以定義為通過企業獲取和管理專利來追求競爭優勢。專利策略主要是企業的責任，最終由企業執行長承擔。專利策略並不是圍繞著專利法以實施的許多法律策略和演習，而是以公司專利可發揮更廣泛的策略作用為中心。專利策略有三個核心特徵：所屬技術領域，嵌入在企業的選擇結構和非市場的特徵。

（二）操作性的概念

以上的智財／專利策略比較偏向概念性的，Ene（2014）則提出了具有操作性的智財策略的定義[63]：智財策略是對智財系統的規劃和長期和短期整合持續外部、內部財務、技術和法律活動／行動的集合體；即智財和非智財持有者隨時準備威懾競爭對手，這些競爭對手採用／開發或獲得智

---

60 Knight, H. (2013), “Patent strategy for researchers and research managers”, John Wiley&Sons Inc., Hoboken, New Jersey.

61 同註60。

62 同註57。

63 Ene, S. I.“Intellectual Property Strategy-With main focus on patents and licensing of patents (Master's thesis, NTNU)”, 2014, https://daim.idi.ntnu.no/masteroppgaver/011/11164/masteroppgave.pdf，最後瀏覽日：2018年11月11日。

財以進入／覆蓋市場，甚至可誤導競爭對手，以實現創新產品／服務開發／的發行。

除了專利策略的定義，也有研究者提出專利策略的動機及專利策略造成的效果：如Lichtenthaler（2007）[64]將專利對外授權的策略動機分為三類：產品型策略動機、技術型策略動機和混合型策略動機。以產品為導向的授權主要是為了配合公司的產品和／或服務策略，其目的是為了進入國外市場、銷售產品和／或服務。技術型策略動機主要是強化公司的技術地位，以及將專利用來授權談判時的議價籌碼，以避免潛在的專利侵權訴訟，最終目的在保證經營自由；此外，獲得其他公司的技術投資組合也是目的之一。

Macdonald（2004）[65]則提出常見專利策略造成的現象包括專利堆疊（Patent Stacking）、專利封鎖（Blocking）、專利群集和包圍（Clustering and Bracketing）、合併（Consolidatio）、專利覆蓋和淹沒（Blanketing and Flooding）、閃電襲擊（Blitzkrieging）、圍籬和包圍（Fencing and Surrounding）等。因此專利策略應該具有以下功能：

1. 形成圍繞關競爭對手所擁有的關鍵專利的專利叢林。
2. 可阻止在競爭對手產品中使用類似發現的專利。
3. 方便於擁有達成談判協議的專利布局。

而本書對於企業專利策略的定義為：企業專利策略是企業對於專利行動的目標、資源、實行內容、程序、規範的規劃，涵蓋企業專利活動中的指導原則；包括在創新研發、專利申請、專利保護，以及運用實施等四

---

64 Lichtenthaler, U. (2007), “Corporate technology out-licensing: Motives and scope”, *World Patent Information*, 29(2), 117-121.

65 Macdonald, S. (2004). “When means become ends: considering the impact of patent strategy on innovation”, *Information Economics and Policy*, 16(1), 135-158.

個階段的策略。以往把專利策略區分爲攻擊性與防禦性策略、混合型策略等；或是區分專利策略爲申請策略、保護策略、聯盟策略、授權策略、訴訟策略等。由於企業進行專利活動的目的，包括獲得資源基礎、建立核心能力、進行創新與知識管理，而這些目的的最終目標，是爲了建立企業的競爭優勢。而專利策略的實施是對於專利組合進行價值管理的步驟，涵蓋從專利產出、估值、貨幣化的完整專利資產管理。

二、企業專利策略的內涵

雖然本書在前面已說明了企業專利策略的各種定義，但企業專利策略到底包括哪些實質內容？仍然需要進一步的說明。事實上企業專利策略的內涵廣泛而複雜，要說明企業專利策略的內涵，最好的方法是說明專利策略中有哪些分項的策略。而根據不同策略中具有的目標、資源、實行內容、程序、規範等面向，有不同的專利策略區分方式，以下本書將進一步說明企業專利策略不同分類下的策略內涵。

（一）依手段性質分類的企業專利策略

專利策略可以包括以下三種手段[66]：

1. 法律手段

所謂的法律手段是指企業以法律制度保護專利權利、或是以法律制度進行專利管理或營運的手段，包括專利申請策略、專利訴訟策略（專利侵權與舉發策略）等。

---

[66] Swiss Federal Institute of Intellectual Property, “What does an IP strategy consist of?”, https://www.ige.ch/en/intellectual-property/developing-an-ip-strategy/what-does-an-ip-strategy-consist-of.html，最後瀏覽日：2018 年 10 月 17 日。

2. 組織手段

所謂的組織手段是包括強化企業研發、創新與技術保護的策略，包括創新策略、專利獲得策略（包括專利收購策略、專利引進策略）、專利聯盟策略、專利授權策略、專利投資策略、專利出售策略，甚至涉及到營業秘密保護的策略等。

3. 技術手段

這裡所說的技術手段是指以技術爲核心的策略段，如專利布局策略、創新激勵策略、技術開發策略、技術標準策略、合作開發策略企業可以透過技術策略手段保護其研發成果。

（二）依攻擊與防禦分類的企業專利策略

1. 攻擊型專利策略

本書在第二章關於企業競爭策略的討論中，曾經說明企業的攻擊與防禦策略。而企業的攻擊與防禦反映在企業的專利策略時，必須落實在企業創新研發、專利布局、專利保護與專利運用四個不同階段的專利策略中。例如在專利布局策略中，採取包繞對方專利的布局策略；或是採取專利網的布局策略；都是對競爭者採取攻擊性的作法。

而在專利保護和專利運用策略中，採取如將專利授權給次要競爭者，以結合次要競爭者打擊主要競爭者；或是採取提出侵權訴訟的手段；以及針對對手的專利布局進行舉發等，都是屬於攻擊型的專利策略。

由於專利訴訟往往曠日廢時，因此一些企業針對競爭者的技術或產品進行分析，找出對手的弱點或有侵權疑慮的關鍵，再向對手提出收取專利授權金，否則即以訴訟手段干擾對手；這樣的模式因爲專利市場中介者的發展，使得擁有較多專利資源的企業在中介者協助下更加容易找到攻擊的標的，因此也逐漸成爲常見的專利攻擊模式。

2. 防禦型專利策略

防禦型專利策略是指企業在創新研發、專利布局、專利保護與專利運用四個不同階段的專利策略，相對攻擊型專利策略而言，採取防禦性作法的策略。事實上，防禦型與攻擊型策略的差異不應該以策略的手段來區分，因爲防禦型與攻擊型策略都可能採取與其他廠商結盟的策略，也可能都會進行專利舉發等訴訟。因此，本書建議還是從策略目的來區分較爲適當。例如在專利布局策略中，採取防禦型與攻擊型策略的廠商都會採取包繞式專利，但攻擊型廠商會包繞對手的專利以阻擋對手實施或擴展專利，但防禦型的廠商以包繞自己的核心專利爲先，目的在保護自己在市場中的行動自由度。但防禦型與攻擊型策略也有手段上的差異，例如防禦型策略廠商會將專利公開，而不作爲自己的專屬權利；這種做法的好處是讓其他人也沒有獲得這些專利權利的可能，如此使對手也無法主張這些專利的權利。

3.2 企業專利策略的本質

一、企業策略的本質

湯明哲教授在《策略精論》一書中提出策略包括以下幾個特質[67]：

（一）做對的事，而不是把事做對

所謂「做對的事，而不是把事做對」（Do the right thing rather than do the things right），湯明哲教授認爲就是要重視「效能」（Effectiveness）而不是重視「效率」（Efficiency）。例如福特汽車與通用汽車：福特汽車認爲生產效率是最重要的，因此在產品策略上使用同一車款以增加生產

---

[67] 同註 38。

效率，因此使福特成爲最有效率的車廠；但同時通用汽車採用了市場區隔的方式，針對不同消費族群提供了不同型式的車款，雖然提高了生產成本並降低生產效率，卻較能滿足消費族群的要求，提高了市場占有率而成爲市場龍頭。我們可以說，福特汽車的企業策略重心是生產，以有效率的生產最大量的產品爲目標；而通用汽車的企業策略重心是消費者，以滿足消費者需求爲目標，因此產生了不同的結果。

至於什麼是企業正確的策略？湯明哲認爲策略創新是企業最好的策略，而策略創新是指企業以新的方式經營、改變原來產業競爭的法則，重新塑造新的遊戲規則，其中最常見的就是「破壞式創新」。

（二）策略要從執行長的觀點來看事情

所謂從執行長的觀點看事情，就是以組織整體利益爲最大考量，因爲各部門通常會有本位主義，多半會由部門的利益出發；但執行長較能縱觀全局，以企業整體效益作爲決策的基礎。

（三）策略是長期承諾

企業策略必須是長期的而非短期的，而所謂的「長期承諾」，就是指企業需要長期且不可逆轉的投資（Irreversible Investment），這些投資包括人力、設備、市場及產品等。如果半途而廢，可能會造成企業巨大的資源浪費，更可能造成市場機會的損失。

（四）策略要能取捨

所謂「策略要能取捨」（Strategy is abort hard choies）是指企業要能選擇最佳的競爭優勢，而無法在各方面追求最佳效果。而最佳的策略整體效果，其實是獲得具競爭優勢的企業核心能力，有了具優勢的核心能力，企業才能發展核心產品以獲得市場優勢及利潤。

二、企業專利策略的本質

同樣的，我們可以根據以上對於企業策略本質的討論架構，了解企業專利策略的本質。事實上，我們可能會發現，企業專利策略與企業策略在本質上可能有些不同，我們討論如下：

（一）除了做對的事也要把事情做對

對於企業經營而言，採取正確的策略是有可能獲得市場上的競爭優勢並藉此獲得利潤，所以策略的選擇比執行更爲重要。但專利策略本身不一定如此，因爲專利兼具科學研究與生產開發的特性，如果不將事情進行到一定程度，就無法產生一定的效果，更無法產生利潤。特別是如果沒有一定的成果，即無法立即經由商品化而產生利潤，而必須採取策略聯盟、出售或授權專利來回收成本。另一方面，研發過程與專利獲得也具有相當風險，如果沒有做好完善的事前分析，可能無法在申請時獲得專利，甚至導引企業在錯誤的研發道路上前進，從而浪費的企業的資源，也可能錯過了市場機會。因此在專利策略的規劃上，企業不僅要找到對的道路，更要能抱著小心謹愼把事情做好的心態，才能建立完善的企業專利策略。

（二）以執行長的觀點規劃企業專利政策

以往企業在進行專利活動如申請、維護、營運及訴訟時，多半將相關工作限於法務或智財部門，以及研發部門，除非需要較大預算投入，或是面臨巨額求償訴訟時，才會由高層做決策。而沒有智財部門的中小企業，可能將相關工作委由某位員工，或外部的專利法律事務所。但隨著專利市場的變化，企業必須具備有價値的專利組合，才能有助企業的成長與發展。而要能獲得有價値的專利組合，必須具備事前的產業與市場技術資訊蒐集、研發資源的投入等，如果公司本身無法達成目標，則必須適度引訴企業外部資源。這些都必須由企業的高層來進行跨部門的整合與規劃。

（三）企業專利政策是長期承諾

如前所述，專利是企業必須長期投入的工作，特別是專利本身也具有其生命週期，而此生命週期卻不一定與產品生命週期相同，因此有些專利往往到市場發展成熟時才發揮其價值。如果企業沒有長期投入資源維護其專利，則可能失去獲得巨大利益的可能。然而本書並不是鼓勵企業對於獲得的專利都要長時間維持其權利，而是建議企業可長期的觀察市場的發展與技術的走向，如此可能使企業在研發與獲得專利上更有效率。

（四）企業專利策略要能演化

企業專利策略必須隨著企業的規模以及其在市場上的地位，隨時間進行演化。當企業剛新創時，因爲人力與資源不足，且公司主要在研發新的技術或產品，因此企業必須發展量少但價值高的專利。但當企業逐漸具備規模，則必須考慮多個事業單位和不同產品，此時企業對於每個事業單元都要建立核心能力，而這些核心能力必須要法律上的保護，因此專利將會較多元。當公司具更大規模而進入更強的競爭環境時，企業必須不斷研發推出新產品或技術，此時企業可能將專利作爲產品的副產品，以專利授權給其他競爭者或是專利市場中介者，或是透過訴訟獲得賠償金，以獲得現金流來彌補研發和專利成本。在這些過程中，企業會採取不同的專利策略，因此我們說專利策略是演化的。一些大企業如 Microsoft 和 IBM 的例子說明，企業的專利策略隨著其成長與市場地位的改變而演化。

以上本書簡要說明了企業專利策略的定義、內涵與本質，主要的目的是指出專利策略包含不同的面向與內涵，我們很難完全描述或掌握其全貌。但從另一個角度來說，企業應該從不同的角度切入，了解專利策略的意義，並規劃與企業經營策略與競爭策略相關的專利策略，這才是企業規劃專利策略的正確作法。而以下本書即是從不同類型企業的特性出發，探討企業應該如何規劃自己的專利策略。

3.3 企業專利策略的規劃

一、企業專利策略規劃原則

要思考企業專策略的原則，應該先了解專利策略的目標，ICM Industrial[68] 提出專利策略有以下目標：

- 加強對當前和未來主要產品及其中包含發明的保護，以鞏固公司的競爭地位。
- 管理公司閒置專利以降低專利相關成本。
- 將專利相關資產貨幣化以產生新的收入。
- 降低投資組合的外部風險。

專利策略一方面考慮專利計畫的內容，以便爲公司定義未來的備案策略：它必須解釋要保護哪些技術，爲每種技術採用的最佳歸檔方法，何時何地提交根據業務戰略優先事項和可用資源。另一方面，專利策略必須考慮公司創建的現有專利組合的改善和管理。在這裡，根據每個專利特徵及其業務角色和影響，必須定義一套管理專利組合的策略選擇。哪些專利對業務至關重要？哪些專利阻礙了競爭對手？哪些專利將強化新興技術的技術地位？哪項專利與策略和業務無關？

這些考慮因素允許定義專利路線圖，該路線圖是一種管理工具，輸入企業技術和業務策略目標，並定義改善當前專利組合的行動計畫和專利組合的發展指南，隨著時間的推移，可以更好地支持整體公司業務。

以上的目標偏重在處理企業專利的問題，但本書認爲，企業應該重視專利策略與企業策略之間的關係，包括企業經營策略與企業競爭策略。因此企業專利策略應該以達成企業經營策略與企業競爭策略的目標爲目標。

---

[68] 同註 41。

企業在思考企業專利策略時，要從思考專利是否能替企業獲利或創造競爭優勢出發。企業可以思考如何規劃配合企業策略的專利策略，包括是攻擊還是防禦？是主動還是被動？是維護還是放棄？是強化提升自主發展營運專利的能力比較重要？還是能生產專利再售與他人比較重要？專利也是公司風險管理的一部分，從風險分擔的角度來看，公司透過專利維護並保持發明和創作，以及生產產品的自由權利；但基於專利是公司研發成本投入後的產出，而研發投資其實具有高度風險，因此如果能增加專利的流動性（Liquidity），也就是增加其變現的機率，則可以分擔企業投入研發的風險。

二、企業專利策略規劃的兩個面向

在先前的內容中，本書不斷重複強調企業專利策略與企業的競爭策略與經營策略的關聯性，因此企業的競爭策略與經營策略與企業專利策略要互相配合。但這樣的配合要如何達成？我們可以參考一般大型策略中將策略區分為對內的策略與對外的策略，我們也可以將專利策略區分為對外的競爭策略面向與對內的經營策略面向兩個部分[69]，以下我們將分別從這兩個面向討論的企業專利策略。

（一）對外的競爭策略面向

對外競爭策略面向的專利策略通常被外界所熟知，包括訴訟、授權、買賣等常見的策略手段，這些策略都涉及企業與其他廠商的競爭行為。例如提起訴訟目的在於迫使競爭者退出市場、干擾對手在市場上的行動，或

---

69 IP Handbook CHAPTER 5.1, “IP Strategy”, http://www.iphandbook.org/handbook/chPDFs/ch05/ipHandbook-Ch%2005%2001%20Pitkethly%20IP%20Stratey.pdf，最後瀏覽日：2018 年 11 月 11 日。

是要對手付出高額的授權金；授權則可以組成策略聯盟；買賣則是引進外部資源強化企業本身的專利組合強度。因此企業以競爭策略面向思考專利策略時，應該考慮的核心是專利能否帶給企業競爭優勢，而對外競爭策略主要表現在專利申請、專利保護與專利運用階段。

（二）對內的經營策略面向

企業專利策略對企業內部經營策略的影響，以往一直較被忽略。事實上企業專利策略對於企業的創新研發、組織內部的激勵政策、專案管理與分工、組織的知識管理都有密切的關聯。當企業進行創新研發時，如果將技術成果以法律進行保護，則不僅可以達成法律上的保護效果，更可以以專利的形式在市場上進行交易。而許多研究者也提出，專利可以作爲鼓勵內部創新的考核與獎勵工具。而專利從申請、維護、運用，涉及企業內部的專案管理與知識管理：企業在決定是否申請專利、決定發展怎樣的專利組合、要付出多少專利成本，以及如何運用專利獲利甚至強化企業的競爭優勢，這些都和企業的經營管理息息相關。因此企業的專利策略與企業經營策略有密不可分的關係。

三、企業專利策略規劃流程

策略的內容一般包括策略的目標及願景、策略的定位、策略的實質內容與策略執行的手段等；而本書認爲企業專利策略也應該具備以上所述的形式與內涵。關於企業專利策略規劃的流程如圖 3-1 所述，主要包括策略定位的確定、策略目標及願景的訂定、策略的分析，以及相關的實質策略。其中必須考慮外在環境的現況與變化，包括產業狀況、社會環境、科技發展、經濟情勢以及法規制度等。企業可能因爲外在條件與企業本身策略目標的變化，回饋調整專利策略。至於各項的內容細節，以下將進一步說明。

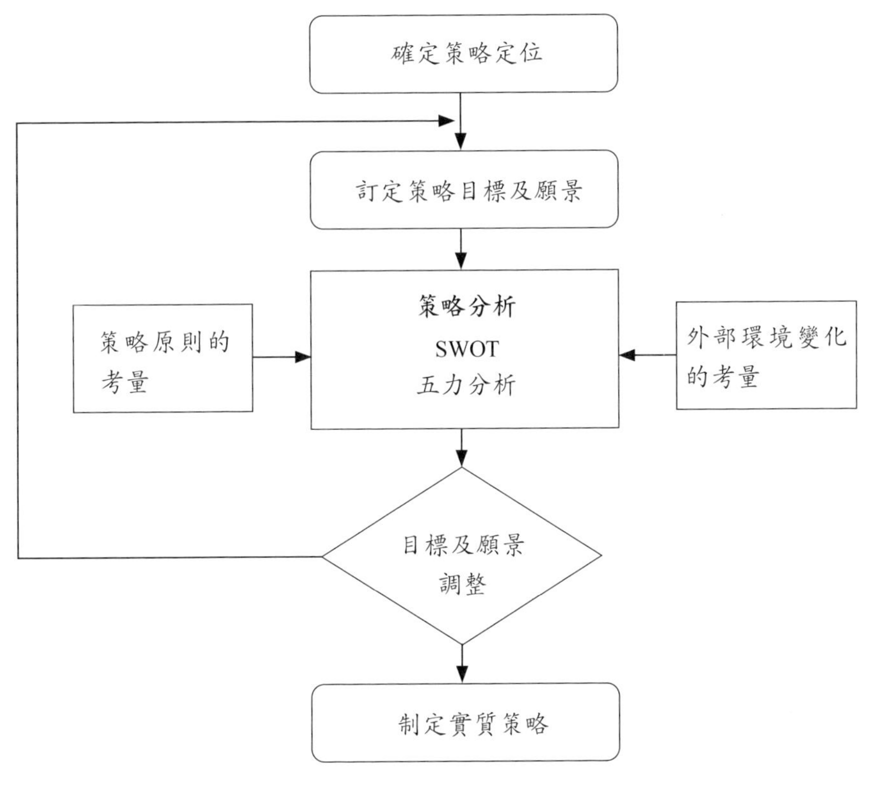

圖 3-1　專利策略規劃流程

（一）策略定位

一般在商業策略領域中所提到的策略定位，通常指在市場中的定位，主要以 Michael Porter 的策略定位（Strategic Positioning）觀點爲代表。Porter 認爲定位最重要的原則是獨特性，也就是要在市場上選擇獨特的位置；企業要在特定的策略定位下，採取競爭策略以建立競爭優勢；而這樣的觀點被適用在產品層級以及企業的層級。但本書所提到的專利策略定位有所不同，是指企業因其本身特性與產業的條件，而有不同的專利策略類型，主要區分爲：資源基礎型專利策略、核心能力型專利策略、持續創新型專利策略三類。

在不同的專利策略分類下，會有不同的目標與實値策略。因此本書所定義的「策略定位」，則是企業在制定專利策略時，應衡量本身條件、產業狀況、企業經營策略與競爭策略等，選擇企業適合的策略類型。

（二）策略目標及願景

企業策略目標通常被認爲是企業在規劃的策略下進行一系列經營管理活動後，期望取得的成果。這些成果可能包括企業的績效、組織的轉型等。因此企業專利策略的目標，應該體現在企業對於專利經營運用的績效，以及專利對於企業經營與企業在市場中競爭優勢可造成的正面影響。

（三）策略分析

常見的策略分析方法包括 SWOT 分析、五力分析、BCG 矩陣等。但專利政策的分析可以採用專利分析的工具，藉以分析市場技術的現況、主要的競爭對手、可能的技術空間的。採用專利分析後，可以釐清企業對於本身研發的方向，有助於企業進行專利政策的規劃。

（四）制定實質策略

企業對於專利的經營包括創新研發、專利布局、專利保護、專利運用等四個階段，因此專利策略應該包括這四個階段的策略，詳細說明如下：

1. 創新研發策略

企業的創新研發策略，可以包括不同面向。例如以「資源使用」的角度來看，可包括自主研發、策略聯盟、技術合作、產學合作、開放式創新等等。從「研發」的方向看，則包括技術專精策略、多角化策略等。企業可以根據本身的策略定位，選擇合適的創新研發策略。

2. 專利布局策略

企業專利策略最重要的目的，就是在建立有效的專利保護模式，即稱爲專利布局。而專利的布局包括策略性的布局，即專利資源的分配、對於技術投資的方向，專利申請的區域、數量、專利之間的相關性等策略面考量的問題。另一方面，技術性的專利布局則包括現有專利技術延伸性的開發，包括往上下游技術，以及應用層面的專利申請。專利布局的目的是在建立有效、有價值的「專利組合」（Patent Portfolio），本書後續將詳細說明關於專利布局的原理、方式及類型等。

3. 專利保護策略

專利保護策略包括對於專利的維護、向對手專利的舉發、侵權的訴訟等。而在某些情況下，企業也可以公開專利讓公眾使用。專利保護策略主要根據企業的競爭策略，以及專利的生命而決定。而在不同類型的企業專利政策中，也會有不同的策略。

4. 專利運用策略

專利運用策略的目的在於使專利能為企業帶來具體的收益或無形的效益，這往往是企業認為最困難的一環，也是許多企業不願申請專利的原因。專利運用策略包括訴訟、授權、形成技術標準、拍賣等各種策略；也有些企業不是以專利本身的運用為標的，而是以專利提升公司的能見度或聲譽，以提升公司的價值。在制定企業的專利運用策略時，可以將專利市場中介者列入考量。專利市場中介者的訊息交流、交易媒介、運用方案規劃等，可以使企業在運用專利時更有效率及靈活性。

3.4 企業專利策略類型（一）——以資源基礎為核心的企業專利策略

一、適用對象

資源基礎觀點（Resource Based View, RBV）是管理領域重要的一個重要理論，已被廣泛應用於管理、社會等領域。從資源基礎的觀點來看，企業可以由策略性關鍵資源獲得競爭優勢來源，能使企業達成競爭優勢的資源，才是有價值的資源。而能成爲企業競爭優勢的基礎資源必須具備以下條件：有價值的（Valuable, V）、稀少的（Rare, R）、不能完美模仿（Imperfectly Imitation, I）、無法替代（Non-Substitution, N）；這也被稱爲資源基礎的 VRIN 架構。但是企業並不是擁有這些關鍵資源就能獲得競爭優勢，而另一方面這些關鍵資源也不是憑空得來，兩者都必須仰賴企業具有相關的能力。黃孝怡引用 Rothaermal（2008）[70]就提出要以 VRIN 資源獲得競爭優勢有兩種可能：

1. 企業擁有 VRIN 屬性的資源：例如重要且可執行的專利或專利叢林，且公司具有相關能力可以用有效的方式安排和部署這些資源，並能夠藉此創造公司的核心競爭力。

2. 企業不具有 VRIN 屬性的資源：企業具有將一般性資源部署、協調和管理，以使這些一般性資源達成具有關鍵 VRIN 資源效果的能力。

從資源基礎觀點的角度來看專利，可以發現具備高保護能力並具有效排除競爭對手於市場外潛力的專利，通常可視爲企業的關鍵資源；這些專利通常被稱爲關鍵基礎專利或策略性專利。但如前面所述，要能夠將關鍵資源轉變成企業的競爭優勢，該企業必須具有一定的能力如行銷、管理、服務、商業模式創新等。但如果企業具有關鍵基礎專利或策略性專利，卻無法透過本身的行銷、管理、服務、商業模式創新等能力，將專利商品化，或是使用關鍵基礎專利或策略性專利獲得競爭優勢，則企業必須採取有效的策略，來彌補這類能力的不足或是尋找新的出路。而這類的策略就稱爲「以資源基礎爲核心」的企業專利策略。

採取以資源基礎爲核心的企業專利策略的企業，通常其創立及存在的

---

[70] 同註 32。

原因，就是因為其掌握了關鍵資源，也就是關鍵基礎專利或策略性專利。但這些企業除了掌握技術，較欠缺商業化與經營管理的能力。因此可想而知這類的企業通常是新創團隊、以研發為主的企業以及中小企業等。其企業組織、文化與特性比較接近研發單位與學校。以新創團隊為例，此類的企業通常可能有以下幾種類型：

- 具有獨一無二不易模仿，但可商業化程度低、市場前景不明確的基礎專利的企業。
- 具有市場化程度高、市場前景明確的關鍵應用專利，但不具破壞市場能力的企業。
- 具有市場化程度高、市場前景明確的關鍵應用專利，且具破壞市場能力的企業。
- 對市場化程度高的技術，有持續創新能力且能不斷創新改良，但創新不具破壞性，無法建立市場壟斷力。
- 對市場化程度高的技術，有持續創新能力且能不斷創新改良，且創新具破壞性，並能建立市場壟斷力。

另一方面，近年來也有部分的握有關鍵基礎專利或策略性專利，而不實施非專利實施體（NPE）屬於這種類型。以下將進一步說明可採取此類策略的各類企業，所能採取策略的策略內涵。

二、策略內涵

（一）策略定位

如前所述，採取資源基礎為核心專利策略的企業，通常是技術導向，其關注的重點通常是探索未知商業領域、創造可持續的商業模式的企業。而企業如何判別本身是否適合用此類的策略？可以從企業掌握的專利與本身的能力，依照以下兩個步驟來評估：

1. 評估擁有的專利的是否符合有價値的、稀少的、不能完美模仿的、不能替代的等特性條件。

2. 評估企業本身是否具有使得專利能夠結合公司其他資源與能耐獲得競爭優勢？

對於以上兩個步驟，如果評估後都得到肯定答案的企業，我們認爲其已經具備將專利商業化的能力與可行性，因此建議採取後續將討論的以核心能力爲基礎的專利策略。當企業評估後，認爲本身擁有的專利的確符合有價値的、稀少的、不能完美模仿的、不能替代的等特性，但企業本身卻無法使得專利能夠結合企業本身其他資源與能耐獲得競爭優勢，則企業應該定位在適用此類策略。

（二）策略目標及願景

採取本類企業專利策略的企業，其策略目標與願景可能包括以下三種可能：

1. 企業持續生存

企業必須獲得外部資源，或是提高現有資源的強度，以提高企業的能見度並發掘更多技術的應用性；最終的目標是使得其業能夠生存並發展，但企業步一定追求商業化而是持續研發技術。

2. 尋求合作對象或策略聯盟

企業本身的資源與能力不足以繼續發展與成長，必須與他人合作。特別在新創公司，必須從外部投資者如創投獲得資金時，其擁有的專利可以作爲資金提供者關於公司研發能力或未來技術前景的訊息，此時專利資產被認爲是一種向市場提供的訊號（Signal）。

3. 市場化與擴大企業規模

企業希望能將技術商業化，並同時進行技術的開發並強化保護，並朝建立企業核心能力以發展核心產品讓企業能夠成長。

（三）策略分析

接下來我們以優勢（Strengths）、弱點（Weaknesses）、機會（Opportunities）、威脅（Threats）分析資源基礎爲核心專利策略的企業：

1. **優勢**：通常採取此類策略的企業，因爲規模小、包袱少，因此策略靈活，而且具技術優勢與專長，具市場差異化潛力。

2. **弱點**：通常採取此類策略的企業，因爲規模小、資源少，生存發展不易。

3. **機會**：採取技術專精的做法，發展具差異性的核心技術。

4. **威脅**：具較多資源的研發團隊，更快發展出相同技術，或是發展出取代性技術。

（四）實質策略

以資源基礎爲核心專利策略核心思維是追求高價値的專利，並由專利獲利以維護企業的生存。以下將逐項說明資源基礎爲核心專利策略的實質內涵。

1. 創新研發策略——技術專精策略

以資源基礎爲核心專利策略的創新研發策略，應該以「技術專精」爲策略核心，聚焦在其專精的技術上，設法盡量投入足夠的資源進行研發，然後保護其核心技術。常見的技術保護模式包括申請專利與營業祕密保護，但如前所述，申請專利有助於企業或新創團隊在市場上的聲譽，也更容易獲得外部的資源，如政府的補助或天使基金的投入。另外如果相關專利能以授權、出售、參與技術標準等方式，也能使企業獲得資金來源。另外，此類策略強調善用專利分析，作爲研發決策的輔助工具；因爲完善的專利分析能避免侵權及投入相同資源進行重複投資，避免企業資源的重複浪費。

2. 專利布局策略——防禦型布局策略

以資源基礎爲核心專利策略的專利布局策略，應該以「防禦型布局策略」爲主要的思維進行專利布局設計。所謂的「防禦型布局策略」是指要以發展並保護自身的核心技術專利優先，而不是以攻擊對手的技術缺口爲主。詳細的說，就是企業在經過專利分析後，確認某些領域是他人並未投入，而且具有發展潛力的，則可以作爲投入研發的領域與技術方向，然後企業專注在此相關技術領域的研發。因爲該相關技術有足夠的發展空間，企業才有可能發展出具有 VRIN 屬性的基礎性專利資源。如果只是針對現有市場參與者的技術缺口進行布局，除了發展空間有限，也無法發展出具有 VRIN 屬性的基礎性專利資源。

而在核心專利的保護上，最好能夠從基礎專利向外延伸，逐漸向上下游技術延伸布局。上游是指基礎專利技術可能使用的材料、製程、設備等；而下游指基礎專利的可能應用。這樣才能鞏固專利無法被取代、替代與模仿。另外在專利布局的地域思考上，要優先選擇專利保護力強、專利交易市場發展健全的地區，如此才能使專利獲得有效保護，並有被投資者或其他企業「看見」，而容易獲得投資或收益。關於專利布局，涉及到策略性與技術性，本書將在後續章節中專門加以討論。

3. 專利保護策略——聚焦策略

以資源基礎爲核心專利策略的專利保護策略，應該採取「聚焦策略」，集中保護最有價值的核心專利。因爲企業的專利保護策略必須根據技術的生命週期與專利成本兩者間的平衡加以規劃，通常具有 VRIN 屬性的基礎性專利，因爲多半位於技術的萌芽期，可能要等到技術成熟的高原期，才能由授權等方式獲得利潤，這和有商品化能力的廠商，可以較快將技術或產品市場化，以「市場先占優勢」獲得利潤有所不同。因此，採行此類策略的企業，可能付出的專利維護成本會更高。不過這可以反映在授權金、訴訟賠償的金額上。企業必須詳細評估維護專利的支出，盡量維護具有高價值潛力的專利。

4. 專利運用策略——多元策略

以資源基礎爲核心專利策略的專利運用策略，應該採取「聚焦策略」，如前面的分析，因爲公司規模小，所以可採取更靈活的策略與做法，例如專利銷售、技術授權、策略聯盟、專利訴訟等，甚至可以被其他企業併購等。但此類企業因爲資源有限，因此冒然發動專利訴訟，企業會面對漫長的專利訴訟程序與訴訟費用，對企業而言並不一定有利。

總體而言，以資源基礎爲核心專利策略核心思維是以專利資產協助企業生存，因此發展核心關鍵技術才是企業首要之務。因此，以資源基礎爲核心專利策略的企業，應該最側重其研發創新策略與專利布局策略，因爲如果無法發展出 VRIN 屬性的關鍵專利，企業較難在初期獲得外部資源或收益，這可能使企業面臨生存的危機。

3.5 企業專利策略類型（二）——以核心能力爲核心的企業專利策略

一、適用對象

核心能力本來是指企業由於知識累積而成的、與他人不同的特殊技能和資源，包括技術、管理、人力資源、財務、品牌行銷、組織文化等組合成的企業能力。但此處所指的則是指在二十世紀 90 年代由 Hame 和

Prahalad（1990）[71] 兩學者提出的企業核心能力（Core Competence）理論。Hamel 和 Prahalad（1990）認爲企業的競爭來源是將技術和生產技能整合，而能使企業快速適應機會變遷的管理能力，因此企業的核心能力可以是技術協調流程，也可能是關於組織工作和作爲價值提供者；而核心能力是組織所累積的知識學習效果，需要各策略事業單元（Strategic Business Unit, SBU）間充分溝通與參與，以使不同生產能力間能合作將各種不同領域技術加以整合，並且提供顧客特定的效用與價值。

Prahalad 和 Hamel 以 NEC 公司的例子來說明核心能力對企業的影響[72]：NEC 在 1970 年代初期擬定一項「策略目的」（Strategic Intent），將電腦與通訊事業合流（Computer & Communication, C&C），並以「C&C」架構來命名。NEC 管理層認爲公司能否獲得包括半導體方面的各項能力是策略成功與否的關鍵。管理當局採取了適當的「策略架構」，用 C&C 來概括稱呼這套架構，在公司內由高階經理人組成 C&C 委員會，督導核心能力的建立與核心產品的開發，並設團隊協調個別事業單位的利益。NEC 並投入大量資源配合該項策略架構，重點在強化零組件與中央處理器，同時增加內部資源及協力合作以累積核心能力。NEC 判斷未來的科技市場演變趨勢爲：電腦將會由集中式大型電腦演變爲分散式架構；零組件會由簡單的積體電路（IC）轉換爲超大型積體電路（VLSI）；通訊則將由機械式轉向整體服務數位網路（Integrated Services Digital Network, ISDN）。NEC 認爲要針對以上三個市場的趨勢發展建立相關能力以掌握

71 Prahalad, C. K., & Hamel, G. (1990), "The core competence of the corporation", *Harvard Business Review*, 68(3), 79-91.

72 Prahalad, C. K., & Hamel, G. 2007/3/1,《企業核心能力》（*The Core Competence of the Corporation*），哈佛商業評論中文版，https://www.hbrtaiwan.com/article_content_AR0000428.html，最後瀏覽日：2018 年 12 月 6 日。

商機。NEC 的做法是進行策略聯盟以便於由低成本快速建立相關能力，特別是在半導體和電腦領域尋找合作夥伴，如 Honeywell 和 Bull。NEC 的研究主管總結在 1970 與 1980 年代取得的能力得到以下結論：「由投資觀點來看，採用國外技術要迅速、便宜得多。我們沒必要自己開發新構想」。[73]

核心能力對企業的影響最重要的是核心能力到終端產品的有形連結，企業具有的不同核心能力能交互影響，使得企業能生產不同的核心產品（Core Production），核心產品是對終端產品的價值有貢獻的零組件，也一項或更多項核心能力的具體展現；而不同的核心產品再發展出不同的業務（Business），最後不同的業務再發展出不同的終端產品（End Production）。

至於從核心能力的角度來看專利，主要在於以下幾個方向：

1. **建立企業核心能力**：企業的技術資產可以用智慧財產法律來保護，因此專利對於企業的動態能耐具有影響性。專利的專屬性條件可以保護技術活動中的領先性，增加由研發產生的競爭優勢；因爲如果專利的保護不足可能導致較大的技術外溢，降低企業在研發投資上的意願。

2. **從企業吸收新知的角度來看**：企業必須吸收新的、外部的資訊價值並能作爲商業使用以提升企業的創新能力。而企業在研發與申請專利過程中吸收新知。

以下將說明以核心能力爲核心的企業專利策略的策略內涵。

---

[73] 同註 72。

二、策略內涵

（一）策略定位

採取以核心能力爲核心專利策略的企業，通常是在市場上已經有產品、且需要鞏固其市場份額的，其關注的焦點通常是推出具市場競爭力的產品，並配合其企業的經營策略，以獲得其競爭優勢。因此採取此類策略的企業，目的不在發展新的技術，而是發展有商業價值的應用技術；而企業的專利策略比其他類型的策略更爲多元。而企業如何判別本身是否適合用此類的策略？可以從企業掌握的專利與本身的能力，依照以下的兩個步驟來評估：

企業是否具有核心能力的測試方式，主要可以採用以下三個方向：

1. 企業具有協助公司進軍多元市場的能力：例如具有某一種事業的關鍵技術，而且此技術可以協助跨入其他事業領域。

2. 企業具有讓終端產品客戶感覺到好處的能力，如此有助掌握市場。

3. 企業具有能讓競爭者無法模仿的能力，主要是企業能整合不同的技術和生產技巧而建立的能力。

通常大多數的企業，都是屬於此類專利策略的企業，因爲能生存的企業在市場上多少都有一定的占有率。但是這些企業間有很大的差異，有些企業具有多個獨立事業體，也有的企業在市場上只有一個商品。因此企業投入的資源也可能不同。

（二）策略目標及願景

企業專利策略核心思維是：發展保護市場及競爭優勢的專利組合，藉以排除對手的競爭，以提升企業競爭力與企業價值。其專利來源不會僅限於自行研發，而會包括對外購買專利、併購其他企業、技術授權等方式。採取本類企業專利策略的企業，其策略目標與願景可能包括以下三種可能：

1. 發展具實用性的專利策略

採取本類專利策略的企業，必須重視實用性，因此採取的策略必著重實用性而較少注重基礎性專利技術的研發。

2. 藉由專利策略發展其核心能力

採取本類專利策略的企業，必須發展具競爭優勢的技術，並藉此生產具競爭力的產品。要使產品具競爭力，則必須使產品與其他企業產品有差異、或是有成本優勢；因此企業必須發展核心能力建立上述的目的。

3. 藉由專利策略發展策略聯盟

採取本類專利策略的企業，在面對技術發展快速變遷的時代與國際化的競爭時，通常會遇到本身資源不足的情形，此時必須引進外部資源，而策略聯盟是引進外部資源重要的方式之一。在採取策略聯盟策略時，企業擁有的專利可作爲聯盟談判的籌碼。

4. 將專利策略結合企業經營策略

因爲採取本策略的企業，發展專利策略的目的是協助企業能持續經營，因此專利策略必須結合企業經營策略。

（三）策略分析

採取本類專利策略的企業，會如同 Porter 所提出的競爭策略，除了產業的吸引力會影響企業獲利能力外；任何企業都具有五種競爭的作用力：新的進入市場競對手、替代者的威脅、客戶的議價能力、供應商的議價能力、以及現存競爭對手之間的競爭（參圖 3-2）。這五種作用力決定了企業的獲利能力，因爲它們影響價格、成本和企業所需的投資。因此企業在思考專利策略時，必須思考專利如何能有利企業的五種競爭力。例如專利的市場排除功能可以阻擋新的進入市場競對手與替代者的威脅；然後造成的市壟斷力可以影響客戶的議價能力與供應商的議價能力；廠商更可以善

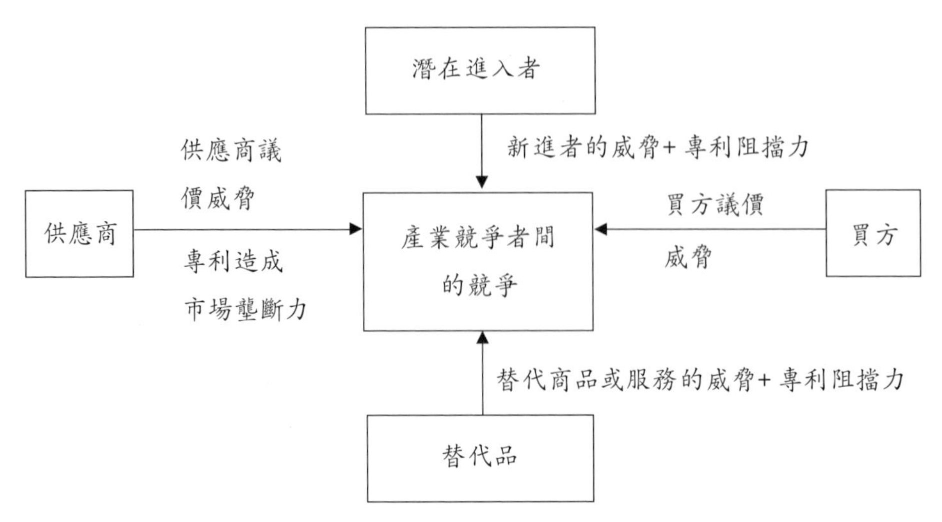

圖 3-2 專利可能影響產業的五種競爭作用力

用自身專利優勢，以如專利訴訟等手段威脅競爭對手的競爭力。

（四）實質策略

1. 創新研發策略——專利先行策略

專利先行策略是指企業在進入目標市場進行投資、生產或銷售產品前，先行在目標市場進行專利的申請。專利先行是一種「先行卡位」的概念，要在競爭者進入市場前設法取得市場先占優勢；另一方面，由於專利的保護是有期限的，所以當專利獲得授權時，企業的商品最好也能銜接上市，以免保護期不足，這在新藥產業中特別明顯。例如在跨國公司進入中國市場時，常常是專利先行，而且申請專利量的多少，是以市場需求量大小爲標準的：市場需求量或需求潛力大，哪個領域的專利布局量就多[74]。

2. 專利布局策略——企業經營優先策略

如前所述，企業專利策略和企業經營策略與競爭策略相關，但在採取

---

[74] MBA 智庫百科，「專利經營」條目，https://wiki.mbalib.com/zh-tw/%E4%B8%93%E5%88%A9%E7%BB%8F%E8%90%A5，最後瀏覽日：2018 年 12 月 6 日。

以核心能力爲核心的企業專利策略的企業，通常會以企業經營策略優先；也就是說，專利的申請不是「爲申請而申請」，甚至不是「爲研發而申請」，而是爲配合企業經營策略而申請。例如最常見的就是跨國企業在進入市場時，會調整專利布局的方向。例如日本 Sony 公司在大幅進軍亞洲市場前，公司對日本境外專利的申請量依序是歐洲、美國，而在進軍亞洲的經營策略決定後，公司的專利申請量變成在亞洲的申請量超過美國，這是典型經營策略優於專利策略，專利策略配合經營策略的例子[75]。

3. 專利保護策略——效果優先策略

採取核心能力爲核心的專利策略的企業，重視的是企業經營，因此專利策略的目的要能對企業經營有所幫助，因此必須重視實施的效果。

4. 專利運用策略——多元策略

採取核心能力爲核心的專利策略的企業，使用專利的目的是在於鞏固市場、降低成本，因此能夠有助於以上目標的策略手段，都會是企業所考慮的。例如：

- 設法從專利獲益：採取以核心能力爲核心的專利策略的企業，除了自行使用專利外，爲了節省研發成本，可以用不同的方式從專利獲利，例如販賣、要求對方支付授權金，甚至交叉授權等。近年來更因爲資產證券化的盛行，已有許多專利資產證券化的例子，本書將在後續章節說明。
- 與企業資源結合：採取以核心能力爲核心的專利策略的企業，可以結合企業其他資源協助銷售及保護企業的商品與技術。特別

---

75 張勤和朱雪忠（2010），**知識產權制度戰略化問題研究**，北京：北京大學出版社。

是與同爲智財領域的商標和設計專利結合。例如 1992 年，Searle 公司在其人工甜味劑有效期到期時，爲其產品設計了一個商標 NutraSweet，然後強力行銷此商標，並將此商標跟專利連結在一起，最後在專利到期後，還能以 NutraSweet 的高知名度保持其專利商品的占有率[76]。

- 進行專利訴訟：專利訴訟是專利策略中不可缺乏的攻勢手段，因此採取本類專利策略的企業也不例外。採取本類專利策略的企業，採取訴訟的目的主要希望能排除市場競爭對手，因此訴訟手段除了要求賠償外，還有禁制令等手段；而廣爲人知的美國《關稅法》第 337 條智財保護條款中的禁止侵權產品進口手段，就是最具代表性的方式。這和有些企業採取專利訴訟只想獲得賠償金的目的有所不同，因此採取本類專利策略的企業會在主要的市場進行訴訟，而訴訟的對象是可能對自己企業有威脅性的對手，甚至包括對手的協力廠商或市供應鏈等。

3.6 企業專利策略類型（三）——以持續創新爲核心的企業專利策略

一、適用對象

依照 Schumpeter 在 1920 年代在《經濟發展理論》（*Theory of Economic Development*）一書中提出的概念，創新（Innovation）就是將新的生產要素結合現有的生產程序，生產體系因此產生改變。而「持續創新」就是組織持續的進行創新，以獲得競爭的優勢。採取此類專利策略的

---

[76] 同註 75。

企業，具有龐大的研發能量，而且具有創造是需求的能力。

這裡所定義的持續創新企業，和採取資源基礎爲核心的新創企業有所不同。前者所進行的持續創新，可能包括功能或規格的升級技術或產品，也可能會產生新的技術或商業模式；而後者通常只專注在一個產品或技術的發展。能夠進行持續創新的廠商，具有較多研發資源，也必須發展出能將研發成果轉換成收入的機制如商業模式或法律訴訟等。和採取前兩類專利策略的企業不同的是，採取此類專利策略的企業，通常是高科技產業的廠商，其在市場上可能面臨強烈的競爭，因此必須透過持續創新，提升產品的競爭力。

二、策略內涵

（一）策略定位

採取持續創新專利策略的企業，因爲投入資源多，而且因爲產品生命週期短、使得推出產品的頻率高，連帶使得專利生產及累積量也會增大。如此也將造成研發和專利成本大幅提高，企業回收專利成本的壓力大。因此採取持續創新專利策略的企業常採取對競爭者的訴訟。此類企業專利策略核心思維是：建立以產品爲核心的龐大專利網，專利網中包括不同地區和類型的專利；企業並會對競爭者發起攻擊，除了干擾對手的市場活動；更重要是獲得賠償金和授權金以增加企業本身的報酬。採取此類專利策略的企業，最具代表性的例子就是美國 Apple 公司。

（二）策略目標及願景

採取持續創新專利策略的企業，其策略目標與願景可能包括以下幾種可能：

1. 專利的目的在於訴訟

因爲採取本類專利策略的企業目標在訴訟，所以必須重視專利組合的強度；另一方面，由於必須產生綿密的專利保護網，所以企業專利不像一般企業的專利，主要是由發展新技術或產品而產生的副產品，而可能被視爲企業的另一個產品。也就是說，企業有可能會產生「爲專利而專利」的情形。

2. 專利必須能轉換成收益

因爲採取本類專利策略的企業必須擁有大量專利，因此會產生鉅額的專利成本包括申請費、年費等，還有申請專利前的前置作業費用。特別是付出給代理人的費用，以及在檢索、分析專利的費用，因此企業必須設法從專利中得到收益。而除了專利訴訟之外，還包括授權、拍賣等方式。近年來因爲愈來愈多專利市場中介者的出現，這些中介者可以成爲專利商業化的催化劑，協助採用此類專利策略的企業。

（三）策略分析

採取本類專利策略的企業策略目標在專利訴訟，因此企業必須充分了解競爭環境、技術趨勢以及產業專利現況，以找尋對手的弱點，或是發展迴避對手專利的技術，因此企業必須進行詳細的專利以協助其策略的分析。

（四）實質策略

以下將逐項說明持續創新爲核心專利策略的實質內涵。

1. 創新研發策略——產品核心策略

如前所述，因爲採取本類專利策略的企業的產品生命週期短、推出產品的頻率高、市場競爭性高，因此投入大量資源在以產品爲核心的技術研發上，連帶反應在專利類型上。例如 Apple 推出 iPhone 後，對於產品外觀設計專利相當重視，包括屏幕顯示和圖形介面設計、資料處理設備，以及外圍設備設計領域有關的專利[77]。

2. 專利布局策略——專利網策略

如前所述，爲了替專利訴訟做準備，採取本類專利策略的企業，必須編織綿密的「專利網」，也就是連結性高的多個專利形成的專利組合。以 Apple 公司爲例，Apple 申請自有研發的專利，但有鑑於自有專利組合不足，還透過交易如併購、入股其他企業等方式獲得其他企業專利以補強專利組合。另外 Apple 公司監控其他競爭者在競爭領域的進展，使自己的專利組合在訴訟時能占有優勢。

3. 專利運用策略——訴訟爲主策略

採取本類專利策略的企業，進行專利訴訟的目的和採取核心能力爲核心專利策略的企業不同，其訴訟目的不是排除市場競爭對手，而是保持自己產品的獨特性，例如 Apple 公司的訴訟過程採用發明及設計專利，也就是除了保護技術，對於設計、風格，甚至包裝都列入保護。採取這樣作法的原因和企業文化以及領導者的風格有關。而且相關的專利訴訟不在於打擊對手使其退出市場，而是要求鉅額賠償費。例如 2011 年 4 月，蘋果針對韓國三星提出專利侵權訴訟，主張三星侵犯 Apple 的 iPhone 多項技術專利和設計專利提起專利訴訟。經過長達 7 年的訴訟，美國法院判決三星主要侵犯 Apple 的設計專利及其他專利，判決三星需賠償 5.39 億美元。

---

[77] WIPS, "The Comparison between Apple and Samsung's Patent Portfolios", 2013/01, http://customer.wips.co.kr/mail/newsletter/2013/0117/Apple%20and%20Samsung_Final_Report_JP.pdf，最後瀏覽日：2018 年 12 月 6 日。

3.7 小結

在本章中，定義了三種企業較常見的而且典型的企業專利策略。這些策略包括以資源基礎爲核心的專利策略、以核心能力爲核心的專利策略，以及以持續創新爲核心的專利策略。特別要說明的是，企業不是一直停留在一種專利策略，而是隨企業不同的發展階段，而採行不同的專利策略。另一方面，企業也可能同時採行不同的專利策略，例如具有多個事業單位的企業，在整個企業的層級採取以核心能力爲核心的專利策略；但在某些新創事業部門，可能採取以資源基礎爲核心的專利策略。本書提出策略分類的目的，在於方便讀者從自己企業、產品的條件與狀況，思考自己應該採行的企業專利策略。事實上，企業規劃、使用專利策略的狀況更爲複雜。

第四章 企業專利策略的規劃與實施

4.1 企業專利策略的規劃

一、策略規劃的原則

在進行策略規劃時，必須要考慮策略管理的背景，Rowe 等人（1998）[78] 提出策略管理四個因子具有四個因子：策略規劃、策略控制、組織、資源，其四者的關聯如圖 4-1 所示。企業透過感應外部環境，產生了企業的策略目標與使命，然後獲得必要資源以作爲達成策略目標與使命的工具；而策略規劃的功能在於將環境與目標進行分析與預測，並提出可行的方案與評估標準；另外，策略控制則是使組織能將資源有效使用以達成目標與使命。由此可知策略的規劃在於提出有效的方案，並能藉由策略管理達成策略目標。

因此，由策略管理觀點來看，策略規劃要具備 (1) 科學性：也就是規劃的策略經過分析並能具有預策性。(2) 可行性：也就是規劃的策略具有可控制即可評估性。(3) 程序性：也就是具有明確的步驟。在確立了策略規劃的原則後，以下本書將介紹企業專利策略的規劃。

---

[78] Rowe, A.J., Mason, R.O., and Dickel, K.. 著，胡忠立編譯（1988），經營策略管理——企業個案實例演習，清華管理科學圖書中心。

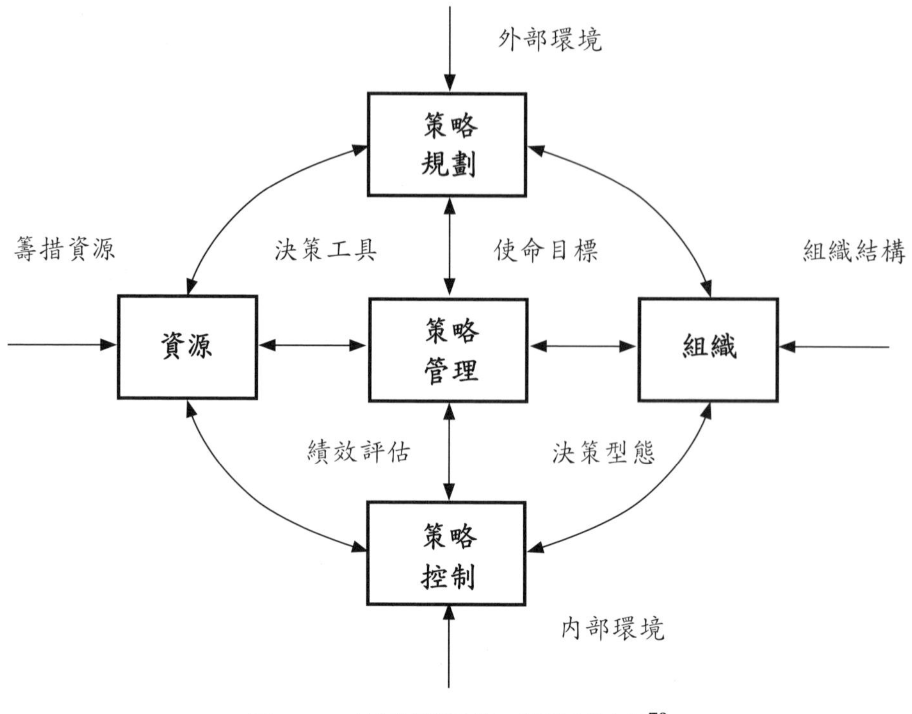

圖 4-1 策略管理的四因子模型[79]

二、企業專利策略的規劃

關於企業專利策略的規劃，首先要注意的是，專利策略是環環相扣的，企業從研發、專利申請、專利保護到專利運用彼此相關，而且有因果性。從研發技術開始，企業決定是否申請專利，會決定是否要經營專利或如何經營專利。另一方面，企業的專利策略也是有取代性的，例如企業如果一開始選擇以營業秘密取代專利申請，則後續的專利策略將會不同。因此企業專利策略的規劃要從源頭開始，就必須有一致的目標，隨後在企業採取專利行動的同時，能保持一貫性。

[79] 同註 78。

（一）企業發展專利策略的流程

本書先前曾經說明，企業專利策略是企業競爭策略與經營策略的一環，因此企業專利策略的規劃，也必須和企業的商業計畫相關。特別是對屬於高科技產業或新創事業的企業，制定專利策略是業務計畫中的重要工作。以下本書將介紹 Patel 提出的一個企業發展專利策略的流程清單包括[80]：確立業業及專利組合的目標、發展公司的資產、採購、發展等四個階段，我們分別說明如下。

1. 確立業務和專利組合目標

從開發階段開始，即要由專利策略確定公司的關鍵業務目標，而明確的業務目標提供了一個發展有價值專利組合發展的長期藍圖，在此階段公司應該進行的工作有：

- 列出公司的業務目標。
- 確定產業中關鍵的參與者，如競爭對手、合作夥伴、客戶。
- 確定技術和／或產品規格。
- 確定專利組合是作爲攻擊他人的「劍」，還是作爲防禦性的「盾牌」，或是用於行銷的目的。
- 與律師或代理人會面，以協調以上的事項，以概述核心專利策略。

2. 公司資產的發展

評估和挖掘公司內部的知識資產，包括公司的產品、服務、技術、流程和業務。在此過程中，公司組織並評估其所有知識資產，並且在過程中要與主要管理人員合作，因爲他們可以協助使專利策略與業務目標保持一

[80] Patel, R.,"Developing a Patent Strategy A Checklist for Getting Started", https://www.fenwick.com/FenwickDocuments/Patent_Checklist.pdf，最後瀏覽日：2018 年 12 月 9 日。

致。在此階段的公司應該進行的工作有：

- 確定能為公司創建知識資產的員工。
- 明確業務目標，並使技術和／或產品方向與目標保持一致。
- 確定知識資產，包括蒐集並整理公司業務計畫、公司程序和政策、出版物、產品規格、技術示意圖、契約與協議如僱傭、轉讓和許可協議、保密協議，投資者協議和諮詢協議等。
- 確認各知識資產的預期壽命，特別是可能被下一代替換之前的預期壽命。
- 確定各知識資產的市場。
- 確定最合適專利保護的智慧財產權。
- 為專利策略和專利採購準備預算。

3. 採購階段

在專利策略的採購階段，公司的任務在建立專利組合以保護在評估階段發現的核心技術、製程和業務。因此，在採購階段中的公司應該進行的工作有：

- 確定專利管理者，以監督、協調和管理專利流程。
- 確定負責採購階段的審查委員會。
- 確認專利會揭露的發明內容，並在專利策略的考量下評估每項發明揭露的內容及產品壽命。
- 對進行現有技術進行檢索並權衡風險。
- 與律師評估專利申請類型的利益和風險。
- 依不同時間確定是否進行競爭分析，包括研究產業趨勢和技術走向，並確定專利組合的保護範圍。
- 規劃專利組合採購和開發的預算。

4. 發展階段

在此階段公司可以保留時間、金錢和資源來進一步增強其專利組合。在發展階段中的公司應該進行的工作有：

- 確認專利是作爲劍還是盾牌，以及其市場考量。
- 確定各種法律選項的風險和收益，如放棄、授權及交叉授權等，特別是評估對業務目標和財務報表的影響。
- 評估競爭對手產品是否侵權與評估競爭對手專利組合的強度，以獲得競爭對手反擊的可能性；

5. 風險管理

此外，以下本書更進一步說明專利策略中的風險管理（Risk Management）。因爲專利管理既是策略問題，也是營運的問題，其關鍵在於降低訴訟的風險。主要可以透過以下的做法：

- 降低並緩解風險：最重要的是做好產業評估並了解競爭對手的訴訟手段，然後規劃專利獲得的策略。
- 訴訟前取得授權：在訴訟前要完成盡職調查，並設法考慮訴訟和交易的風險以及策略和財務價值，並設法取得有用專利的授權。
- 避免訴訟：參與產業組織如標準制定組織和善用專利市場的中介者以盡量避免訴訟。

例 4-1　Ocean Tomo 如何幫客戶設計智財策略

Ocean Tomo 是全球著名的專利交易市場中介者，主要作爲智慧財產拍賣平台與智財管理顧問公司的腳色，其對於客戶的智財策略設計的重點包括[81]：

---

[81] Ocean Tomo, "Intellectual Propert Strategy", http://www.oceantomo.com/intellectual-property-strategy/，瀏覽日期：2018 年 12 月 9 日。

1. 行業分析：首先要分析目前和預期的產業和宏觀趨勢，並能指出智財權特別是專利能發揮的預期作用。
2. 競爭性評估：詳細評估產業中關鍵參與者的詳細專利分析。
3. 價值貢獻：理解企業智財權資產如何爲組織創造價值。
4. 指導原則：制定智慧財產權驅動的商業計畫的指導原則，以詳細說明如何將智財權策略納入商業文化和企業計畫。
5. 商業計畫：制定公司業務計畫，尋找智財目標與計畫可以支持業務目標的方式。
6. 解決方案：提出詳細營運時執行泛目標的解決方案。

Ocean Tomo 並提出其對客戶公司建立整合智財策略與管理流程的階段如表 4-1：

表 4-1 Ocean Tomo 對客戶公司建立整合智財策略與管理流程的階段途徑[82]

第一階段	第二階段	第三階段
聚焦內部 • 檢視企業和事業單元策略 • 企業內部智財的運作	聚焦外部標竿 • 競爭智慧及風險評估 • IP 運作比較	聚焦整合 • 專利組合評估 • 專利組合與產品整合

82 同註 81。

例 4-2　金融機構的專利策略

關於金融機構的專利策略，McCann 和 Lawman（2011）[83] 認爲：一般而言金融機構沒有一致的專利策略，而是不同類型的機構採用不同類型的策略。McCann 和 Lawman（2011）特別說明傳統的大型銀行因爲其創新的組合較爲多樣化，因此需要多種專利策略，例如爲了保護其開發的「核心 IT」技術，銀行可能採取像大型 IT 公司的策略，以通過與競爭對手簽訂有價值的授權協議來保護市場進入的機會。另一方面，金融機構面臨專利市場和交易專利的挑戰。

而金融機構面臨最大的金融創新保護問題在商業方法的專利，因爲美國和歐洲專利制度的不同，因此在商業方法專利申請上會有所不同，導致在不同地區申請專利的範圍與效力也會不同。針對此點，McCann 和 Lawman（2011）建議要從考慮專利申請策略著手，在美國和歐洲提出同一發明但不同的專利申請。因爲美國可以申請商業方法的專利，因此申請人在申請時可以採取較少的技術內容，而將申請重點放在發明的商業優勢上，而美國的專利審查方會對其商業方法的進步性進行衡量，而不是基於不同應用背景的類似技術來核驗。換句話說。而在歐洲則相反，申請重點應該是新方法面臨的技術挑戰而非強調商業優勢。整體而言，就是建議申請人應該建立在不同地區擁有不同保護範圍的專利組合。

---

[83] Heather McCann and Matt Lawman, *Patent strategies for financial institutions*, Intellectual Property magazine, February 2011, http://www.eip.com/downloads/ip_magazine_article.pdf，瀏覽日期：2018 年 12 月 9 日。

例 4-3 日立（Hitachi）公司的專利策略

日立公司的智財策略主要是由商業投資組合來達成，因爲自 2000 年以來日立公司的業務組合產生了重大變化：電子產品占其業務的大部分時，管理層要求增加智慧財產權授權費的收入並減少付出的使用授權費用；主要目標是與歐洲和美國公司建立交叉授權並減少授權使用費，再從韓國和臺灣公司收取授權使用費。而實現以上策略的做法是利用美國的專利訴訟。[84]

另一方面，日立也將其智慧財產權管理重點轉向在每個業務的全球主要市場建立專利權的活動，並利用專利來促進業務增長，因此日立開始致力在美國建立其專利組合。其海外申請專利的目標是[85]：

- 日立公司在海外申請專利的比例由 50% 成長爲 55%。
- 在日本和美國的申請比例下降，而通過《專利合作條約》（PCT）途徑提出申請比例增加，原因是：(1) 具成本效益的選擇；(2) 日立可以使用需 PCT 提供的寬限期來選擇其要申請的國家／地區。

另一方面從經營的角度來看，日立採取以經營策略保持一致的智慧財產權策略[86]，日立爲每項業務制定了單獨的智慧財產權策略：包括根據業經營策略和競爭對手、合作夥伴和客戶的智財狀況，或是訴訟及其他智財權管理措施來決定智財管理目標，再評估目標與目前形勢之間的差距，以制定與業務里程碑同步的計畫，以確定智財組合應包

---

[84] Takashi Suzuki & Mina Maeda, “Hitachi's IP Strategy for Business Growth”, www.hitachi.com/rev/pdf/2015/r2015_06_101.pdf，最後瀏覽日：2018 年 12 月 9 日。

[85] 同註 84。

[86] 同註 84。

含的內容；這些目標和計畫整合爲智財總體計畫。在實施與業務戰略一致的智財策略時，日立強調：

- 從業務管理的角度來看，要以預期智財的角色可以發揮作用做爲智財管理的目標。
- 設置與業務里程碑同步的智財管理里程碑，以便使智財能夠及時滿足從業務需求。
- 業務部門和智財部門要一起完成智財管理的計畫，執行，檢查和行動（PDCA）週期。

三、企業專利策略的實施

企業專利包括申請、保護、運用、管理等階段，企業在各個階段採取有效的專利行動以達成策略目標，其手段包括專利授權、專利購買、策略聯盟、專利開放專利訴訟等。例如在進行專利訴訟時，採取不同專利策略會對專利訴訟的影響：採取資源基礎核心專利策略的企業，因爲其專利是企業生存命脈，當面臨其他公司有類似專利或產品時，會採取專利無效或侵權訴訟，以爭取授權談判的優勢。採取核心能力、核心專利策略的企業，通常爲了維護其市場競爭優勢而提起訴訟，主要目的在打擊對手的聲譽和市場活動；因此採取禁制令或高額賠償以迫使對手退出市場。至於以持續創新爲核心專利策略的企業，則尋找侵權者提出訴訟，以便獲得巨額賠償金和授權金以增加公司報酬，來支付企業的創新成本；而不以將對手完全逐出市場爲考量。

關於企業專利策略的實施原則，Eckardt（2012）[87]提到策略制定不是一

87 同註 49。

次性或定期的活動，而是一個持續的決策過程。Eckardt（2012）引用一位John Boy 上校所開發的、用於描述戰鬥機飛行員如何發展並調整他們應對空中不斷變化局面策略持續的程序，即所謂「觀察、方向、決定、行動」（observe, orient, decide, act, OODA）。戰略發展是一個過程，然後觀察這些行動的結果，透過 OODA 循環可以觀察環境，並使自己適應最關鍵的事實和情況，然後決定行動方案，並根據決定採取行動。以下簡要說明Eckardt（2012）所述 OODA 在專利策略的使用內涵如下。

1. 觀察

了解外部環境中發生包括有關技術環境、客戶需求、競爭對手活動、合作夥伴生態系統和法律環境；在內部則監控公司本身專利的績效，以便隨時了解所採取行動的效果。

2. 方向

是指組織根據於環境中觀察到的資訊決定自己的定位，類似本書前述的策略定位。

3. 決定

透過了解組織環境和目標方向，決定組織在專利方面所採取的行動方案。決策必須與公司制訂的總體戰略保持一致。決策過程的輸出可能是策略計畫，或至少是組織應行動的優先事項和目標。

4. 行動

執行專利策略而採取的行動包括專利或智財部門的各種活動，從創新到通過保護機制得到的專利資產，以及這些資產的市場活動與應用。

4.2 企業組織與企業專利策略

一、企業專利能力與實施專利策略因素

有學者認爲僅將專利視爲一種資源是不夠的，而應該視爲一種能力，這種能力和專利資源並行不悖、相輔相成，稱之爲企業「專利能力」。例如李偉（2008）[88] 提出專利能力作爲一種無形的、潛在的能力，也是一個綜合系統的能力，企業專利能力包括了創造、管理、保護和運用靜態的專利資源等各個方面能力。企業必須形成專利能力實現對專利資源的有效整合，才能確保企業形成持續競爭優勢。而關於專利能力的影響因素，李偉（2011）[89] 提出專利能力的影響因素包括內部影響因素及外部影響因素兩種理論假設，分別說明如下：

（一）內部影響因素

—企業人力資源配置水準；

—企業家素質；

—企業規模；

—企業創新能力；

—企業學習能力。

（二）外部影響因素

—區域經濟增長；

—專利制度和促進政策；

---

88 李偉（2008），「企業發展中的專利：從專利資源到專利能力——基於企業能力理論的視野」，**自然辯證法通訊**，30(4)，頁 54-58。

89 李偉（2011），「企業專利能力影響因素實證研究」，**科學學研究**，29(6)，頁 847-855。

一塑造智慧財產權文化。

另一方面，關於實施企業專利策略相關的組織要素，可依 Rejtharlaw 事務所提出的看法，包括[90]：

1. **企業組織類型**：企業組織類型是決定專利策略的關鍵因素，包括組織規模、屬性。企業組織的成員素質與能力、成員對智財權的了解，以及組織的資金、行銷管道等都是很重要的。例如對於中小企業來說，需要不斷增長，如過中小企業的規模許可，可以建立有效的智慧財產權框架。而大型企業的不同事業部門，則可能有不同的企業專利策略。

2. **文化**：企業的智財文化對企業專利影響很大，因爲組織的文化可以影響制度的開發和引入方式，企業組織文化上如果重視智財權，則企業會較重視專利政策與專利能力。

3. **專利稽核**：專利稽核包括對專利基礎知識、未註冊資產（如專有技術、營業秘密等），以及專利文件等。應記錄所有權以及使用條件、保護範圍。因此，專利稽核有助於專利的保護與降低所有權和使用條件風險。

4. **第三方互動**：企業的第三方包括員工、供應商、承包商，客戶和合作夥伴，這些夥伴可能決定企業專利的創立與保護。與第三方互動的方式包括僱傭合約、繼任計畫、保密協議、開發協議、文件協議、授權與交互授權協議等。

5. **市場**：市場將決定在何處申請專利保護，並確定專利保護的範圍，主要的因素在於市場規模、市場專利法律保護強度與競爭狀態。

6. **資源分配**：企業專利資源除了研發資源外，還包括以下的專利資源

---

[90] Rejtharlaw, Developing an Intellectual Property Strategy— An integral part of your business strategy, https://www.rejtharlaw.co.nz/newsletters/fineprint/content/assets/common/downloads/publication.pdf，瀏覽日期：2018 年 12 月 9 日。

分配問題：

- 員工是否能進行初步的專利檢索？
- 是否與經銷商協商分享專利投資？
- 是否將產品和相關專利的製造和銷售授權給特定市場？

透過以上的討論，我們可以得知，要能有效的實施專利策略，企業需要建立有形或無形的資源與能力。這些能力的內涵與建立其實需要更進一步的討論。但因爲這不是本書的重點，所以本書只做概略式的介紹，特別是只針對企業組織結構對專利策略的影響。

二、企業專利管理組織——守門人與鑲嵌型組織

當企業在實施專利策略時，有效的企業專利管理十分重要。由於企業專利管理的內容廣泛，因此本書只在此討論一般企業管理中較少提及，而爲企業有效實施專利策略實所必需的組織要素：守門人及組織鑲嵌。

（一）守門人

所謂守門理論（Gatekeeping Theory）是傳播學者 Lewin 於 1947 提出的，主要功能在於「解釋新事物如何導致社會變遷且廣爲散布的過程。在社會體系下，導入新事物，必須藉由特殊的管道（channels）傳遞，此管道可劃分爲好幾個階段（sections），每個階段的連接處皆有門（gate）存在，其爲新事物能否通往下一階段移動的決策點。而這個決策點，是由一個／多個守門人，或一組公平的原則所控制，這些關鍵守門者可能以其自身的偏好，或遵循組織或社會所給予的一組規則，作爲執行選擇決策的依據。因此，對於新事物的散布，並非社會大眾皆具有同等巨大的影響力。總結來說，守門者、組織或社會所給予的規則，以及位於門口周圍影響新

事物通過的力量，才是關鍵。」[91]

由此可知，守門理論主要在解釋訊息跨越組織疆界時，能協助、幫助、抑制、擴散訊息進入另一組織的現象。以這個觀點，我們也可以推測在創新與研發領域中，也有能使內部成員容易與外部資訊產生連結的關鍵技術人員，這樣的技術人員稱爲技術守門人（gatekeeper）[92]。作爲技術守門人必須具有高度技術專業與良好的人際關係，並能「透過多方管道，擁有第一手技術發展及產品市場的資訊，並能稱職扮演蒐集／解碼／傳遞資訊，及內外部溝通協調的角色，使發展的產品不至於與快速變動的外部環境及市場需求脫節，使得新產品順利完成，達到創新的目的。此外其對於新進人員則有訓練、培養、社會化的帶領責任。」[93]

總的來說，技術守門人不僅具有吸收外部知識的吸收能力，而且還有動力將知識作爲其公共使命的一部分進行傳播[94]。而在考慮組織吸收外部知識的吸收能力時，如果當組織內多數個體的專門技術與外部資訊的差異相當大時，一些團隊成員將有可能被設定爲所謂「守門人」的角色。守門人的職能是監測很難被企業內部員工所吸收的技術資訊，並將這些技術資訊轉換爲研究團隊可以理解的形式。而在企業實施專利策略時，由於外在專利資訊複雜且變化快速，且專利活動本身具有一定的規定，需要專業的知識才能處理。而企業中的成員無法每個人都具有類似的專業知識與能力，因此組織中最有類似守門人的角色，其具有專業知識，並對於其他組

---

91 項維欣、吳思華、陳意文（2012），「專案團隊內創意構想守門能耐與體制規則概念建構及量表發展與驗證」，**中山管理評論**，20(4)，頁 1045-1104。

92 同註 91。

93 同註 91。

94 Graf, H., & Krüger, J. J. (2011), “The performance of gatekeepers in innovator networks”, *Industry and Innovation*, 18(1), 69-88.

織成員則有訓練、培養、解答專利知識的帶領責任。

（二）專利資源在企業組織內的「鑲嵌」

所謂鑲嵌（embedded）是由 Granovetter 所提出的，原始的意義是指社會中的行動者在進行經濟行為時，除了自己的理性與偏好，還會受到社會人際關係中社會脈絡的制約，這就是所謂個人的經濟行動被鑲嵌在社會制度中。Granovetter 以鑲嵌理論說明企業的活動，認為企業是被鑲嵌到一個整體社會網絡的組織，因此企業行動是處於具體的社會脈絡，以及其傳統規則所形塑的行動空間，因此連帶具有此社會的特性及具有累積性的文化特性。

當鑲嵌理論用被用在組織知識的研發與保存時，通常因為公司的研究開發過程都不是一個人完成的，任何企業的知識和技術都保留在公司內部不同組織，如個別的專案小組或研發單位中，公司研發創新的技術與知識如何鑲嵌在組織中，可能決定了公司如何保護公司的創新發明不被模仿，而公司也可因此獲利進而能確立競爭優勢。從專利的角度來看，公司發明的知識和技術、相關資訊和資料儲存在研發單位，或者是部分生產單位、採購單位的成員中；而專利的相關書面文件的產生與保存，以及專利分析的知識，可能存在於法律及智財相關部門人員、財務會計人員，以及管理相關層級的人員。因此企業的專利能力常被稱為「鑲嵌」在公司各組織部門中。

將專利的能力鑲嵌在公司各組織部門的例子中，最著名的是微軟公司的例子。微軟公司的智財活動包括公司內部的高層團隊、技術、行銷、法律、業務等成員參與，這也顯示了微軟將智慧財產當作公司的資產及強調公司的能力。因此當公司實施專利策略時，組織才能配合而取得成功。而對於微軟這樣具有高價值無形資產的公司，智財策略對公司的影響也不亞於公司的經營策略，甚至可以說智財策略是其經營策略的核心。

（三）企業專利策略的實施——守門人與鑲嵌式組織

基於以上關於守門人與鑲嵌式組織的說明，本書認爲適合企業實施專利策略的組織，應該是具有守門人與鑲嵌式組織的：企業在每個主要部門配有智財人員，而不是集中在一個部門，因爲如此才能使各部門的專利能力提升，以有效實施專利策略；而在一般部門，都該有具智財能力的守門人，能夠立即解決團隊的智財問題，並提升組織的專利文化。

4.4 企業專利策略與專利組合的關係

一、專利策略影響專利組合

企業專利策略的主要目的，在替企業建立有效的、有價值的專利組合（patent portfolio）[95]，專利組合可以作爲公司的珍貴資產。但目前企業的專利組合被使用度不高，因此必須有效評估專利組合的業務影響和績效。因爲專利可以支援企業的業務發展並保護戰略產品和技術，專利還可以通過貨幣化手段吸引外部投資，或作爲策略優勢的競爭工具以創造價值。而專利組合必須與技術組合和產品組合相關聯，以使專利策略和公司策略保持一致。

二、專利價值與策略的關聯

關於專利的價值與策略的相關性，Bittner（2010）[96]以二維矩陣區分智

---

95 同註 41。

96 Bittner, P., “A Value Based IP Management Approach”, 2010, https://www.bittner-patent.eu/files/A%20value%20based%20IP%20Management%20Approach.pdf，最後瀏覽日：2018 年 12 月 9 日。

財的潛力與技術與策略相關性兩者間的關係，其中技術與策略相關性包括技術吸引力、市場潛力、競爭激烈程度、標準存在等；智財貢獻潛力包括公司組織內的技能、用於技術開發的資源、技術領域內的創新潛力，這些維度成為評估智財資產選擇的基礎，如圖 4-2 所示，可以將專利價值分為四類：風險區域、無限區域、貢獻區域和防禦區域。

- 風險區域：具有較低的智財潛力與較高的技術與策略相關性。
- 無限區域：具有較低的智財潛力與較低的技術與策略相關性。
- 貢獻區域：具有較高的智財潛力與較高的技術與策略相關性。
- 防禦區域：具有較高的智財潛力與較低的技術與策略相關性。

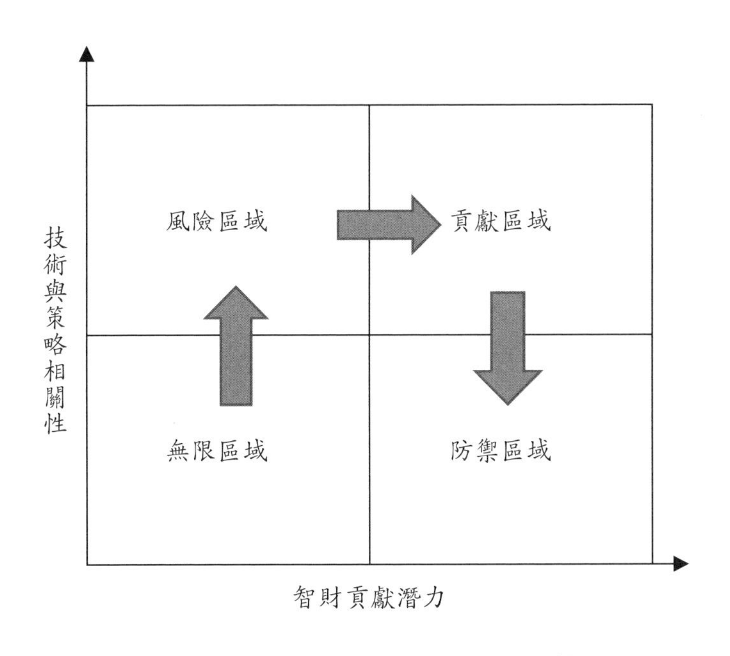

圖 4-2　價值基礎智財資產組合[97]

一開始企業的專利組合資產處於無限區域，但其中可能擁有未來高價

---

97 同註 96。

値的專利：如果企業策略轉變，它們會轉變爲風險領域，然後可能轉變爲貢獻領域；如果採取將風險區域轉變爲貢獻區域，有兩種主要情況如何實現；如果企業因缺乏技術開發的技能使得專利屬於低貢獻潛力，則公司需要建立團隊以獲得所需的技能，以便能夠爲技術領域的進一步發展具高度貢獻性的；可以通過收購新創公司的團隊或技術知識來實現；如果企業接著釋放專利資源，代表企業的策略轉向不在此領域發展，專利價値則會轉往在防禦領域，這可能會增加其他技術領域的智財貢獻潛力。

第三篇 企業專利布局

緒　言

「專利布局」是一般大眾耳熟能詳的名詞，但什麼是專利布局？專利布局的原則是什麼？專利布局的內涵爲何？卻很少有明確定義和說明。以往對於專利布局模式，最常被引用的就是 Ove Granstrand 提出的 6 個專利布局策略，但 Granstrand 所提出的，其實只是一個進行專利布局後的「結果」，對於專利布局背後的思維，仍然缺乏有力的說明。

本書則認爲：企業的專利布局也是一種策略性行爲，和企業的類型、市場的狀態、經營的策略相關；因此企業專利布局應該是在企業專利政策的指導下進行，目的在產生對企業智慧財產產生最大保護能力以及最大可能收益，並能協助企業獲得競爭優勢的工具。而企業專利布局的產物應該是一系列有價值的專利組合（Patent Portfolio），而這些專利組合可以協助企業降低成本、獲取市場份額並提高收益。

因此本書以下將從企業專利策略的角度出發，提出一個企業在其專利策略指導下應該如何進行專利布局，並規劃其專利組合模式。因爲企業透過選擇適當專利組合模式，才可使企業以有限的預算得到有效的專利，並且讓企業有從專利獲利的能力。

第五章 企業專利布局

5.1 企業專利布局的定義與價值

一、企業專利布局的定義

「布局」一詞在中文的意義，通常指有規劃、有計畫地安排特定的事件。如果我們將布局的概念用在專利中，那麼我們可以說專利布局是：將專利從申請、維護、運用，做一系列有計畫的規劃與安排。而專利布局的結果則是一系列專利的配置（Configurations）。而馬天旗等人（2016）[98]也認爲「專利布局是一種建構專利組合頂層規劃和指導思想，往往是全局性戰略考量。企業在進行專利布局時，有全盤考量的大布局，也有針對某項產品、某個項目的小布局，也就是具體的布局項目。」

另一方面，從英文的角度來看，英文中對應「專利布局」的名詞是 Patent Portfolio，也被稱爲「專利組合」。而關於專利組合的定義，Krishnan（2017）認爲[99]「專利組合是單個實體（例如個人或公司）的專利或專利申請的集合。它可能與特定的產品或技術有關。」

綜合以上所述，本書認爲企業專利布局的定義應該是「實體（例如個人或公司）將專利從申請、維護、運用，做一系列有計畫的規劃與安排，進而產生與特定的產品或技術有關的專利或專利申請的集合。」

---

98 馬天旗主編，**專利布局**，北京：知識產權出版社。

99 Krishnan, S.,"Optimizing The Patent Portfolio in a Pharmaceutical Industrial Set-Up", 2017, http://piramalpharmasolutions.com/storage/app/uploads/public/5a1/6c6/729/5a16c6729c5eb804619941.pdf，最後瀏覽日：2018 年 12 月 23 日。

二、企業專利布局的價值

（一）專利布局的價值就是專利組合的價值

如前所述，企業進行專利活動的目的，可以包括獲得資源基礎、建立核心能力、進行創新與知識管理，而這些目的的最終目標，是建立企業的競爭優勢。其中企業的競爭優勢，主要反應在企業的營收。而企業專利的功能包括維護企業在市場中的行動自由、使企業免於訴訟的威脅、阻絕競爭對手等，最後可以運用專利獲利。但是專利要能達到以上功效，專利必須是有效的、高價值的；有效的：是指專利被舉發專利無效的風險要低；高價值的：是指專利具有較佳阻絕市場競爭對手的能力。而經由布局後的專利群組比單一專利具有更高的有效性和價值。首先專利布局比單一專利在舉發上具有更高難度，較容易維持；而專利布局的價值和專利的價值有所不同。

針對專利布局的價值，Lu（2012）[100] 以實證的方式探討了專利組合的經濟價值，特別是專利組合價值對專利價格估計的影響。Lu（2012）認爲專利組合價值對專利價格影響是顯著的，特別在一些專利組合的特性參數，如專利投資組合中的專利數量會影響價格，專利數量增加會使得價格增加，雖然兩者不是線性關係，也就是說數量大小不是影響的唯一條件。另外，大規模專利組合之間定價效果也有所不同。但 Lu（2012）也提到，具有不同技術類別等不同專利特性，但專利數量接近的投資組合間，不會有相同的估值。因 Lu 認爲此企業進行專利組合會是較佳選擇。

---

[100] Lu, J. “Decompose and adjust patent sales prices for patent portfolio valuation”, (2012), https://www.lesi.org/docs/default-source/lnmarch2013/11_lu5edit-r(p-71-79).pdf?sfvrsn=6，最後瀏覽日：2019 年 1 月 30 日。

Bader[101] 認爲企業專利策略是由企業策略產生的，與企業的技術、產品和服務能力相關。專利策略就是對企業智財權的流出流入的控制，包括企業自己申請專利、購買或取得專利授權的流入，放棄、轉讓、出售等對專利授權的流出。這些都造成企業投資組合的變動。企業可以使用投資組合是用來分析組織策略位置和攻擊發起線的工具，但不同的組合分析會因其在座標軸的選擇而有侷限。

而從實際層面來看專利組合的價值，因爲有效的專利組合可以用於商業上的目的，除了用於保護研發成果、創造收入，以保持公司在市場上的地位，並有助於與其他企業間的授權、交叉授權或達成侵權上的和解。以上的功能對於具有原創技術的新創公司阻止後來的競爭對手進入技術市場提供了屛障，所以許多新創公司都希望取得有效的專利保護。但是不同類型的公司，採取的專利布局策略也會不同。擁有大量財務等資源的公司具有採購和維護大量專利並興起訴訟的能力，因此可以採取攻擊性的專利策戰略：使用他們的專利組合向其他公司要求授權金來爲公司創造收入，例如 IBM 通過授權專利組合每年可產生近 10 億美元的收入。

（二）如何發展專利組合

因爲開發和建構專利組合可能要付出高額的成本，所以對於資源及財務狀況不是很充裕的公司如多數新創公司，全面的建立專利組合是相當困難的。因此要採取合適的策略，善用一些專利布局的基本原則，來開發具成本效益的專利以維護企業本身最核心關鍵技術，並且能配合其業務發展的方向與目標。而新創公司特別要重視的是在發展專利組合的起始階段，就要進行專利技術與技術競爭的分析，包括相關市場的競爭狀態、企業間

---

101 Bader, M. A. (2007),"Strategic management of patent portfolios",. *Nouvelles-Journal of the Licensing Executives Society*, 42(4), 552.

的授權狀況，以及相關的訴訟進度與走向。根據以上的分析，可以調整自己技術開發的走向，以及關鍵業務目標的調整，然後再規劃經濟的、有效的專利組合。一旦確定了商業目標和技術標的，並且進行過專利的分析與現有技術的檢索後，企業要確認自己可以主張的權利範圍，以及必須盡的揭露義務，然後在兩者間尋求平衡。這可能需要專業代理人的協助，以了解如何進行，以及相關的風險。

5.2 企業專利布局的內涵

一、從專利布局到專利組合

專利布局一詞雖然爲大家所耳熟能詳，但近年因爲專利分析技術的蓬勃發展，且許多企業將專利分析作爲決定企業技術發展路徑的重要依據，因此專利布局比以往具有更廣泛的意義。

從企業經營的角度來看，本書將企業專利布局區分爲兩大面向：策略性的專利投資組合與技術性的專利布局，如此將可配合企業經營決策與研發策略兩個層次。因爲企業在申請專利時，首先要決定資源的投入，才能考慮技術發展的走向，以下將進一步說明。

1. 策略性的專利布局

即策略性的專利投資組合，通常稱爲專利組合（Patent Portfolio）。進行專利組合必須考量專利的用途、專利保護的要求、承擔的風險，以及需要投入的資源，所以是一種經過分析決策的策略性行動。其內涵是在同一技術下將不同的市場或區域、時間、技術深度與廣度的技術內容加以保護，可以是單數或複數個專利集合的形式。事實上關於策略性的專利投資組合，早以爲許多研究者所重視，例如有學者綜合分析了先前研究者的看法，認爲應將投資組合理論應用到技術組合的範疇。因爲從投資組合的角度來看，企業具有不同技術、市場、資源的組合才能降低企業風險並發掘商業機會。因此對於高科技產業而言，研發的技術投資組合管理特別重要。

2. 技術性的專利布局

即技術性的專利開發，通常稱爲專利探勘（Patent Mining）。技術性的專利布局與普通的研發不同，是透過分析已有的專利技術，更進一步探勘出可以發展的新技術，或是更廣泛、更深入的技術與專利。也就是說偏重在專利技術的開發，只要有概念產生而不需有原型產品出現即可申請專利。

二、專利組合的項目

專利組合的項目，通常包括以下幾類[102]：

1. 地區及市場：眾所周知的，專利是屬地主義，因此同一個專利在不同地區和國家必須個別申請，進而形成專利家族。因此企業必須參考本身在該地區的市場定位，以及各地區對專利保護力道的強度，分析各地區的風險及獲利可能，再評估對各市場投入的資源與專利組合。

2. 申請時間：專利申請時間必須考量申請區域的審查時間長短、商品上市時間、專利和產品的生命週期等。

3. 專利類型與數量：專利類型與數量與專利策略有關，資源基礎專利策略所需的專利要高品質、高創新度以讓對手難以模仿，而數量不需太多：核心能力專利策略所需的專利要能保護核心產品本身、生產方法，以及相關或更進一步的延伸技術；持續創新專利策略則是需要多量的專利來

---

102 黃孝怡（2018），「策略性專利布局：從企業專利策略到專利布局」，智慧財產權月刊，236，頁 5-29。

進行訴訟，而且因爲訴訟標的很多是產品本身的專利，因此其類型可以包括設計專利。

4. 技術深度及廣度：專利組合中不同專利所要保護的技術深度及廣度雖有差異，但都要能夠保護主要的核心技術，以避免組合中最重要的專利發生專利無效的情況。另一方面，企業也可從經營管理的角度思考，申請相關的應用專利，針對其未來可能的研發與市場方向預留伏筆。

5.3 企業專利布局的原則

在企業進行專利布局時，有一些原則可以遵守，這些原則可以落實在企業平常的業務活動中，有助於強化本身專利組合的強度。Rogers（2016）[103] 提出可以增強企業專利組合的 8 個方向，包括：

1. 研究競爭對手在做什麼

只要研究競爭對手的研發、技術與產品，還有專利、專利申請，以及專利的授權。主要的目的在了解對手的研發狀況與投入研發的資源。關心對手的眞正目的之一，是在尋找競爭者的弱點，例如競爭者研發成果保護不全的地方、可能侵害自己專利權的地方、或是有好或專利卻無法實施的技術。企業可以根據對手的發展，調整自己的市場策略、專利組合，甚至考慮向對方提出訴訟，或是攻擊對手專利。這種監測對手的工作，可以像前面所述，由企業的技術守門人或資訊守門人擔任，因爲他們了解技術，並且對情報與資訊敏感，能夠識別什麼是威脅而什麼不是，然後守門人可將相關訊息篩選後，提供給組織內的決策者做進一步的確認以調整公司策略。

103 Rogers, David E., "Eight Ways to Strengthen Your Patent Portfolio", 2016/10/04, http://www.jdsupra.com/legalnews/eight-ways-to-strengthen-your-patent-45067/，最後瀏覽日：2018 年 12 月 23 日。

2. 準備具有較大保護範圍的專利

在申請專利時要設法擴大專利保護範圍，是企業申請專利時的常識。因爲專利某種程度上類似「圈地」行爲，如果能將圈到較大的地，對企業申請專利賠償和阻擋競爭者都會有很大的幫助。但要如何知道申請專利時自己有多大的空間？這就要靠對該領域知識的了解，以及事前的專利分析與檢索。但如果經過專利檢索後發現競爭者多半以布局完成，此時企業只好調整策略，往下一代可能的技術，或該技術的上游如材料、製成先做布局，也可能達成類似的功能。

3. 保護發明中可更換的元件及其組合

關於創新的形式，包含了對系統組件抽換的創新，或是利用相同組件但以不同組合方式連結形成新系統的思考邏輯。利用這樣的思維，市場後進者及競爭對手，可以輕易以迴避設計的方式迴避掉原始發明所主張的權利，如此將使原發明人的心血受到破壞，擁有這樣發明的企業競爭優勢也將減損。Rogers（2016）提出的例子是具有獨特過濾器的空調發明，此專利空調和過濾器形成一個發明組合，但過濾器也可以被換掉。此時如果只主張兩者組成才有的權利，則很容易被對手更換原來的元件而形成新的發明，因此較常見的是將空調、過濾器及兩者組合都主張權利，但如果將空調、過濾器特殊形式的結合方法一併主張權利，權利的保護會更完善。另外在印表機和墨水匣都有類似的情況發生。

4. 提早申請專利申請

專利申請的時機非常重要，主要因爲在一些競爭激烈的市場，許多競爭者每天都可能在技術上有突破性的發展，如果被對方搶得先機先申請專利，依照先申請的發明申請原則，誰先申請誰就可能拿到專利權。因此搶得申請專利先機非常重要。另一個主張要盡早提出專利申請的理由在於，產品獲利通常集中在產品上市的前三個月，因此愈早獲得專利，才能在市場中保護自己的產品。但也有例外的狀況，例如新藥的專利，因爲新藥的上市需要經過漫長的藥證審查期，通常專利公告生效後數年新藥還無法上市，這樣新藥保護期限就會減少。因此關於醫藥專利申請時機的考慮，可以稍微往後延遲一些。

5. 定期重新評估專利策略

如前所述，企業的經營目標與研發方向常隨著市場發展與對手的情況而有所改變，因此企業本身也必須隨之調整相關策略。Rogers（2016）建議至少每年兩次重新評估企業技術和產品開發工作，以確定是申請專利的必要性。

6. 鼓勵組織內的發明

專利制度的功能之一，就是對組織內部的激勵制度。因爲專利中的發明人可以獲得組織的獎勵，也可以在專業領域內獲得更高的聲望。而且大多數企業需要自己的員工能協助企業看得更遠，所以一些公司通過提供獎勵來激勵員工發明創造，以使員工能提供更好的產品／服務合法擊敗競爭對手。

7. 提前考慮美國以外的專利保護

Rogers（2016）也提出在美國專利申請可以作爲後來國外專利申請的基礎，也就是專利申請上所說的優先權。以我們角度，Rogers 的意思就是要在不同國家進行專利的申請。因爲企業也許在未來有開拓市場的可能，或是未來在海外會產生競爭者，因此可以預做專利布局的準備。

8. 企業與顧問、僱員和供應商的契約義務。

企業與顧問、僱員和供應商的契約義務應包括：

- **保密條款**：只要符合商業祕密的定義，就應該受到保護。
- **揭露義務**：顧問、僱員和供應商有義務以書面形式向企業揭露所有發明。
- **不競爭條款**：顧問、僱員和供應商有義務保證不與企業競爭。

除了以上8點，Krishnan（2017）[104]也提出將專利組和最佳化的管理原則，特別是在專利投資組合的管理，要注意專利生命週期週期的管理，本書將在之後的章節加以說明。另外 Krishnan（2017）提出專利投資組合最佳化管理通常可以分爲以下兩個階段：

- **投資組合評估**：是根據指標衡量投資組合的價值和風險等相關狀態；
- **投資組合最佳化**：選擇企業可用實現預定目標的最佳策略。

另外要注意的一點是，因爲專利組合的價值來自於投資組合的整體價值而非單一專利的價值，而且組合內任何專利的風險都可能影響到專利組合，所以要設法減少專利組合對個別專利的依賴。

5.4 企業專利策略與專利布局

在本書的第 3 章中，曾經提出不同類型企業應該採取不同類型的專利策略，而在本章前述的內容中，本書提出企業的三種類型的專利策略包括：以「資源基礎」爲核心的企業專利策略；以「核心能力」爲核心的企業專利策略；以「持續創新」爲核心的企業專利策略。

本書先前也提出每個不同類型專利策略都包含有創新研發、專利布局、專利保護、專利運用等各階段的策略。其中專利布局策略就是對應本章所指的專利布局策略，要進一步的達成專利布局策略，就必須使用正確

---

104 同註 99。

的專利組合型式，來達成專利策略的目的。以下本書將進一步說明專利策略與專利組合的關係。

一、以資源基礎為核心的專利布局策略——「防禦型布局策略」

所謂的「防禦型布局策略」是指要以發展並保護自身的核心技術專利優先，企業在發展出具有 VRIN 屬性的基礎性專利資源後，要採取正確的專利布局方式，設計合適的專利組合來加以保護。也就是核心專利的保護上，最好能夠從基礎專利向外延伸，逐漸向基礎專利技術可能使用的材料、製程、設備等，以及專利的可能應用加以保護。

要達成防禦型專利布局，可以從策略性專利布局與技術性專利布局兩個角度去思考，分別說明如下：

1. 以策略性專利布局的角度來看

採取此類專利策略的企業，本身的資本有限，因此在申請專利的投資上要集中火力、以鞏固自己的陣地爲優先。另一方面，此類企業並不急於從專利組合獲利，多半是以技術爲核心，進一步商品化以使公司業務能夠推展，以達成讓公司成長的目標。因此對於專利組合的投資應採取財務上保守穩健的做法。另一方面，此類公司最大的風險就是技術沒有競爭力，包括已經是市場已有的技術，或是技術被新一代的技術所取代；因此此類企業的專利布局思考重點應該是放在策略性專利布局。

2. 以技術性專利布局的角度來看

如前所述，採取此類專利策略的企業，其專利布局思考重點應該是放在策略性專利布局。企業應該盡量發掘本身核心專利相關的應用，以及可能的發展，並將這些概念申請專利加以保護，以阻擋競爭者進入市場。

二、以核心能力為核心的專利布局策略——「企業經營優先策略」

所謂的「企業經營優先策略」是指專利必須配合企業經營，專利作爲產品進入市場的先遣部隊。例如日本 Sony 公司在大幅進軍亞洲市場前，公司對日本境外專利的申請量依序是歐洲、美國。

1. 以策略性專利布局的角度來看

企業的專利投資組合，在布局地區上要以企業要進入的市場爲先，在專利的保護對象上也要以商品爲核心。但另一方面，當企業要進入新市場時，有時不免要挑戰已存在的競爭者，此時專利可以是一個作爲攻擊的選項。而採取此類策略的企業有時預算較爲充足，因此可以將投資放在攻擊對手的專利上，進行舉發或針對性的專利申請。

2. 以技術性專利布局的角度來看

採取此類專利策略的企業，其專利布局思考重點應該是放在商品的保護和阻擋競爭者。企業應該將自己已有產品專利進行更廣泛的申請，以防止對手進行專利迴避設計，也要多開發產品周邊應用的專利，以充分保護自己的產品。

三、以持續創新為核心的專利布局策略——「專利網策略」

採取本類專利策略的企業爲了替專利訴訟做準備，必須編織綿密的「專利網」，也就是連結性高的多個專利形成的專利組合。如果企業覺得自有專利組合不足，還要透過交易如併購、入股其他企業等方式，以獲得其他企業專利以補強專利組合。以下從策略性專利布局與技術性專利布局兩個角度去思考，分別說明如下：

1. 以策略性專利布局的角度來看

企業要對競爭者提出專利的訴訟，必須以完善的專利網防範對手的迴避設計，因此在專利經營上無論進行多少的投資，都是必要的。就風險的角度而言，專利網分布愈綿密，風險也就愈低。

2. 以技術性專利布局的角度來看

採取此類專利策略的企業，爲了建置保護商品專利的專利網，最好將產品的材料、應用、各類設計，甚至同一族系的、類似的產品專利都予以申請保護。

第六章 策略性專利布局——專利組合

6.1 專利組合的類型與模式

一、什麼是專利組合

我們以瑞士商 Abbvie（艾伯維）藥品有限公司治療 HIV 的藥物 Ritonavir 的專利組合爲例，簡要說明專利組合的意義。Abbvie 公司是由亞培公司分拆出來的公司，其治療 HIV 的藥物 Ritonavir[105]，分子式爲 $C_{37}H_{48}N_6O_5S_2$，且其分子量爲 720.95。其適應症爲可和其他抗反轉錄病毒藥物合用以治療人類免疫缺乏病毒（HIV-1）的感染。Ritonavir 的核心專利是由 AbbVie（亞培）公司於 1996 年獲得的公告的 US5541206「逆轉錄病毒蛋白酶抑制化合物」專利。AbbVie 公司以此專利爲核心，共申請 210 件外圍專利構建龐大專利組合，使得在核心基礎專利到期後成功拖延了競爭對手的進入，外圍專利將原來保護期由 2015 年截止延後至 2028 年[106]。其專利組合內容中的主要的專利包括[107]：

1. 涉及活性成分的化合物專利有 2 件，分別爲 US5541206 及 US5914332 專利。

2. 涉及活性成分的組合物或製劑、活性成分的中間體、對藥物的物理

105 Ritonavir 的化學式爲：主要化學結構爲 10-Hydroxy-2-methyl-5-(1-methylethyl)-1-[2-(1-methylethyl)-4-thiazolyl]-3,6-dioxo-8,11-bis(phenylmethyl)-2,4,7,12-tetraazatridecan-13-oic acid, 5-thiazolylmethyl ester, [5S- (5R*,8R*,10R*,11R*)]

106 李瑞豐與陳燕（2017），「專利布局視角下藥企應對『專利懸崖』策略研究及思考」，**電子知識產權**，(6)，頁 64-72。

107 同註 106。

和藥代動力學特徵如藥物的穩定性、溶解度、溶解速率、吸收和生物利用度等有關的多晶型以及前驅物81件（占39%），保護期可延伸至2019年。

3. 涉及製備步驟和方法包括結構化合物、中間體以及製劑、組合物、多晶型的製備方法共68件（32%）。

4. 涉及針對HIV的製藥用途31件（15%）。

5. 改善利藥物系統代謝的方法28件（13%）。

United States Patent [19]
Kempf et al.

[11] **Patent Number: 5,541,206**
[45] **Date of Patent: Jul. 30, 1996**

[54] **RETROVIRAL PROTEASE INHIBITING COMPOUNDS**

[75] Inventors: **Dale J. Kempf**, Libertyville; **Daniel W. Norbeck**, Crystal Lake; **Hing Leung Sham**; **Chen Zhao**, both of Gurnee, all of Ill.

[73] Assignee: **Abbott Laboratories**, Abbott Park, Ill.

[21] Appl. No.: **423,387**

[22] Filed: **Apr. 25, 1995**

Related U.S. Application Data

[63] Continuation of Ser. No. 158,587, Dec. 2, 1993, abandoned, which is a continuation-in-part of Ser. No. 998,114, Dec. 29, 1992, abandoned, which is a continuation-in-part of Ser. No. 777,626, Oct. 23, 1991, abandoned, which is a continuation-in-part of Ser. No. 746,020, Aug. 15, 1991, abandoned, which is a continuation-in-part of Ser. No. 616,170, Nov. 20, 1990, abandoned, which is a continuation-in-part of Ser. No. 518,730, May 9, 1990, Pat. No. 5,142,056, which is a continuation-in-part of Ser. No. 456,124, Dec. 22, 1989, abandoned, which is a continuation-in-part of Ser. No. 405,604, Sep. 8, 1989, abandoned, which is a continuation-in-part of Ser. No. 355,945, May 23, 1989, abandoned.

[51] **Int. Cl.**^{6} **A61K 31/425**; C07D 413/12; C07D 417/12

[52] **U.S. Cl.** **514/365**; 548/204; 548/194; 548/187; 548/235; 548/227; 548/228; 548/229; 514/374; 514/369; 514/370; 514/376; 514/377

[58] **Field of Search** 514/365, 374, 514/369, 370, 376, 377; 548/204, 194, 187, 235, 227, 228, 229

[56] **References Cited**

U.S. PATENT DOCUMENTS

5,354,866 10/1994 Kempf et al. 546/265

FOREIGN PATENT DOCUMENTS

346847B1 12/1989 European Pat. Off. .
393445B2a 10/1990 European Pat. Off. .
393445B2 10/1990 European Pat. Off. .
402646B6 12/1990 European Pat. Off. .
428849B12 5/1991 European Pat. Off. .
428849B12a 5/1991 European Pat. Off. .
441192B3 8/1991 European Pat. Off. .
441192B3a 8/1991 European Pat. Off. .
486948B5 5/1992 European Pat. Off. .
3829594B1a 3/1990 Germany .
3829594B1 3/1990 Germany .
4003575B4 8/1992 Germany .
4003575B4a 8/1992 Germany .
WO88/02374B7 4/1988 WIPO .
WO92/00948B9 8/1990 WIPO .
WO90/09191B8a 8/1990 WIPO .
WO90/09191B8 8/1990 WIPO .
WO91/18866B10 12/1991 WIPO .
WO92/06996B11 4/1992 WIPO .
WO92/20665B13 11/1992 WIPO .
WO93/01174B14 1/1993 WIPO .

OTHER PUBLICATIONS

Wade Jr. Organic Chemistry p. 349 1987 by Prentice—Hall, Inc.
Zeffren et al. The Study of Enzyme Mechanism. p. 87. 1974.
Shutske et al. J. Med. Chem. 1989. 32. 1805–1813.

Primary Examiner—Jane Fan
Attorney, Agent, or Firm—Steven R. Crowley

[57] **ABSTRACT**

A retroviral protease inhibiting compound of the formula:

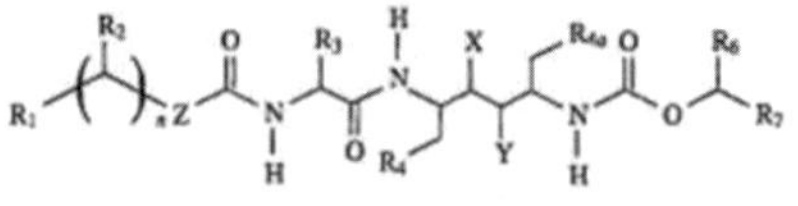

is disclosed.

19 Claims, No Drawings

圖 6-1 Abbvie 公司 HIV 的藥物 Ritonavir 的專利 US5541206

本書在前面的章節曾經描述專利組合的定義是：單個或多個專利的組合。這樣的說明其實是較爲空泛的。事實上專利組合的類型不止於此，以上僅是關一種以 Ritonavir 產品類型區分的專利組合的例子，還可包括以下幾種類型：

1. **以產品爲核心的專利組合**：包括產品的成分、材料、製造方法、改進方法、產品應用，甚至產品類型等。

2. **以專利爲核心的專利組合**：包括不同地點申請、不同時間申請的，由同一個專利衍生出的多個專利，也就是傳統上所說的專利家族（Patent Family）。

3. **以商業交易爲核心的專利組合**：即在同一筆交易中包裹交易的多個專利形成的組合，類似所謂的「綁售」概念。此類專利組合可以包括多個技術領域一起出售而形成的專利組合，也可能是因爲高低價位搭配而設計的綁標組合。

4. **以企業爲核心的專利組合**：有時會將整個公司的企業視爲一個專利組合，此專利組合代表企業所有的無形資產。

如果以前述的策略性專利布局角度來看：以產品爲核心與以專利爲核心的專利組合，都是以企業的技術與研發策略出發所發展出來的專利組合；而以商業交易和企業爲核心的專利組合，則是以企業的技術與研發策略出發所發展出來的專利組合。但整體而言，專利組合還是需要企業從經營策略角度所做的投資決策而形成的投資組合。

以 Abbvie 的 HIV 的藥物 Ritonavir 爲例，Abbvie 後續專利申請多半爲多晶型、藥物用途和生物製劑。最後使得在基礎化合物專利到期後，Abbvie 的外圍專利的保護期仍然可至 2028 年，比基礎專利到期時限晚 12 年。透過以上的專利布局，可以將藥物的專利延長，延遲專利到期的「專利懸崖」發生時間。我們可以從此例看出，在研發經費動輒數億、數十億美元的新藥開發，其動用來保護藥品的專利數量，也動輒數百以上。但這和藥品的龐大成本與回收收益而言，其實還是微不足道的。我們可因此得到結論：以從經營策略角度來看，如果以藥廠的投資回收為主要考量，這樣的專利投資組合是有效且有利於投資者的。

二、專利組合的模式

關於專利組合模式，以往的討論較少，Ove Granstrand 教授在 *Strategic Management of Intellectual Property* 一文中提出以圖形表示的專利布局策略[108]，其概念是將專利策略在空間中呈現，將研發流程中難度相同的部分以研發成本曲線描述，以專利中權利要求範圍以圓圈大小表示，然後如圖 6-2 表示的六類的專利策略布局，包括：

1. **特定阻卻專利組合**（Ad Hoc Blocking and Inventing Around ）：在研發成本和發明時間偏低的情況下，用較小的資源以達到特定阻卻效應的專利組合，而此類專利組合所包括的專利數較少。

2. **策略性專利組合**（Strategy Patent Patent）：發展對後續競爭者來說造成難以逾越的發明成本，以致成為進入障礙的策略性專利（Strategic Patent），通常策略性專利用於開拓特定產品領域業務時所用。

3. **地毯式或淹沒式專利**（Blanketing and Flooding）：在一個區域布建專利叢林（Jungle）和布雷區（Minefield），在過程中盡量發現新的專利，因此比較適合在新興技術中。但因為考慮多個專利，通常是做一些技術改良而衍生出小的專利。

[108] Granstrand, O., "StrategicManagement of Intellectual Property", http://www.ip-research.org/wp-content/uploads/2012/08/CV-118-Strategic-Management-of-Intellectual-Property-updated-aug-2012.pdf，最後瀏覽日：2018 年 5 月 26 日。

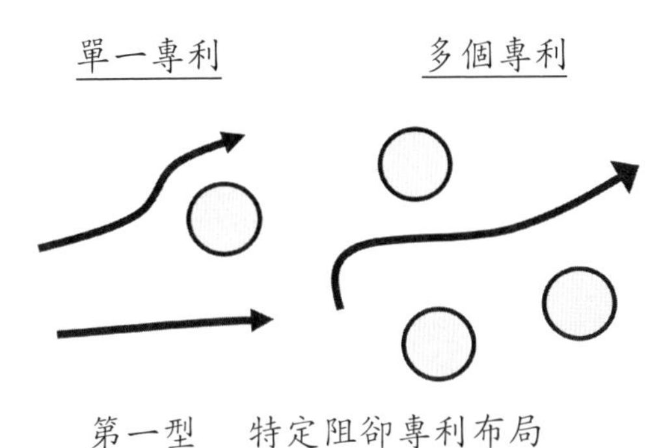

第一型　特定阻卻專利布局

研發等成本曲線

SP

第二型　策略性專利布局

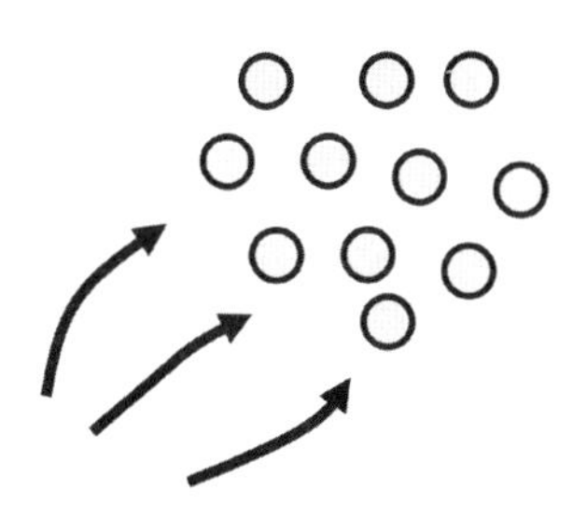

第三型　地毯式或淹沒式專利布局

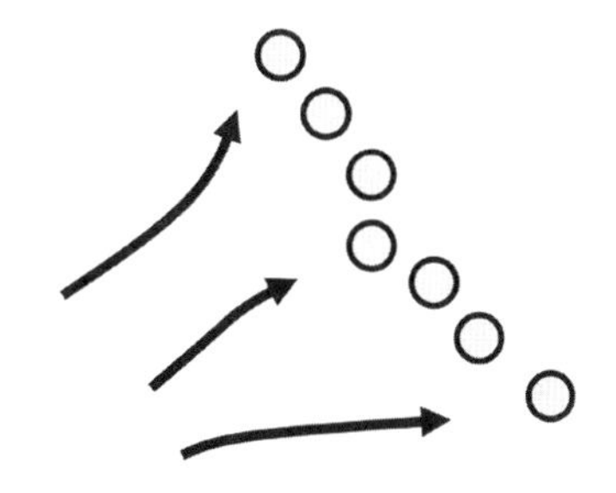

第四型　圍牆專利布局

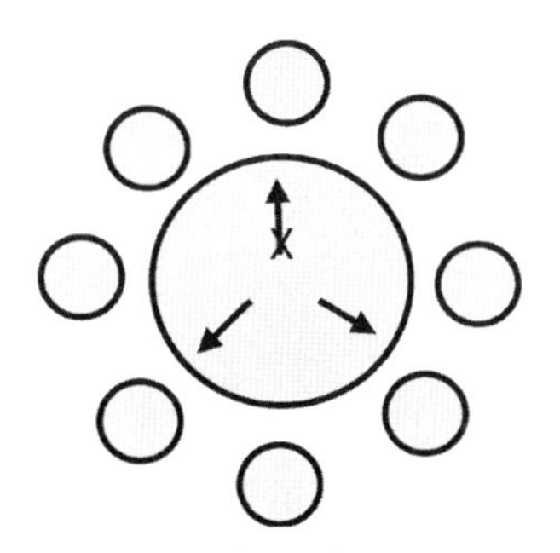

第五型　圍繞式專利布局
（X：競爭者專利；箭頭代表研發方向）

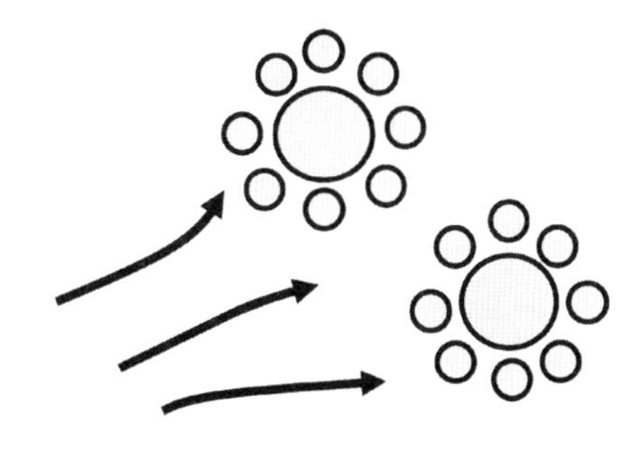

第六型　專利網組合布局

圖 6-2　技術空間與專利[109]（曲線代表研發方向）

---

109 同註 108。

4. **圍牆專利**（Fencing）：以某種方式排出一系列順序的專利以阻擋對手的專利，常用在如化學化工製程中的可能參數範圍、分子的設計、幾何形狀設計、生產過程壓力溫度變化等。Granstrand 認為是用於以一系列可能不同的技術解決方案來實現類似功能的結果。

5. **圍繞式專利**（Surrounding）：將多個本來不重要的專利圍繞在重要專利（如策略性專利）的周邊，共同阻擋被包圍的策略性專利，形成對該專利的包圍。這種方式可以作為保護自己專利的策略，也可以用來阻擋別人策略專利的實施。而被包圍的專利要實施，必須採行交叉授權的作法。

6. **專利網組合**（Combination into Patent Networks）：用不同類型的專利建構相互關連成網路關係的專利組合，以有目的性的增強技術保護和談判、議價能力。

Granstrand 教授的六個專利布局策略雖然能將抽象的專利布局概念，轉化成清晰的圖像概念，但 Granstrand 模型並沒有考量專利組合所需的成本，以及何種類型適合怎樣的企業。亦即是從專利的角度出發，而欠缺企業經營的考量。

6.2 專利組合理論簡介

本書以說明專利組合包括投資組合的策略和技術發展的策略，而關於投資組合的策略，學者將投資組合的概念轉介到專利組合的分析，提出了所謂的「專利組合理論」，又稱為「專利投資組合理論」。首先是 Brockhoff（1992）[110] 於 1992 年提出專利組合的分析框架：利用專利資訊並加以分析，制定出衡量企業專利活動的量化標準；然後以這些量化標準將

---

[110] Brockhoff, K. K. (1992), “Instruments for patent data analyses in business firms”, *Technovation*, 12(1), 41-59.

企業所擁有專利組合評價，然後根據該評價評定企業在技術領域中的地位。之後 Ernst（1998）[111] 進一步將 Brockhoff（1992）的概念進一步發展完善提出更完整的專利組合理論，並提出適用專利投資組合的專利組合理論。Ernst 認為從專利數據分析可以獲得公司多個面向如研發水準、技術水準、人力資源、到產品的相關評價資訊。Ernst [112] 陸續在不同文章中發展了四個不同層面的專利組合分析方式：包括企業層面、技術層面的、專利和市場整合層面，以及人力資源層面的專利組合分析，本說作者在《策略性專利布局：從企業專利策略到專利布局》一文中已詳細說明，本書摘錄部分相關內容修改後以說明專利組合理論如下 [113]：

一、企業層面的專利組合理論

企業層面的專利組合主要適用在確定技術領域的競爭者能力的分類，因此關於企業層面的專利組合理論，主要的做法是以兩個指標為座標軸形成二維矩陣，然後以指標高低，將空間區隔為四個區域，藉此將企業分為四類，如圖 6-3 所示。例如 Ernst（1998）以企業的專利品質和專利活動作為指標值，所謂專利品質指標值是以企業專利公告數與申請專利數的比率、目前有效專利數與專利公告數的比率、企業公司專利申請數中美國專利與的比率、以及公司專利被引證次數與公司申請專利數的比值，四個值加權後組成的指標值。專利品質指標值代表公司研發的品質，以及專利活動的有效程度。專利活動指企業專利申請數量在相關技術領域專利申請數

---

[111] Ernst, H. (1998),"Patent portfolios for strategic R&D planning", *Journal of Engineering and Technology Management*, 15(4), 279-308.

[112] Ernst 在不同文章中的指標會隨案例分析不同而有些調整，因此本文中說明的是整合 Ernst 各篇文章中共同的原則，而不只 Ernst（1998）一文中的定義。

[113] 同註 102。

量中所占的比率，但經過企業規模的校正。Ernst（1998）針對 50 家德國機械產業的公司，在歐洲和美國申請的發明專利與公司銷售增長率的關係進行分析，然後將專利活動和專利品質做爲縱座標和橫座標，將空間區分爲：

1. **技術領導者**：指專利品質高且專利活動積極的企業。
2. **市場高潛力者**：指專利品質高但在專利活動上具選擇性的企業。
3. **行動者**：指專利品質低且專利活動積極的企業。
4. **瘦狗**：具專利品質低且專利活動不積極的企業。

專利品質	專利活動：低	專利活動：高
高	市場高潛力者 具高品質專利的 選擇性專利權人	技術領導者 具高品質專利的 積極專利權人
低	瘦狗 具低品質專利的 不積極專利權人	活動者 具低品質專利的 積極專利權人

圖 6-3　企業層面的專利組合圖[114]（包括 Ernst（1998）[115] 和 Fabery 等人（2006[116]））

114 同註 111。

115 同註 111。

116 Fabry, B., Ernst, H., Langholz, J., & Köster, M.(2006), "Patent portfolio analysis as a useful tool for identifying R&D and business opportunities—an empirical application in the nutrition and health industry", *World Patent Information*, 28(3), 215-225.

相較於 Brockhoff 的理論主要在將企業以專利進行市場定位，Ernst 的專利組合論以專利活動和品質兩指標將同一技術領域中的競爭者進行分類，讓企業可以了解自己的競爭優劣勢以作爲在研發上投資決策的參考。另外，Ernst 發現就公司銷售增長率而言，市場高潛力者比行動者有更高的效率，因此專利品質的指標對於評估專利策略成功與否比專利活動更有意義。

二、技術層面的專利組合理論

技術層面專利組合是用來提供企業判斷應該如何進行自己的專利組合。Ernst（2003）[117] 提出一個二維矩陣如圖 6-4 所示，其座標值爲企業專利指標值相對於該技術領域中，具有最高專利強度的領導性企業專利指標的比較值，也就是一種比較值而非絕對值的概念；而比較值可分爲強（Strong）、中（Medium）、弱（Weak）三級。其中橫座標爲特定技術領域中企業專利被核准的比例、國際專利申請狀況、專利技術範圍，和專利被引用頻率等專利指標；縱座標爲技術領域的吸引力（Technological Field Attractiveness），也就是專利相對成長率。理論上相對專利增長率高的技術領域，應該比相對專利增長低的技術領域對廠商更有吸引力。

除了橫座標與縱座標，圖 6-4 中的不同圓圈代表個別企業在技術領域的投入資源，企業在此技術領域投資的強度大，圓圈則相對比較大；企業在此技術領域投資的強度小，圓圈則相對比較小。如果企業掌握了市場吸引力高的技術，則其在橫座標中的技術份額值與縱座標中的專利成長率值都會偏高。如果市場吸引度力低的技術有大量的投資，也就是企業在橫座

117 Ernst, H. (2003), "Patent information for strategic technology management", *World Patent Information*, 25(3), 233-242.

標中的技術份額值高，但在縱座標中的專利成長率值低。這時企業必須判斷專利成長率低的原因是否爲該技術已達技術成熟期？如果是後者，此時公司該將研發資源從此領域移到較快增長的技術領域[118]。

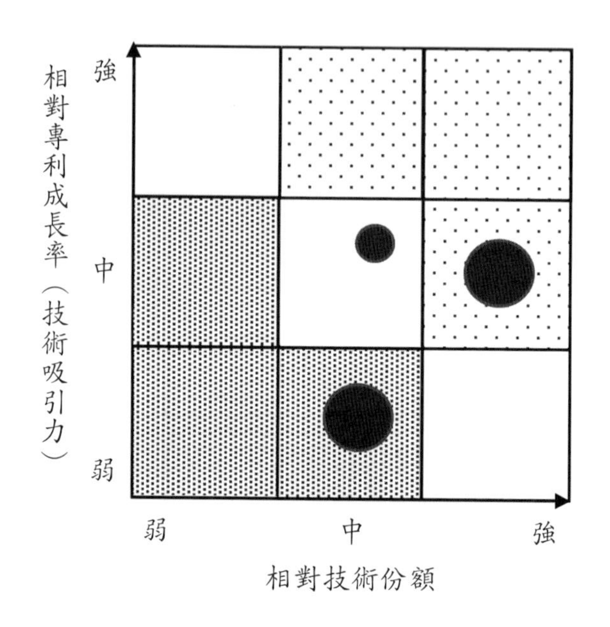

圖 6-4 技術層面的專利組合示意圖[119]（Ernst, 2003[120]）

三、技術層面與市場層面的專利組合理論

研發與專利的投資主要目的是滿足市場的需求，因此 Ernst（2003）提出將技術層面與市場層面整合的專利組合，主要是參考由波士頓顧問集團（Boston Consulting Group, BCG）在二十世紀 70 年代初開發的市場評

118 同註 117。
119 同註 118。
120 同註 118。

估工具——BCG 矩陣[121]，BCG 矩陣將企業每一個戰略事業單位（SBUs）的產品標在一種二維的矩陣圖上，劃分出四種不同的產品屬性，包括明星產品（Star）、問題產品（Question Marks）、金牛產品（Cash Cows）、瘦狗型業務（Dogs）四類，說明如下[122]：

（一）明星型產品

明星型產品意義類似公司的「明日之星」，指市場高成長、公司也具有高市場份額的產品；此領域中的產品處於快速增長的市場，並且在市場中占有支配地位；對於明星型產品，企業還必須繼續投資，以使企業能和市場同步成長。

（二）問題型產品

問題型產品意義就是公司的「問題人物」，指市場高成長、但公司占有低市場份額的產品。這些屬於新業務的產品可能利潤很高，但公司占有的市場份額很小。

（三）金牛產品

金牛型產品意義就是幫公司賺錢的「金牛」，這個領域中的產品爲公司帶來大量的現金。公司在這產品的市場具有高份額，但未來的增長前景是有限的。也就是說，公司是成熟市場中的領導者，同時公司在該產品具有規模經濟和邊際利潤高的優勢。

（四）瘦狗型業務

瘦狗型產品是指低增長、低市場份額，其意義就是在公司裡飼料很多卻長不肥的「瘦狗」，瘦狗型產品不能產生大量的現金，還可能需要投入

---

121 （日）三谷宏治著、陳昭蓉譯（2015），**經營戰略全史**，臺北：先覺出版社。

122 同註 121。

大量現金，且因生產效率不好，改善績效機會不大，甚至是賠錢的。

BCG 矩陣的優點是將策略規劃和資本預算分配結合起來，用兩個重要的衡量指標，將產品來分爲四種類型來分析企業針對其產品定位的管理策略問題。Ernst（2003）則通過市場增長維度，將 BCG 的市場份額／增長矩陣與專利組合相結合，如圖 6-5 中專利與市場組合 Aa 代表市場及技術吸引力高、市場份額也高，因此應該繼續投入研發並以專利保護其產品；組合 Ab 代表市場及技術吸引力高、但技術份額低，因此應該增加投入研發並以專利保護其產品強化市場競爭力，以免被未來的市場主流淘汰。

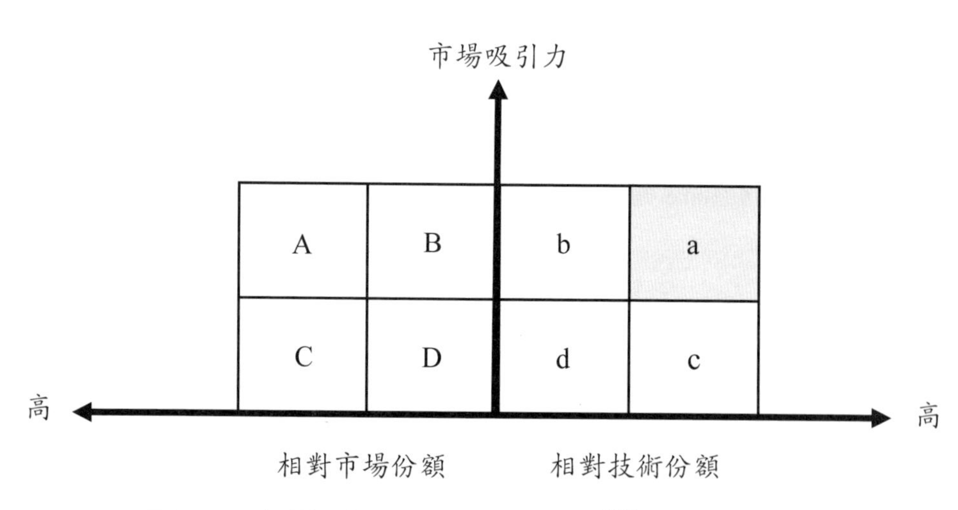

圖 6-5 專利組合與市場組合示意圖[123]（Ernst, 2003）

四、發明人層面的專利組合理論

Ernst（2003）[124]提出專利組合理論的第四個層面，是關於發明人力資源的探討，藉由分析專利的關鍵發明人，可以得到技術領域的關鍵發明

123 同註 117。

124 同註 117。

人，Ernst 也將發明人分爲四大類，但 Ernst（2003）認爲對於專利品質有影響力的發明人才是企業需要關注的。

6.3 從企業專利布局到專利組合設計

一、利用專利組合理論進行專利組合設計

專利組合理論的主要功能在於以下兩方面：

1. **專利組合分析**：即前述的企業層面、技術層面的、專利和市場整合層面，以及人力資源層面的專利組合分析。

2. **專利組合設計**：即利用專利組合分析的結果，進行企業專利組合的設計。

從前面的二維圖來看，專利分析就是將企業專利的指標量化，然後在二維圖中找尋企業的座標，進而決定企業專利組合的屬性。而專利組合設計是將企業的專利組合屬性在不同座標點上移動，以調整企業在企業層面、技術層面的、專利和市場整合層面，以及人力資源層面的專利組合屬性。而這樣的移動代表了企業在專利組合上進行策略性的調整。以下舉兩個例子來說明。

如圖 6-6 所示，當企業沒有試圖增加其專利活動的模式，也沒有大幅提升其專利申請量，而是提升其專利品質，則企業的屬性會由瘦狗變成市場上的高潛力者。而如圖 6-7 所示，當企業試圖減少其專利活動的模式，亦即減少其專利申請量，而是提升其專利品質，則企業的屬性會由活動者變成市場上的高潛力者。

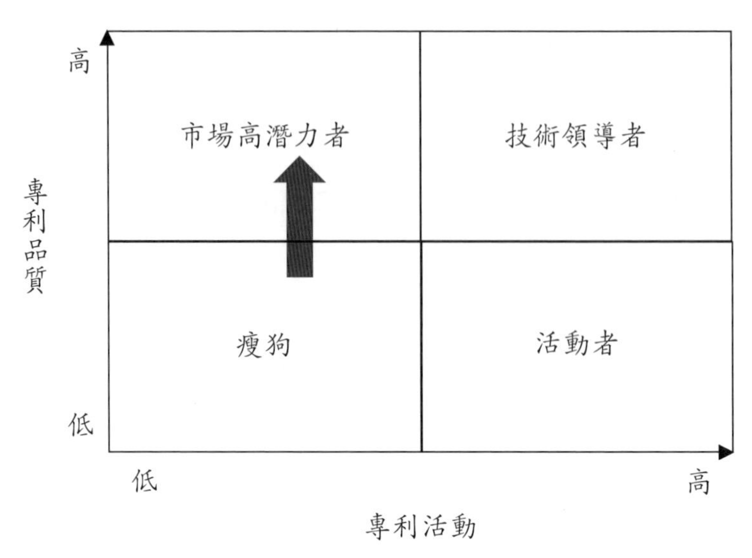

圖 6-6　由瘦狗變成市場潛力者

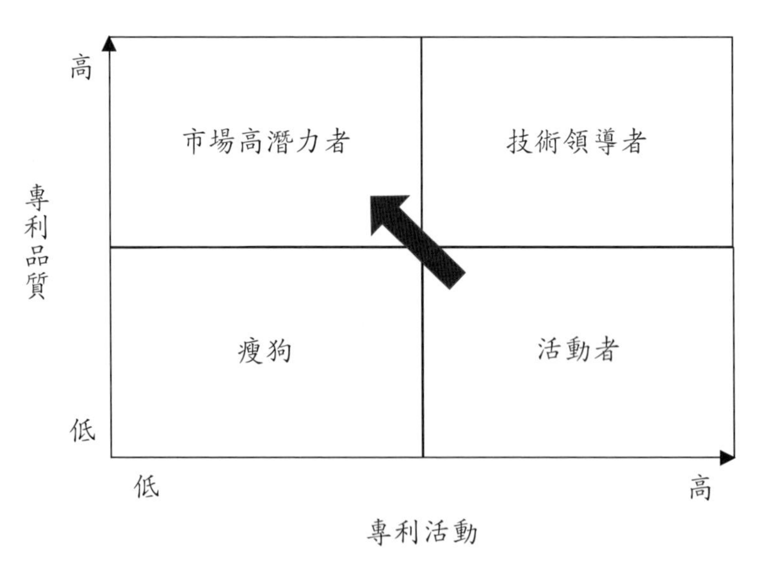

圖 6-7　由活動者變成市場潛力者

二、專利組合理論與專利組合策略

由上述說明可知，我們可以利用專利組合理論進行企業專利組合設計或調整的分析工具。但企業在進行專利組合設計或調整過程中，需要一些原則，這些原則我們稱之爲「專利組合策略」。專利組合策略的目的是符合企業本身條件，例如公司規模、研發能力等以設計出所需的專利組合模式。例如Patel（2002）[125]提到專利組合的商業目標應用包括鞏固市場地位、保護研發成果，創造收入，並提供交叉授權或訴訟和解。因此 Patel 建議新創公司在公司最初就應該設計一個符合公司商業目的的專利組合策略。但 Patel（2002）也提出專利組合策略因公司特性差異很大，資本雄厚的公司可以透過研發和收購獲得大量專利，其從專利的獲利也很大。但對中小企業和新創公司來說是不可能的[126]。

本書則認爲專利組合必須配合企業獲得競爭優勢的需要，因此企業組合策略可以參考 Porter 在 1980 年出版的《競爭優勢》（*Competitive advantage*）一書中一般性的競爭策略，包括聚焦（Focus）策略、成本領導（Cost Leadership）策略以及差異化（Differentiation）策略，進一步修改成以下三個策略：技術專注策略、多角化策略、與差異化策略，分別說明如下：

（一）技術專注策略

即企業專注於發展自己公司核心的技術，以發展高專利品質的專利組合，讓企業成爲 Ernst 組合理論中的技術潛力者。其在專利組合理論的座標圖中的表示方法如圖 6-8。

---

125 Patel, R. P. (2002), “A patent portfolio development strategy for start-up companies”, US Patent and Trademark Office.

126 同註 125。

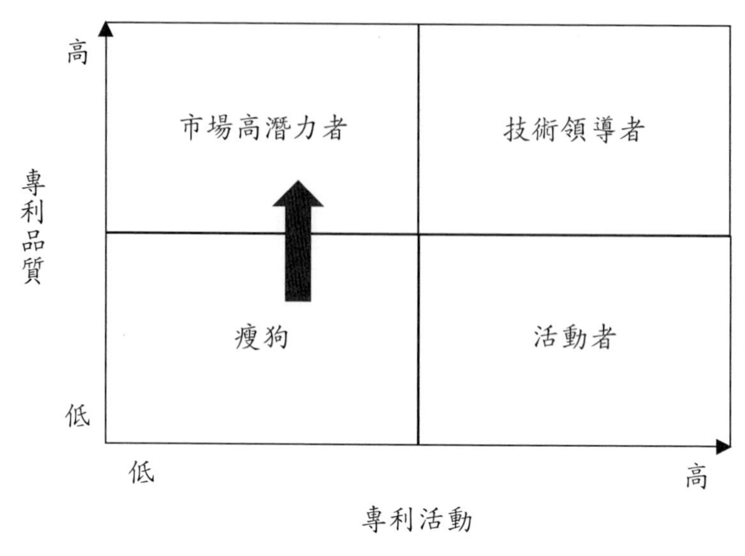

圖 6-8　技術專注策略

（二）多角化策略

企業以各別事業策略單元為主角，開發多元的技術與商品，以建立核心商品所需要的核心能力。此策略可能讓企業成為 Ernst 組合理論中的市場領導者或活動者。其在專利組合理論的座標圖中的表示方法如圖 6-9。

（三）差異化策略

主要適用在建立專利組合時，能設法開發與目前既有技術有差異的專利，通常包括發展互補式專利、迴避式專利，或是開發新的應用。其在專利組合理論的座標圖中的表示方法如圖 6-10。

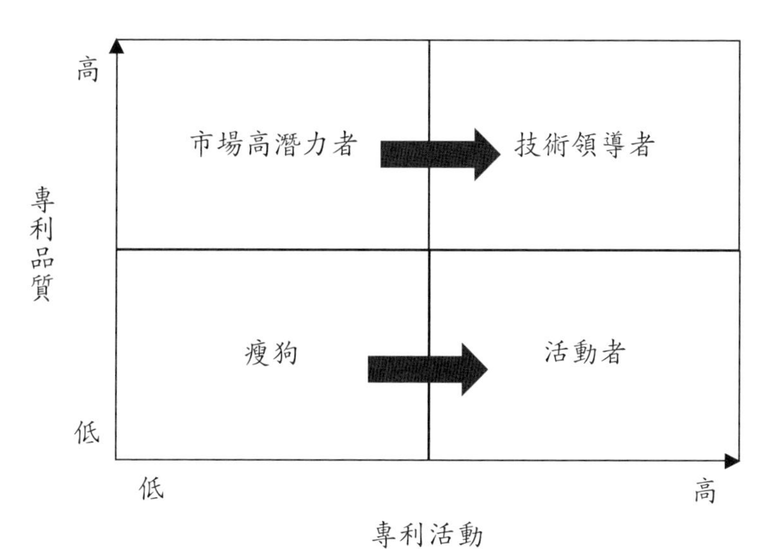

圖 6-9　多角化策略

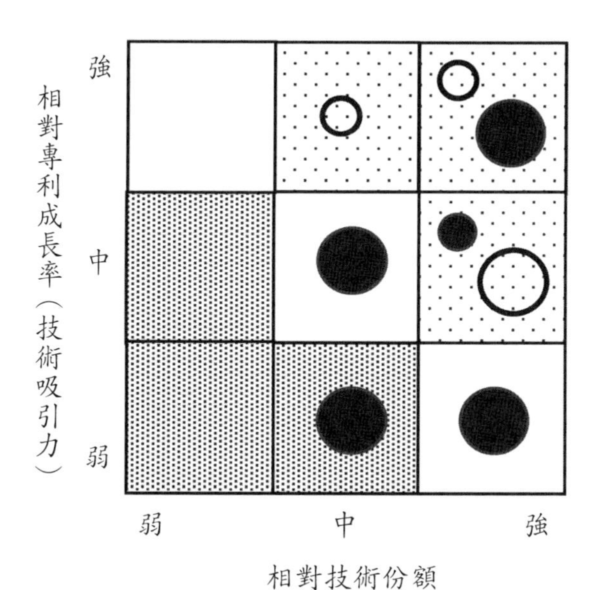

圖 6-10　差異化策略

三、專利組合設計的思考程序

（一）專利組合設計的步驟

在前面的章節中，本書已經討論過企業專利策略、專利組合策略、專利組合理論，以及 Ove Granstrand 的專利策略類型。也提出每個不同類型專利策略都包含有創新研發、專利布局、專利保護、專利運用等各階段的策略，而要進一步的達成專利布局策略，就必須使用正確的專利組合型式。接下來要討論的是如何以這些理論或工具產生企業所需要的專利組合。也許這看起來相當複雜，但其實我們可以將其簡化如下的步驟：

1. **步驟一**：先判斷企業是屬於哪一類的企業？然後選擇企業所適合的專利策略，即以資源基礎爲核心的企業專利策略；以核心能力爲核心的企業專利策略；以持續創新爲核心的企業專利策略其中之一。

2. **步驟二**：決定企業專利策略後，再從 Ove Granstrand 的專利策略類型中選擇適合的專利組合類型。

3. **步驟三**：在不同的企業專利策略中的專利布局策略中，選擇合適的專利組合策略，即技術專注策略、多角化策略，與差異化策略其中的策略原則。

4. **步驟四**：以專利組合理論判斷或預估企業專利組合可能產生的影響，也就是類似圖 6-8 至圖 6-10 的分析。

以下我們分成兩個階段，先說明從企業專利策略到專利組合類型選擇；再說明從專利組合類型對應選擇合適的專利組合策略。

（二）從企業專利策略到專利組合類型選擇

在說明企業專利組合策略與專利組合類型的關聯性後，接下來再來討論企業如何從專利布局策略的角度出發，選擇合適的專利組合類型。

1. 以資源基礎爲核心企業專利布局策略——特定阻卻型專利組合

本書在前面說明以資源基礎爲核心企業專利策略的企業，要採取「防禦型布局策略」。所謂的「防禦型布局策略」是指要以發展並保護自身的核心技術專利爲優先，設法發展出具有 VRIN 屬性的基礎性專利資源，然後採取正確的專利布局方式，設計合適的專利組合來加以保護。因爲採取以資源基礎爲核心專利策略的企業，本身的資本有限，因此在申請專利的投資上要集中火力、以鞏固自己的陣地爲優先。另一方面，此類企業並不急於從專利組合獲利，多半是以技術爲核心，進一步商品化以使公司業務能夠推展，以達成讓公司成長的目標。因此對於專利組合的投資應採取財務上保守穩健的做法。另一方面，此類公司最大的風險就是技術沒有競爭力，包括已經是市場已有的技術，或是技術被新一代的技術所取代；因爲此類企業的專利布局思考重點，應該是放在用較小的資源以達到特定阻卻效應的專利組合，也就是特定阻卻型專利組合。

2. 以核心能力爲核心的企業專利布局策略——圍繞式及圍牆專利組合

本書在前面說明以核心能力爲核心企業專利策略的企業，要採取「企業經營優先策略」。所謂的「企業經營優先策略」是指企業的專利投資組合，在布局地區上要以企業要進入的市場爲先，在專利的保護對象上也要以商品爲核心。採取此類策略的企業有時預算較爲充足，因此可以投資在攻擊對手的專利上。因爲此類企業的專利布局思考重點，可以是圍繞式專利組合及圍牆專利組合，除了可以以一系列可能不同的技術解決方案來實現類似功能的結果；也可以將多個本來嚇阻力不強的專利圍繞在對手重要專利（如策略性專利）的周邊，共同阻擋被包圍的對手策略性專利，這種方式除了保護自己專利，也可以透過阻擋別人策略專利的實施，增加採行交叉授權談判的籌碼。

3. 以持續創新爲核心的企業專利策略——地毯式及專利網專利組合

本書在前面說明以持續創新爲核心企業專利策略的企業，要採取「專利網策略」。也就是爲了替專利訴訟做準備，必須編織綿密的「專利網」和「地雷區」，也就是要布局連結性高的多個專利以形成專利組合。因爲企業要對競爭者提出專利的訴訟，必須以完善的專利網防範對手的迴避設計。企業在專利布局過程中盡量發現新的專利；並用不同的類型的專利，建構相互關聯成網路關係的專利組合。這類組合比較適合在新興技術領域中，因爲新興技術領域比較有專利布局的空間。

當企業選定專利組合的模式時，接下來要考量的是如何專利組合模式的匹配。而其中的關鍵因素還是企業的研發資源的投入和避免風險。因此必須考量前面所述的專利組合策略。因此以下本書進一步討論如何從專利組合類型對應選擇合適的專利組合策略。

（三）專利組合類型與專利組合策略的關聯

有的讀者會覺得專利組合策略和專利組合類型有何不同？兩者之間有什麼關聯？簡單的說，專利組合類型就是企業策略性專利最後的呈現結果，而專利組合策略是企業達成組和類型的手段原則，兩者間的關係可以說明如下：

1. 要達成特定阻卻型專利組合

此時企業應採「技術專注策略」，因爲在新創初期或資源比較不足的公司，應該專注於發展自己公司核心的技術，而減少其他的業務支出，把公司的資源集中並設法將專利發展成獨特、不可模仿的企業資源。如此才能在研發成本和發明時間偏低的情況下，用較小的資源發展出特定阻卻效應的專利。

2. 要達成圍繞式專利組合及圍牆專利組合

此時企業應採取「多角化策略」，即開發多元的技術與商品，並在同一技術上申請包括技術、商品、製造方法、應用等專利；如此可能將多個本來阻卻競爭對手能力較低的專利圍繞在對手的重要專利（如策略性專利）的周邊，共同阻擋被包圍的策略性專利，形成對該專利的包圍。這種方式可以作爲保護自己專利的策略，也可以用來阻擋別人策略專利的實施。另一方面用不同類型的專利建構相互關聯成網路關係的專利組合。圍繞式專利組合及專利網專利組合可以協助企業獲得企業在市場上的行動自由，以及目的性的增強技術保護和談判、議價的能力。

3. 要達成地毯式或淹沒式專利及專利網專利組合

因爲要在一個區域布建專利叢林和布雷區，在研發過程中盡量發現新的專利，通常是做一些技術改良而衍生出小的專利。此時企業應採取前述的「差異化策略」和「多角化策略」並行，才能發現並探勘出與目前既有技術具差異性的專利，並盡量在同一技術上申請包括技術、商品、製造方法、應用等專利，這都和企業多角化經營相關。

第七章　技術性專利布局——專利探勘

7.1 技術性專利布局與專利探勘的起源

一、技術性專利布局的功能

在第五章中，本書以說明專利布局可以區分爲策略性專利布局與技術性專利布局，本章將進一步介紹技術性專利布局的概念。技術性專利布局簡單來說，就是將已有的研發成果，包括技術、產品與專利，甚至研發過程中出現可能的備選方案與創意發想，透過系統性的分析和發想過程，找出可以延伸開發的技術、產品與專利。但其中還是以專利爲主，因爲我們最容易透過專利資訊將特定專利進行系統性分析後，再延伸開發。和單純研發過程不同的是，專利技術布局是從已有的專利以特定目的和手段加以進一步延伸開發，所以不需要從頭發想新的概念，而是側重於發現可以用法律保護的技術創新。而又因爲開專利過程中，針對專利資料的發掘與分析的過程類似資料探勘（或稱爲資料採礦）（Data Mining），因此一開始被稱爲「專利文件探勘」（或稱爲專利文件採礦）（Patent Text Mining）。而後來演進成爲不是只針對專利資料的挖掘，而是進一步開發新的專利。因此有研究者將專利探勘定義爲：「有意識的對創新成果進行進步性的分析與選擇，並以最合理的權利保護角度，確定可以申請專利的技術創新點再申請專利的過程。」[127]

專利探勘和傳統的創新研發差異在於，進行專利探勘的可能是後進

---

127 馬天旗主編（2016），**專利挖掘**，北京：國家知識產權局出版社。

廠商，當其發現市場中已經存在的技術或產品時，後進廠商必須突破先占廠商的優勢以在市場獲得一席之地。但如果後進廠商冒著成本高、時程長、可能失敗的風險，從頭發展全新的技術，除了可能失敗，也可能緩不濟急。因此後進廠商常希望藉由現有的技術延伸開發，以節省成本和降低風險，並提高自身的競爭能力，又可免除模仿造成的可能訴訟。因此後進廠商常以專利探勘作爲有效的技術延伸開發方法。專利探勘其實已存在許久，例如常見的迴避設計就是一種專利探勘，近年來，一些系統性的創意思考方式逐漸被採用作爲專利開發的思考工具，例如 TRIZ 法等。這些方法加上日益進步的資訊技術，使得從事專利探勘更爲容易且更爲普遍。

二、專利探勘的起源——專利文件探勘

專利探勘的起源是專利文件探勘，而專利文件探勘也是專利探勘前半段的工作。專利文件探勘的概念來自資料探勘，資料探勘的方法可以引進專利分析的原因是因專利是結構化規格化文件，因此可以採用相關技術進行專利文件探勘[128]，以因應專利文獻數量愈來愈多、技術愈來愈複雜、新產品技術週期愈來愈短的技術生態。但專利文件探勘和資料探勘還是有其差異性：資料探勘是使用人工智慧中的機器學習，以及統計分析技術從資料庫中提取並分析資料；而文件探勘是在每個文件上放置一組標籤，而實際執行操作是在標籤上執行；透過文件探勘演算法提取的關鍵詞和線索詞來將格式化文件特徵化[129]，也就是將文件中各特徵部分區分出來。

至於如何將文件探勘技術運用在專利分析上？Liang 等人（2007）[130]

[128] Liang, Y., & Tan, R. (2007), “A text-mining-based patent analysis in product innovative process”, *In Trends in computer aided innovation*, 89-96, Springer, Boston, MA.,

[129] 同註 128。

[130] 同註 128。

說明了相關步驟如下：

1. **步驟**一：選擇目標專利領域並蒐集相關專利文件。

2. **步驟**二：以人工智慧將以自然語言表達原始專利文件，轉換成結構化數據，結構化文件進行分析。

3. **步驟**三：在專利文件中提取關鍵詞，並於提取過程中衡量專利間的相似程度，以進行群聚分類。

7.2 專利探勘與 TRIZ 理論

一、專利探勘的內涵

在經過純粹資訊技術應用的專利文件探勘後，逐漸發展出將文件探勘和技術開發的方法論結合的專利探勘，發明者可以使用專利文件探勘的結果，結合發明的思考邏輯進一步開發更多的專利。專利探勘的方向可以從以下三個方向進行技術性專利的開發：

（一）依產品研發方向探勘

主要是以核心產品爲中心，進行產品的改良及週邊產品的開發。例如藥品的專利，除了藥品本身外，還有藥的劑型、藥的包裝、藥的原料、藥的晶型、藥的生產設備等。一個著名的例子是 Apple 公司的 iPhone 手機，連包裝也都申請了專利。以產品爲核心的專利探勘，與其他方向專利探勘最大的不同是，可以活用設計專利。因爲專利的核心是「財產權」，產品設計既然被列入法律保護，企業就應該將產品設計視爲一種資產而善加應用。例如在 2018 年 Apple 與 Samsung 的智慧型手機專利訴訟中，最後 Samsung 因爲被法院判決侵害 Apple 的設計專利而輸掉了訴訟。

但在從事產品設計專利開發時，仍然要以企業產品技術爲核心，這樣企業更可以主張自己的設計專利是具有自有產品的專屬性，是產品開發的衍生物，所以視他人難以發想的；這樣可以在訴訟時可更占有優勢。

（二）在技術改進方向上探勘

技術改進是專利開發上最常見的思考路徑，通常這樣的思維接近創新領域上所說的漸進式創新。但這樣的思維比較適用於已在市場中商品居於領導地位的廠商，爲了延長其保護專利期限，以及排除競爭者的目的而進行，但漸進式創新的缺點是當廠商過度依賴自己過去的成功經驗時，很可能忽略消費者需求的改變與革命性技術的出現，導致後來被新進者的革命性產品擊敗。因此企業在進行技術改進方向上的專利探勘時，應該要從源頭的材料、製程技術，以及下游的應用等方向，配合技術改進一起開發，才能發揮技術開發最大價值。

（三）參照技術標準進行探勘

對於專利的開發，也有人認爲應該參考技術標準來發展。因爲在「技術專利化、專利標準化」的趨勢下，未來科技的發展多半脫離不了技術標準，因爲技術標準會是全球多數廠商的共同技術規範，也是未來市場產品主流設計的規格依據。根據技術標準開發的專利，因此會較具有市場性。而參照技術標準進行的專利探勘，通常是以應用專利爲主。

另一個探討專利探勘的面向是專利探勘的技術層次問題，可以用圖 7-1 來說明。我們從現有的專利出發，與其同一技術層次的是現有技術的改變或增加新功能。但這屬於漸進式的創新，而且不容易對競爭者產生威脅，也就是此類專利價值不會很高。如果往現有技術的上、下游發展，因爲往上游的材料或是下游的應用進行開發專利，有可能成爲該技術的基礎專利，或是能阻擋對手對現有發明的改進，將對手現有專利的商業化空間進行限縮，才能提升專利價值。

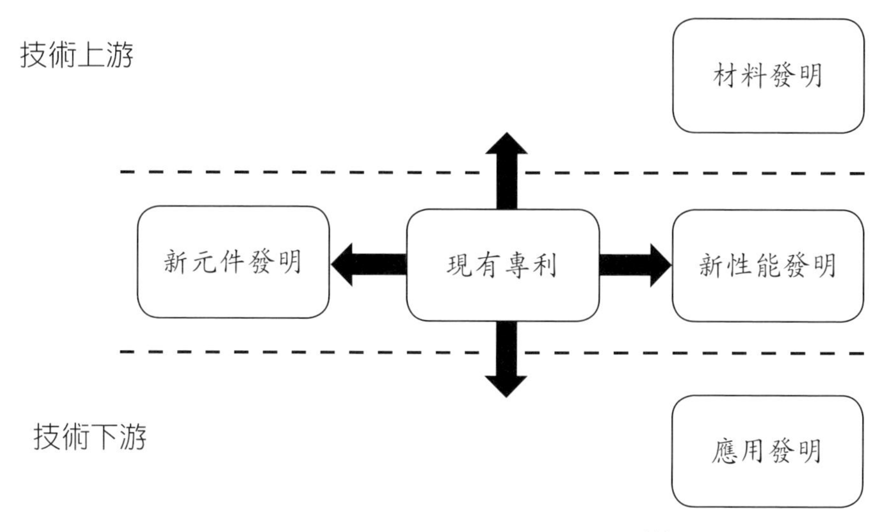

圖 7-1　專利探勘的技術層次分析[131]

此外，表 7-1 說明研發與專利探勘過程的關係，即在需求評估與發想、研究方案選擇與規格確定、方案選擇與產生、測試與改良、商品化與生產過程中，都可以進行專利探勘以產生新的專利。

表 7-1　研發與專利探勘過程的關係[132]

	需求評估與發想	研究方案選擇與規格確定	方案選擇與產生	測試與改良	商品化與生產
自主創新的專利探勘	將可行的概念申請專利	規劃最佳實施例	針對產品各創新特點進行專利申請	申請改良專利	申請製程與周邊產品專利
針對他人創新的專利探勘		分析其他可行方案並申請專利	針對已有專利分析不同功能、原理或克服其可能技術衝突申請專利		申請不同領域應用專利

131 黃孝怡（2018），「技術性專利布局：專利探勘與 TRIZ 理論」，**智慧財產權月刊**，236，頁 30-53。

132 同註 131。

二、專利探勘的流程

專利探勘的流程可見於圖 7-2，主要是先從專利資料庫中進行專利文本探勘與技術資訊探勘；專利文本探勘包括專利資訊分析和技術缺陷分析，技術資訊探勘包括技術趨勢分析和技術可發展空間的分析。在將專利分析結果轉化成創新思維所需要的資訊後，再經由系統性的創新思維方法與工具，開發並選擇可行的方案。

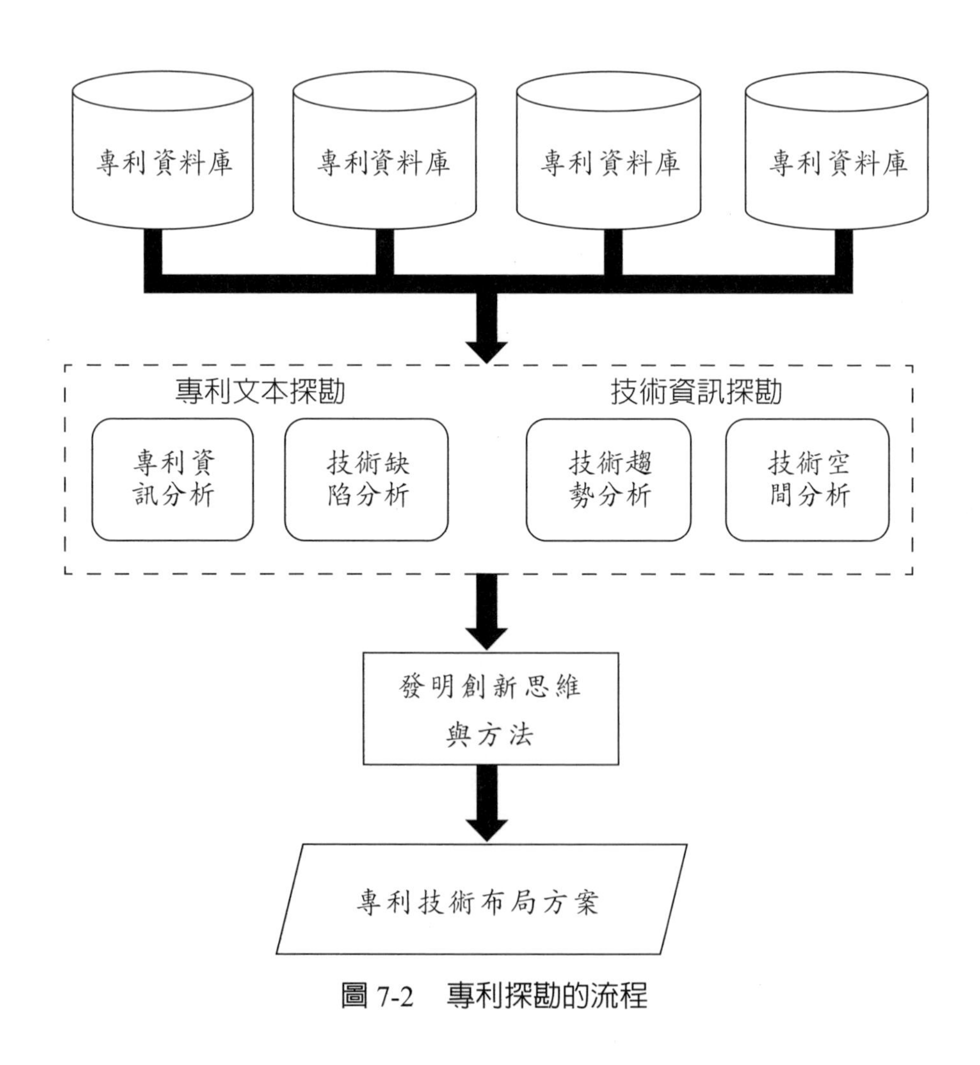

圖 7-2　專利探勘的流程

三、利用TRIZ理論進行專利探勘

目前最常被使用在專利開發的創新發明思維就是 TRIZ 理論。胡正銀等人（2014）[133]提出專利技術探勘[134]過程中包括 TRIZ 導向的專利自動分類，與 TRIZ 技術演化模型。本文後續將說明關於 TRIZ 理論工具及如何將 TRIZ 理論工具應用在專利開發過程。

關於 TRIZ 方法如何與專利文本（Text）分析間的關係，Liu（2016）從兩者的構成要素探討兩者之間的相互影響，Liu 認爲兩者之間的關係如下[135]：

1. TRIZ 法則是 Altshuller 通過分析專利發現的創新規則，設計者可使用 TRIZ 爲開發新產品提供思考路徑。

2. 從專利文本分析出發，分析專利技術領域、分類、數量，確定專利等級等方法判斷產品的技術成熟度與產品生命週期 S 曲線，然後根據 S 曲線演化規律確定產品設計方案。

3. 分析專利文獻中解決技術問題的方案，將技術指標轉換爲特定產品 TRIZ 中的工程參數。然後通過對改進參數和劣化參數進行分類，再確定技術衝突或矛盾，以矛盾矩陣表對照相應的創新原理。

4. 以 TRIZ 中的 40 項創新原則爲提供解決產品設計問題思路。

以下進一步說明 TRIZ 理論的概念、方法與主要工具。

---

133 胡正銀、方曙（2014），「專利文本技術挖掘研究進展綜述」，**數據分析與知識發現**，30(6)，頁 62-70。

134 中國大陸將 Patent Mining 翻譯成「專利挖掘」。

135 Liu, Z.F. (2016), “Technology innovation of coupling classical TRIZ and patent text: Concepts, models & empirical research”, *Journal of Mechanical Engineering Research and Developments*, 39. 815-825.

7.3 TRIZ 理論簡介

一、TRIZ理論的概念

俄國人 Altshuller 從 1946 年起，針對四萬多個專利進行研究分析，並歸納出發明的一些基本發明規律，稱之爲 TRIZ 理論。TRIZ 理論基本思維是可以利用前人在從事發明活動時累積的創新經驗與知識、有效解決方案進行發明研究。Altshuller 的 TRIZ 理論包括作爲發明基本思考邏輯的「發明式的問題解決理論」（Theory of Inventive Problem Solving, TIPS），以及 Altshuller 對於發明與技術發展的觀點，及分析與求解工具。Altshuller 認爲每種機器都有自己的技術發展路徑，而這些路徑最後交會在一個交點，而這點就是最佳的技術發展解，且這技術發展解也就是「理想機器」。Altshuller 提出「理想機器」的特徵是：理想機器是作用完成時且無機器存在[136]。

二、TRIZ主要方法與工具

TRIZ 的主要方法與工具包括技術矛盾、發明原理、通用參數、物—場模型、發明問題解決算法等；限於篇幅，本書只介紹最常見的矛盾衝突矩陣與物—場模型。本書作者在〈技術性專利布局：專利探勘與 TRIZ 理論〉[137]一文中，對於 TRIZ 主要方法與工具做了詳細說明，本書摘錄部分相關內容如下：

---

136 Altschuller, G (2004), "And Suddenly the Inventor Appeared: TRIZ, the Theory of Inventive Problem Solving", Technical Innovation Center, Inc, Worcester.

137 同註 131。

（一）矛盾衝突矩陣與發明原理

Altshuller 透過專利分析，將技術區分爲表 7-2 中 39 個最常見的工程參數與表 7-3 中的 40 個發明原理[138]。由於在進行發明時，產品的參數可能是相衝突的，例如移動物體質量和能量消耗是衝突的，但有些發明原理可以解決問題，例如第 28 條機械取代原理。因此可以將工程參數與發明原理製作程表 7-4 的矛盾衝突矩陣，發明者可以由表 7-4 的兩個衝突參數中選出適用的發明原理，再進行下一步的設計。

表 7-2　TRIZ 的 39 個 TRIZ 工程參數[139]

	參數名稱		參數名稱		參數名稱
1	移動物重量 Weight of moving object	2	靜止物重量 Weight of nonmoving object	3	移動物長度 Length of moving object
4	靜止物長度 Length of nonmoving object	5	移動物面積 Area of moving object	6	靜止物長度 Area of nonmoving object
7	移動物體積 Volume of moving object	8	靜止物體積 Volume of nonmoving object	9	速度 Speed
10	力 Force	11	張力，壓力 Tension, pressure	12	形狀 Shape
13	物體穩定性 Stability of object	14	強度 Strength	15	移動物作用時間 Durability of moving Object

[138] 40 個發明原理的細節說明可參閱：Altshuller, G(2002), “40 principles: TRIZ keys to innovation”,. Vol. 1, Technical Innovation Center, Inc.,.

[139] Cheng, S. T., Yu, W. D., Wu, C. M., & Chiu, R. S. (2006), “Analysis of construction inventive patents based on TRIZ”, *In Proceedings of International Symposium on Automation and Robotics in Construction*, ISARC, 3-5.

	參數名稱		參數名稱		參數名稱
16	靜止物作用時間 Durability of nonmoving object	17	溫度 Temperature	18	亮度 Brightness
19	移動物消耗能量 Energy spent by moving object	20	靜止物消耗能量 Energy spent by nonmoving object	21	功率 Power
22	能量耗損 Waste of energy	23	物質耗損 Waste of substance	24	資訊損失 Loss of information
25	時間耗損 Waste of time	26	物質量 Amount of substance	27	可靠度 Reliability
28	量測精度 Accuracy of measurement	29	製造精度 Accuracy of manufacturing	30	作用於物體有害因素 Harmful factors acting on object
31	有害副作用 Harmful side effects	32	製造性 Manufacturability	33	使用便利性 Convenience of use
34	維修能力 Repair ability	35	適應性 Adaptability	36	元件複雜度 Complexity of device
37	控制複雜度 Complexity of control	38	自動化等級 Level of automation	39	生產綠 Productivity

表 7-3　TRIZ 的 40 條發明原理[140]

	原理名稱		原理名稱		原理名稱
1	切割原理 Segmentation	2	萃取原理 Take Off(Extraction)	3	局部品質原理 Local Quality (Optimal Resource)
4	改變對稱原理 Asymmetry (Symmetry Change)	5	合併原理 Merging (Consolidation)	6	多功能原理 Universality (Multi-functionality)

140 Gazem, N., & Rahman, A. A(2014)., "Interpretation of TRIZ principles in a service related context", *Asian Social Science*, 10(13), 108.

	原理名稱		原理名稱		原理名稱
7	嵌套原理 Nested doll (Nesting)	8	籌碼平衡原理 Anti-weight (Counter Balance)	9	事前反作用原理 Preliminary Anti-Action(Prior Counteraction)
10	事前作用原理 Preliminary Action(Prior Action)	11	事前緩衝原理 Beforehand Cushioning	12	等勢原理 Equi-Potentiality (Remove Tension)
13	反向途徑原理 The Other Way Round(Inversion)	14	曲面化原理 Spheroidality (Curvature)	15	動態化原理 Dynamization
16	部分／過度作用原理 Partial or Excessive Actions(Slight Less/ Slightly More)	17	其他維度原理 Another Dimension	18	機械振動原理 Mechanical Vibration (Resonance)
19	週期作用原理 Periodic Action	20	有效作用連續性原理 Continuity of Useful Action	21	快速作用原理 Skipping (Hurrying)
22	轉害爲利原理 Blessing in Disguise “or” Turn Lemons into Lemonade (Convert Harm Into Benefit)	23	回饋原理 Feedback	24	假借中介原理 Intermediary
25	自助原理 Self-Servic	26	複製原理 Copying	27	低價替代品原理 Cheap Short-Living Objects(Cheap Disposables)
28	機械取代物原理 Mechanics Substitution(Another Sense)	29	液氣壓結構原理 Pneumatics and Hydraulics(Intangibility Segmentation	30	彈性膜與薄膜原理 Flexible Shells and Thin Films (Thin and Flexible)
31	多孔性物質原理 Porous materials (Holes)	32	變色原理 Color Changes (Change the Color)	33	均質原理 Homogeneity

	原理名稱		原理名稱		原理名稱
34	拋棄與再生原理 Discarding and Recovering(Rejecting and Regenerating Parts)	35	參數改變原理 Parameter Changes (Transformation of Properties)	36	相變原理 Phase Transitions (Phenomenon Utilization)
37	熱膨脹原理 Thermal Expansion(relative change)	38	強氧化劑原理 Strong Oxidants (Enriched Atmosphere)	39	惰性氛圍原理 Inert Atmosphere (Calm Atmosphere)
40	複合材料原理 Composite Materials(Non Homogeneity)				

表 7-4　TRIZ 的矛盾衝突矩陣例

有害功能／參數							
		1. 移動物體重量	…	22. 能量損失	…	38. 自動化程度	40. 生產率
有用功能／參數	1. 移動物體重量			2,6 19,34		26,35 18,19	3,35 24,37
	…						
	22. 能量損失	15,6 19,28				2	10,28 29,35
	…						
	38. 自動化程度	28,26 18,35		23,28			5,12 35,26
	40. 生產率	35,26 24,37		28,10 29,35		15,6 19,28	

（二）物質—場分析

「物質—場分析」（Substance-Field Analysis）是另一個適用於新產品開發的 TRIZ 工具。物質—場分析的功用是透過可視化的圖像分析，對系統進行檢查以解決無效系統，或造成有害影響系統的問題。物質—場分析的原理是利用圖形代表系統，最簡單的模型如圖 7-3 所示。系統中的物質、場以簡單的符號（通常是圓形）代表，功能和目標間關係以線條表示。圖 7-3 中，物體 2 透過場作用在物體 1 上，而所述的場可能包括物理的和化學的效應。

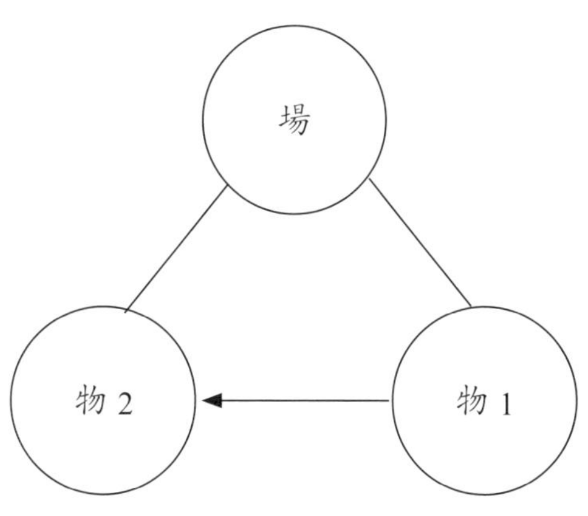

圖 7-3　簡單的 TRIZ 物—場模型

當圖 7-3 的系統結構功能有所不足時，如圖 7-4 所示，可引入另一個物 3 來解決系統的功能不完整性；其中物 3 和物 2 同時透過場 1 和場 2 對物 1 產生作用，因此得到了圖 7-4 的改進後完整系統。

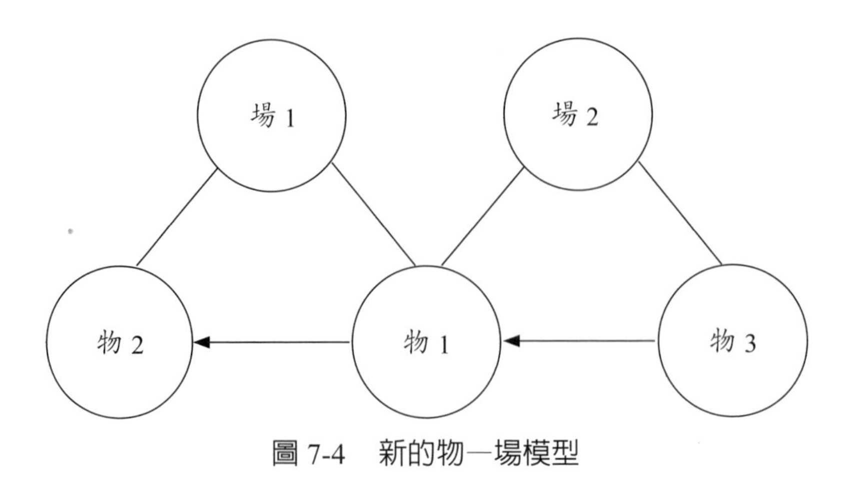

圖 7-4　新的物—場模型

7.4 如何以 TRIZ 理論進行專利探勘

一、以TRIZ方法為基礎的專利迴避設計流程

TRIZ 理論包括分析待解決問題；將具體問題抽象化，也就是將問題轉化爲參數問題；尋找抽象解決方案等。圖 7-5 說明 TRIZ 中矛盾分析爲主的設計流程，首先是分析問題並再確認問題內涵並確定符合的參數，再判斷參數間存在的是物理矛盾還是技術矛盾：如果是技術矛盾，則以矛盾衝突矩陣找出適合解決問題的發明原理，作爲規劃設計方案的依據；如果是原理矛盾，則以分離原理找出適合解決問題的發明原理[141]。

---

141 同註 131。

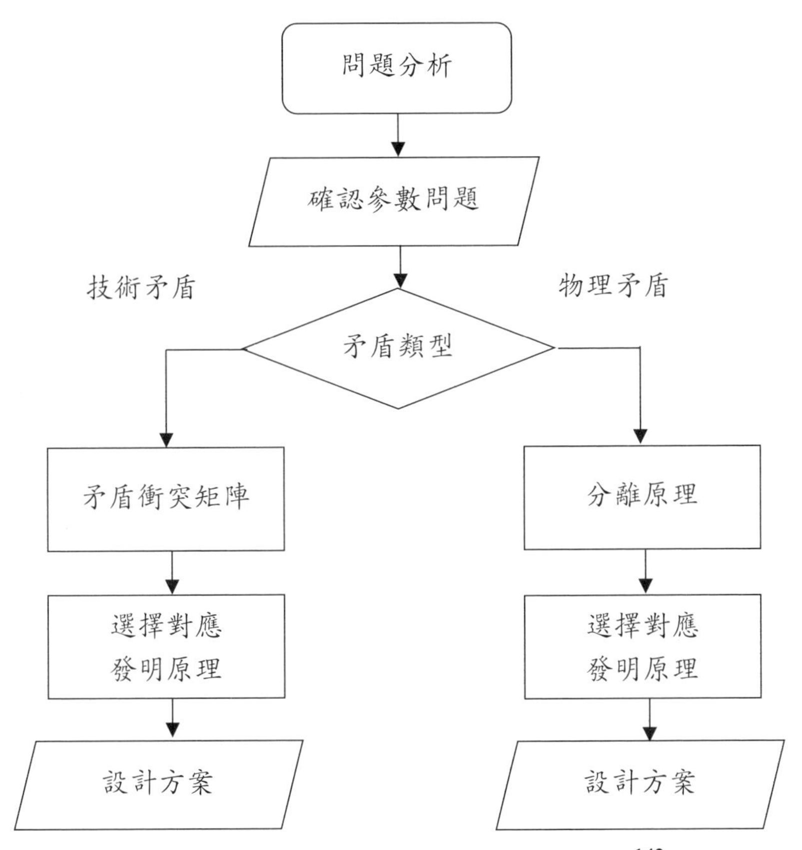

圖 7-5　TRIZ 矛盾方法的創新設計流程 [142]

以專利迴避設計爲例，Van Zanten（2015）提出使用 TRIZ 進行專利迴避的設計策略時的四個過程 [143]：

1. **資訊蒐集過程**

包括市場與產品訊息的蒐集、專利資訊的分析與蒐集。專利資訊的分析與蒐集，主要是靠專利檢索和分析。專利檢索和分析可以識別出競爭

---

142 同註 131。

143 van Zanten, J. F. V., & Wits, W. W. (2015), "Patent circumvention strategy using TRIZ-based design-around approaches", *Procedia engineering*, 131, 798-806.

者、專利的技術特徵與功能，有助於對於分析某個技術所能解決的問題、技術的功能與相關參數，這對後續的 TRIZ 程序非常重要。

2. 專利景觀和請求項分析過程

「專利景觀」（Landscaping of Patents）是將專利申請範圍和專利技術領域進行分析歸類而得到的結果；專利前景可代表技術向前發展的軌跡以及請求項的廣度與深度。van Zanten 等人（2015）[144] 提出專利請求項可能面對以下三類問題：「非必要的元素」（Unnecessary Elements）、「限制的類型」（Types of Limitation）、和「潛在的不利條件」（Potential Disadvantage），說明如下：

- 非必要的元素：指可以移除而不影響產品功能的元素以及專利的申請專利範圍請求項；
- 限制的類型：van Zanten 等人（2015）認爲類型的限制就是需要迴避設技產品存在的缺陷，而此發明技術缺陷可以TRIZ分析來克服；
- 潛在的不利條件：指專利或技術中元件的互斥作用或是副作用，而潛在性的問題通常必須以技術演進的角度，往下一代技術來思考解決。

3. 迴避設計的應用方法

進行迴避設計的方法可以從解決前述「非必要的元素」、「限制的類型」、和「潛在的不利條件」等的思考路徑出發，而 TRIZ 理論與工具可提供的方法包括矛盾分析矩陣、功能分析、物—場模型、技術演化與 S 曲線分析等。

---

[144] 同註 143。

4. 可行性和侵權分析

在專利迴避設計流程進行時，要針對每個方案進行是否可能侵權的分析。

二、TRIZ專利迴避設計例

van Zanten 等人（2015）[145] 以萬向接頭（Constant Velocity Joint）案例研究以說明 TRIZ 在專利迴避設計上的應用。該例是一種新萬向接頭，通常稱爲 Rzeppa 萬向接頭。此類接頭與三腳支架萬向接頭被作爲汽車驅動軸前軸一起使用，萬向接頭位於前輪和軸之間，在可變角度下（通常約在 52 度的大角度）以相等的角速度傳遞，如圖 7-4 所示；而三腳架萬向接頭放置在變速器和軸之間。Rzeppa 萬向接頭的專利至少有 20 多年的歷史，所以已經過了專利保護期；因此原始設計的 Rzeppa 萬向接頭製造並不侵權，但許多漸進式的改良專利存在於市場上形成市場障礙。因此 van Zanten 等人（2015）提出專利規避策略來設計新的萬向接頭。步驟如下：

1. 步驟一：資訊蒐集過程

先以眞實物理產品做 TRIZ 功能分析（TRIZ Function Analysis, FA），van Zanten 等人（2015）分析了國際專利分類（IPC）中的 F16D3 / 224 類號，以及關鍵字“RZEPPA AND Joint OR Constant Velocity Joint”，對 1994 年之後公告的專利進行分析。

2. 步驟二：專利和權利要求的景觀（Landscaping）分析

根據資訊蒐集過程列出了對應的問題類型，包括：非必要的元素（Unnecessary Elements）、類型的限制（Types of Limitation）、和潛在

---

[145] 同註 143。

的不利條件（Potential Disadvantage），以及基於問題類型的解決方案如TRIZ 理論與工具可提供此三途徑的實際方法。除了矛盾分析矩陣、功能分析、物—場模型、技術演化與 S 曲線分析等。

表 7-5 Rzeppa 萬向接頭的專利和申請專利範圍的景觀分析

問題類型	部分／相互作用	專利	專利待解決問題描述	可改進的行動
類型的限制	軸—間隙	US8128504B2	軸承和軸承內圈的反彈	矛盾分析
類型的限制	軸—間隙	EP2119929A1	軸承和軸承內圈的反彈	矛盾分析
潛在的不利條件	塞—環—軸—間隙	EP2119929A1	防止錯位／反彈	退回原來技術狀態
潛在的不利條件	軸—間隙	EP2119929A1	軸承和軸承內圈的反彈	場分析模型
潛在的不利條件	在外徑上形成凸起的軸表面	EP2119929A1	轉移滾珠軸承力量 到外面軸	修改元件

資料來源：Van Zanten, 2015

3. 步驟三：應用迴避設計過程的途徑

從前面的分析看出，要迴避的專利都具有相同限制類型：軸與內圈之間的間隙。理想的最終結果（Ideal Finalized Result, IFR）應該是「在不增加任何新的軸和內圈下，消除產生間隙的軸和內圈間的反彈」。van Zanten 等人（2015）以矛盾分析方法得到要解決的根本矛盾，發現解決方案的重點是萬向接頭本身，其矛盾爲「元件之間的間隙太大」，然後應用 40 個發明原理尋找解決方案。van Zanten 等人（2015）以 TRIZ 發明原理中的第二個原理「去除」（Take Off）原理，也就是「去除內圈內的孔並且將軸直接焊接到內圈」。解決方案和原始設計如圖 7-6 所示。由於現在，該解決方案消除了軸與內圈之間間隙，故使用了固定連接，因爲軸和內圈消除了齒隙，且不會在軸和內圈上增加任何新元件。

4. 步驟四：可行性和侵權分析

因爲新的解決方案其功能與原先要迴避的專利方式不相同，因此可避免了專利侵權中的「均等論」而可成爲新的專利設計。

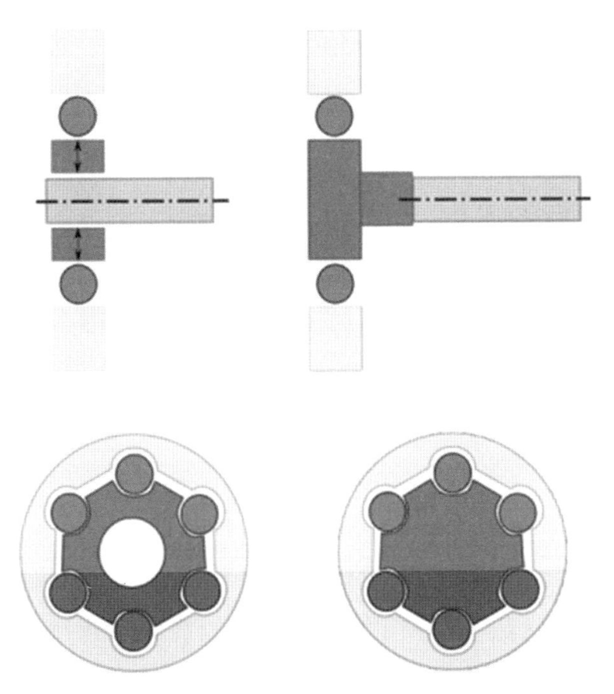

圖 7-6　萬向接頭原始專利（左）和焊接解決方案（右）[146]

7.5 專利探勘的新方向——人工智慧與大數據的應用

人工智慧與大數據是近年最熱門的科技議題之一，而相關議題也向專利領域滲透。其中主要包括以下幾個方向的應用：

---

146 同註 143。.

1. 人工智慧對於提升專利檢索精準度的應用。

2. 大數據技術對於專利資訊的分析應用。

3. 人工智慧對於專利的開發與專利文件的寫作。

其中，人工智慧技術是否能發展出會寫作專利文件，並能與審查官互動以進行專利程序的機器人，進而取代目前的專利代理人？以目前的情勢來看，人工智慧在專利檢索與分析的功能愈來愈強，對於數據的分析也不會是問題，但對於申請過程中是否能與人類溝通，可能才是關鍵；如果審查方也是使用機器人，才可能會加速「專利代理機器人」的發展。但如果將大數據及人工智慧應用在專利的開發，特別是專利的探勘，則以人工智慧在資料處理與資訊蒐集、比對的能力，應該非常有幫助的。

第四篇　專利商業化與貨幣化

緒　言

專利的取得與維護都必須耗費可觀的時間與金錢，因此企業常會關注「專利成本」（Patent Cost）的問題。而且通常企業專利的使用率在 10% 以下，有的企業所申請的專利甚至完全沒有使用。即使有些企業專利能維持企業在市場的壟斷權，並能藉由壟斷權獲得正常及超額利潤；但是企業爲了維護專利每年必須付出龐大的專利維持費用。因此在企業財務報表上，專利代表的可能是資金的流出。就算專利被列爲可能具未來收益的無形資產，但這些未來收益如果不能實現，則專利仍可能被視爲一種負債。

爲了要使專利的預期收益能夠實現，人們不斷思考各種能夠讓專利獲利的模式。從專利法中明文規定的「製造、販賣」及「製造、販賣的要約」，也就是以專利技術製造商品，到將專利作爲可以交易的商品，這些都是直接實施專利來獲得現金。另外，當企業無法自行使用專利權來製造、販賣商品時，可以將專利的權利授與給特定或不特定的他人從事生產，然後收取合理的費用。這種授權的方式已經行之有年，雖然授權不見得出自被授權者的主動，而是被專利權人以不提出侵權訴訟的條件交換的；提出授權的專利權人包括在產業中進行製造與銷售的企業，也包括沒有在產業中進行製造與銷售的特定團體。但目前專利授權權利金已成爲一些研發能力強大的企業收益來源的重要項目之一。

專利授權本身並不影響專利的所有權歸屬，被授權者僅是在一定的期間或一定產品數量範圍內能使用專利權來製造販賣商品。而企業或個人間也可以採取有償或無償的方式進行專利權所有權的轉移，而其中有償的所有權轉移稱爲專利交易。專利交易的方式包括直接買賣、拍賣、綁售、標售、競標等。不論從製造及販售商品、專利授權、專利交易，都是直接實施專利權以獲得收益。但進入到無形資產愈來愈重要的知識經濟時代後，專利被企業視爲重要的知識資產，因此無形資產也被視爲與有形資產一樣，具有相同的經濟意義與金融市場上的功能，以便企業也可以從金融市場取得資金。從專利質押、融資、專利資產證券化等，都是把專利作爲企業資產來做資金的融通，此時專利權人無須直接實施專利權，專利權的所有權也無須轉移；企業可以從市場提前獲得資金，再以未來權利收益償還。這樣的做法使得專利從企業未能使用的資產，而能換得現金流，此時專利如同貨幣一樣具有流動性（Liquidity），因此被稱爲「專利貨幣化」。

隨著金融市場愈來愈多元化、自由化，更多的以專利權從金融市場獲取資金的方式被發展出來，如專利訴訟金融、專利保險等。這些和金融市場密不可分的專利運用模式，被以「專利金融」來稱呼。本篇將以專利的商業化出發，進一步進入關於專利貨幣化的介紹，最後再說明專利金融的概念和發展的趨勢。

第八章 專利商業化

8.1 企業專利商業化與專利收益

一、企業專利的收益模式

本書作者在《專利與企業經營策略》一書中，曾經提到以專利獲利的方法；作者將專利的獲利方式分成四類，在本書中，作者將專利收益模式與金融市場是否有關聯性，將企業從專利獲得收益的方式再區分爲直接實施專利權的收益模式，以及間接實施專利權的收益模式兩大類：

（一）直接實施專利權的收益模式——專利商業化

企業與金融市場無關的專利收益模式主要是直接實施專利權，也就是說企業實施專利的排除權，生產、販賣相關產品來獲利；或是將專利全包裝成產品，直接以權利作爲交易標的來獲得收益；或是企業向專利侵權者題出訴訟。以下將此三類分別加以說明：

1. 以專利技術生產產品

即廠商使用專利所有的技術來製造產品，然後在市場上銷售，此時專利的目的是保護廠商生產、販售商品的權利和自由度；此時廠商的收入來自產品販售所得。但產品賣的好不好，還有許多其他的相關因素，和專利的品質不一定有直接關聯，廠商的收入來源是自己的商品在市場比其他廠商產品更具競爭優勢，因此專利產品化的獲利原理是來自競爭優勢。專利產品化的先決條件是企業本身具有將專利技術生產成商品，並能將商品行銷與建立商品通路的能力。將專利產品化時專利的功能在保護企業有生產商品、進入市場的自由，並且一定程度能排除競爭者；但專利產品化的風險在於產品容易被模仿，後進者可能加以改良、迴避專利後加入競爭；甚至有仿冒者的加入。因此，專利權人必須建立先占優勢，盡量設法在產品進入市場的初期獲得收益才有保障。

2. 專利商品化

將專利轉化爲可以直接交易的商品，包括直接將專利權進行銷售、拍賣、綁售、授權等方式，買賣雙方進行直接交易。專利商品化最重要的就是專利的品質和市場價值，特別是專利對賣方的價值。因此專利商品化獲利的原理是以專利創造的價值獲利。專利商品化的成功與否在於專利的價值，這裏所說的價值主要以對於購買者的相對價值而言；因爲專利對於需求者來說才是有價值的。專利的價值也決定於專利的特性與專利的品質：(1) 專利的特性是指專利是否爲基礎專利或是策略性專利，因爲這兩者在整個技術發展上占有關鍵地位，所以在技術市場上也具有較高的價值。(2) 專利品質指專利是否具有有意義的保護範圍，並能完整保護其主張的權利範圍，以及是否具有穩定性；具有較佳品質的專利所主張的權利範圍是合理而不容易被他人挑戰的，而且他人不容易挑戰其主張，而穩定性是指專利不是長期處於訴訟的狀態下，且被舉發的風險較低。而專利商品的類型也很多樣，從最出單一專利的交易，到專利組合（Patent Portfolio）到專利包（Patent Paokage）。

3. 專利訴訟

擁有專利權的企業對涉及侵害其專利權的個人或組織出訴訟，並要求其賠償，這是目前常見企業主張專利權的模式；但是專利訴訟雖然可能爲專利權人帶來可觀的賠償金，但專利訴訟成本也相當高，不論是時間或金錢上的成本。因此，如果能取得和解或是在進入訴訟前就能夠要求對方支付授權金，是較有利的做法。

以上三種方式，都是與專利權人直接實施專利權相關的收益模式，擁有專利權的企業在市場上，或是由競爭者身上獲得收益，這也是早期所公認的專利商業化模式，而其與金融市場沒有直接的關聯，因此本書將其定義爲「專利商業化」。

（二）間接實施專利權的收益模式——專利貨幣化

間接實施專利權收益模式處指的是企業將專利權轉化成企業資產，進而從金融市場取得資本的收益模式。此時企業並沒有直接實施專利權，也不是直接將專利權跟買方做交易；而是專利經過第三方的評估後，產生具公信力的價值，包括技術價值與市場價值。例如技術標準就是一種「技術價值」；專利的證券化就是一種「市場價值」。這類資產包括以下兩類：

1. 專利標準化

指專利成爲技術標準後，擁有技術標準專利的廠商可收取授權費用，這種收取超額利潤的作法類似經濟學上的尋租行爲（Rent-Seeking）。

2. 專利資本化

專利資本化是指將專利在資本市場上進行運作，包括專利證券化、專利信託、專利質押融資、專利指數、專利基金等，主要概念是將專利視爲無形資產，以類似有形資產的方式質押或融資。因爲專利資本化能成功，靠的是專利品質和市場價值，因此專利資本化獲利的原理是價值創造。而將專利權作爲企業資本時，必須透過金融市場，不論是直接金融或間接金融，都是資本市場的一部分。此時專利是企業取得資本的工具，不論這些資本可能是市場募集來的、或是質押借貸來的；因此我們可說企業將專利資本化了。

以上兩種方式，雖然專利權人並未直接實施專利權相關，但依然能取得收益資金，其最大的優點是在取得資本的過程，可以委託專業的單位執行，降低了專利權人的交易成本和交易風險，經由專業的信用評等單位評估，也較能反映專利的眞實價值。如果企業的專利能在金融市場上取得高評價，對企業的聲譽和市場能見度也有正面助益。這種雖然不必直接執行專利權，但可透過在金融市場的運作可以獲得資金，此時專利的流動性（Liquidity）大爲增加，專利被稱爲近似於貨幣，因此也稱爲「專利貨幣化」。

二、專利商業化與專利貨幣化的差異

在專利商業化與專利貨幣化時，專利分別作爲商品與企業資產，兩者的特性是有差異的，除了有無實施專利的排除權，我們可以從幾個方面討論兩者間其他的差異：

（一）專利商業化與專利貨幣化的對象不同

專利商業化的核心是實施排除權排除競爭者，因此使用的對象是競爭者，因此著重在打擊對手；而專利貨幣化主要在獲得投資人或金融機構的信心，因此重點在彰顯專利本身的市場價值。

（二）專利商業化與專利貨幣化價值的決定方式不同

當專利作爲商品時，企業從專利獲利條件除了專利本身的價值，也來自企業擁有的其他條件。而商品的價值來自於買方，也就是說，商品是要符合需求者需要的，這和專利變成資產、特別是作爲能向大眾募集資金的工具時，專利價值來自第三方認證有所不同。當專利作爲資產時，專利的功能來自向大眾或金融機構募集資金的工具，此時專利不是最終標的，最後標的是將專利組合、包裝、加值後的證券與技術標準。

（三）專利商業化與專利貨幣化資金的性質不同

專利商業化時，企業直接以商品銷售所得、專利交易或授權所得、賠償金作爲收益，企業收益是類似俗語說的「入袋爲安」，無需擔保或償還；但專利貨幣化是將專利權的價格貨預期收益作爲抵押或擔保，雖然可以獲得現金，但必須以未來收益償還。另一方面，專利貨幣化可以藉由評等與信用加強，使專利所有權人能獲得比本來預期權利金更多的資金收入，例如第一個專利證券化的例子；這就是專利證券化的槓桿效應。

（四）專利商業化與專利貨幣化企業的條件不同

如果以前述的三種專利策略類型的企業而言，資源基礎策略型企業較不容易進行專利商業化，因爲這類型企業較不具生產與銷售部門，而具核心能力策略和持續創新策略的企業，通常才會將專利商業化。另外具有大量專利的企業也較常採取訴訟的方式取得賠償金。但最近的趨勢是許多大型廠商也投入了專利貨幣化的行列，將專利資產金融化，並結合金融化與訴訟手段，以更靈活的方式獲得專利收益。

三、從專利商業化到專利貨幣化

前述的「專利權實施」，通常也被稱爲「專利商業化」，其包括了直接將專利技術轉化爲產品的「專利產品化」，以及將專利技術進行移轉授權的「專利商品化」。

企業除了可以自行將專利產品化外，也可以直接販售專利，也就是將「專利商品化」，這已經擴大了技術商業化的範疇。但另一個廣爲社會熟知的透過實施專利權來獲得收益的方法，則是進行專利訴訟：專利權人向法院對涉嫌侵害其專利的人，進行控告並要求侵權方支付巨額賠償金。這也是技術商業化所沒有的。因此，我們可以說專利商業化的內容涵蓋了技術商業化，但其範圍更廣。

此外，近年來關於專利證券化、專利融資等的案例也逐漸出現，有時這些從金融市場引進的商業模式也被視爲專利商業化的一部分。但這些做法有時並未眞正行使專利權，也並不是眞正取的收益，其核心概念是一種以專利促進其資金流動。因此本書在此不列爲專利商業化的範疇，而在專利貨幣化的內容中加以說明。

8.2 專利商業化的定義與條件

一、專利商業化的定義

專利商業化的定義在不同時期有不同的內容，關於專利商業化，最簡單的定義是將發明或創新成果轉化爲商業上可行的產品、服務或製程的過程。[147]如本書前面所述，早期專利商業化的概念和技術商業化有密切的關係，因此早期的專利商業化多半也聚焦在將專利技術產生商業化的產品或生產技術，以及進行技術授權轉移[148]。到了二十一世紀，專利商業化的概念被分的較爲詳盡而廣泛，例如 Svensson（2012）[149]提出專利商業化的定義是：專利權人進行以下的行動：(1) 出售專利；(2) 授權專利；(3) 以現有公司在市場上推出與專利技術相關的新產品；(4) 成立新公司在市場上推出與專利技術相關的新產品。

而和傳統關於專利商業化的主流內涵不同，Sichelman（2009）[150]則提

---

147 Evans, G. E. (2013), “Intellectual Property Commercialization: Policy Options and Practical Instruments”, United Nations. Economic Commission for Europe, United Nations.

148 Morgan, R.P., Kruytbosch, C. and Kannankutty. N. (2001), “Patenting and Invention Activity of U.S. Scientists and Engineers in the Academic Sector: Comparisons with Industry”, *Journal of Technology Transfer* 26: 173-83.

149 Svensson, R. (2012),“Commercialization, renewal, and quality of patents”, *Economics of Innovation and New Technology*, 21(2), 175-201.

150 Sichelman, T. (2009),“Commercializing patents”, *Stan. L. Rev.*, 62, 341.

到專利在商業上的一些應用：首先是被企業作爲反制對手的工具，也就是以專利包繞對手的專利或產品，以防止對手進行設計和銷售；作爲專利交叉授權談判的籌碼；支持專利的訴訟。

商業化的定義也常和「產業化」（Industrialization）、「商品化」的定義混淆，分別說明如下：

(1) 產品化：通常「產品化」是指將某個標的物轉化成，可以在市場上以通貨進行交易，目前這些事物包含了實體以及網路上虛擬的事物，例如物品或勞務等；而能夠符合以上條件的標的物稱爲「商品」。「商品化」成立的條件是存在買賣雙方，且雙方對於標的物的價值有所共識。而「產業化」的條件較爲困難。

(2) 產業化：「產業化」是指形成能夠滿足市場上的需求，並且能獲得實際收益的行業。「產業化」的條件是要能符合市場經濟的規則、並且有一定的規模。要能形成產業，可能要把製造技術、品質管理、銷售及服務全部涵括進來。

而「專利商業化」是基於技術商業化而來，技術商業化的定義是將新的技術轉化爲具有市場價值的產品，可分爲形成概念、製作原型、市場測試、大規模生產、建立相關後勤體系及穩定成長等幾個階段。這比較接近產品化的概念。但專利商業化比技術商業化更廣的是，專利可以生產產品作爲商業用途，專利本身也可以作爲商品進行銷售或授權；但是專利商業化並不需要形成產業。因此我們可以定義專利商業化爲「利用專利技術生產商業化產品以即將專利直接作爲商品的商業行爲。」

至於以專利從市場獲得資金融通的方式，如專利證券化等，本書將其歸在專利貨幣化中，而不視爲專利商業化。至於專利商業化的類型，本書將在後續的 9.3 節中說明。

二、專利商業化的條件

（一）Teece 的互補性資產理論

加州大學 Berkeley 分校商學院 David John Teece 教授在 1986 年在 *Research Policy* 發表的〈從創新獲利：對整合，協調，授權和公共政策的影響〉（Profiting from technological innovation: Implications for integration, collaboration, licensing and public policy. Research policy）[151]一文中提到企業創新商業化要能成功，必須具備互補資產。所謂互補資產是指，除了創新本身，還必須靠許多相關的知識，與其他能在各方面補充支援的企業能耐（Capabilities）或資產（Assets），與創新成果結合使用才能成功；例如行銷、製造和售後服務等。互補性資產包括以下三類：

1. **通用資產**（Generic Assets）：不是爲創新量身定製的、一般性的資產，例如製造產品所需的製造設備。

2. **專用資產**（Specialized Assets）：此類互補性資產與創新間存在單方面依賴關係，包括創新依賴於互補性資產，或是互補性資產依賴於創新兩種可能。

3. **雙邊專用資產**（Co-specialized Assets）：創新與互補性資產之間雙邊依賴的資產（專門製造特定廠牌汽車引擎的工廠與專門採用該工廠製造出來的引擎的汽車）。

根據前述關於專利商業化的定義，企業在進行專利商業化時，需要進一步的研發能力、行銷能力、將研發成果開發成產品的能力等。例如在新藥產業中，藥廠除具備開發新藥的能力，也必須具備臨床試驗、原型藥生產、藥品行銷、藥品商業生產等能力，以便在將研究結果擴大生產以便推

---

[151] Teece, D. J. (1986), “rofiting from technological innovation: Implications for integvation, collaboration, licensing and public policy”, *Research Policy*, 15(6), 285-305.

向市場。

Evans（2013）[152]另外提出企業能將發明商業化時，企業本身要具備的條件包括：

（二）需要的資源

將原創發明或新想法、概念或設計轉化爲市場上可用的產品需要：時間；資金：包括自有資金或外部資金。

（三）需要的努力

1. 具創造性的努力包括企業本身、員工、外部合作者與合作夥伴等。

2. 堅持與毅力。

3. 管理從創意發想到產品投入市場的整個過程：特別需要考慮與業務概念相關的市場特徵。

（四）獲得商業回報所需的條件

1. 必須有客戶的需求存在。

2. 具有創造客戶的能力。

3. 具備對最終產品製造和銷售通路的控制力。

（五）管理能力

此外，企業必須具備智慧財產權的管理能力，特別是專利的管理能力。因爲良好的專利管理可以保障專利的有效性，降低專利商業化中面臨的可能風險，並能增加吸收外來投資的機會。這些管理能力包括：

1. 確認專利有效性的能力：包確認專利沒有被舉發的可能、專利權的歸屬是清楚的、專利的交易與轉移是有效地等能力。

2. 確認專利價值的能力：確認專利技術具有市場價值、確認專利技術

---

152 同註 147。

不易被模仿的能力。

3. 確認專利交易或授權沒有法律問題的能力。

4. 整合公司現有資源配合專利商業化的能力。

5. 整合公司現有資源配合外部資源的能力。

而要進行專利的商業化，必須盡早對於專利的技術和商業價值進行評估並形成商業化策略，評估的內容除了關於專利的技術特徵、技術在市場的地位、發明人或創作者協助專利商業化的能力，以及企業內部的相關互補性資產以及企業的經營策略與該技術的相關性。除此之外，也要了解企業的市場、客戶、競爭對手狀況，以及對進入市場的可能策略進行評估[153]。另外，如前所述，企業必須具備適當的專利策略與規劃、有價值專利組合的能力，並且能選擇合適的、有效的商業化方式，這將有助於企業將專利商業化能有效成功。而企業要能達到以上目標，企業本身要採取一些行動，這些行動將在第 10 章中介紹。

8.3 專利商業化的類型

專利商業化的類型主要可以包括專利產品化、專利交易、專利授權、專利訴訟支援等幾類，以下將分別說明。

一、專利技術產品化

一般而言，專利技術產品化的概念、內涵、程序主要來自技術商業化或科技商業化（Technology Commercialization）。技術商業化主要是指將研究開發的原型產品及生產方法，經過測試與檢驗，並開發其應用，然後大量生產進入市場的過程。技術商業化的重點在於能產生商業上的價值，

153 同註 147。

包括實際生產販售商品的收益，以及轉移技術成果所獲得的收益。

技術商業化的分期有不同的階段論，包括二階段論、三階段論、四階段論與五階段論，分別簡單說明如下：

（一）二階段論

第一階段爲將研究與開發所得的新技術轉化成爲具實用性、且可大量生產的產品；第二階段爲將大規模生產的商品形成產業，此時必須著重經營管理以及市場擴張。

（二）三階段論

第一階段爲實驗室階段，包括形成產品原型及相關技術文件；第二階段爲行程可商業化的產品；第三階段則爲將可商業化的產品大量生產並將其技術擴散。

（三）四階段論

第一階段爲發展新理論、研發新技術的技術創新過程；第二階段爲生產樣品、進行測試等；第三階段爲初期進入市場，在特定點進行販售並觀察市場反應、預測市場需求並調整產品；第四階段爲大規模進入市場，包括建立符合市場需求產能的生產線、行銷通路、顧客服務等後系統等。

（四）五階段論

第一階段爲提出並形成商品概念；第二階段爲製作商品原型設計與經營計畫；第三階段爲生產、銷售小規模的產品，建立初期市場、達成收支平衡；第四階段是逐步擴大市場，此時必須生產、管理、行銷同步成長；第五階段爲產品進入成熟期，達到一定規模及市場占有率，並可能穩定成長。

以上各階段內涵雖有不同，但都包括研發、生產、測試、技術或產品擴散、行銷、建立生產體系等過程。而且通常是發展新技術的企業自行進行商業化的工作。因此要獨立完成商業化的過程，企業必須要能兼具研發、生產、行銷、建構通路及後勤體系等能力。而技術商業化的成功與否，不僅在於產品的本身，也與企業的行銷、建構通路及後勤體系等能力息息相關。因此當具有新技術的單位不具有足夠的行銷、建構通路及後勤體系等能力時，通常會把技術轉移或授權給有能力經營新產品的廠商進行生產銷售，這種情形特別發生在學校或研究單位上。而在技術轉移或授權時要特別注意權利的保護，因此專利權特別重要，而技術轉移很重要的媒介就是專利，授權方將專利授權給被授權方使用，而被授權方則是付出權利金，此時專利成爲交易的商品，這就是所謂的「專利產品化」。

二、專利商品化與交易

（一）專利市場中的行動者

專利市場組成包括三大要素包括：賣方（Seller）、買方（Buyer）和中介者（Intermediaries），賣方和買方和其他市場一樣，但專利市場和其他市場最不一樣的地方，是它的中介者。專利中介者不但扮演了交易的媒介、促進了專利交易，最近的趨勢是中介者也成爲專利的玩家，他們有時扮演買家、有時成爲訴訟的發動者。而且中介者更是專利交易商業模式愈來愈複雜的因素之一。以下將分別加以介紹。

1. 賣方

專利的賣家通常是無法獲是不需要依靠將專利產品化的單位或個人，最常見的是大學、研究單位、非營利組織及不具商業化能力的小公司。有些公司會依些情況下會出清專利：例如將破產的公司、或是中止某些專案及停止銷售某些產品的公司。不同的買方對於專利交易目的的動機可能不同：學術及研究單位出售專利的目的可能在創造績效與回收研究成本；破產的公司出售專利的目的則是清算公司資產以獲取現金；中止某產品線的公司出售專利的目的則是減少損失。不同目的的賣方對於專利價格要求的底線可能也不同，因此買方在交易討價還價時，可以由賣方角色來切入。

事實上，大型公司才是大量專利交易實的賣方，例如著名的專利中介者 IV 公司曾表示：「我們購買的大量專利來自大型的、體質良好的公司（good number of the patents we buy come from large, healthy companies）」[154]。在 2006 年秋季至 2009 年春季，另一家著名的專利中介者 Ocean Tomo 拍賣的所有專利中，近四分之一由上市公司提供[155]。這些公司包括昇陽（Sun）公司、IBM、AT&T、陶氏化學、摩托羅拉等公司。因爲大型公司具有較多的研發資源，也具有較多的基礎專利，在公司不需要這些專利時，就會將專利出售。

2. 買方

相對於專利的賣方，專利的買方除了一般的公司，占了很大一部分比例是非專利實施體（Non-practicing entity, NPE）。因爲除了在急需某些專利以應付訴訟威脅，或是推出新產品實需要專利的保護，或是需要技術移轉時，企業較少動機來購買專利。事實上，在市場上售出專利的公司比購買專利的公司多的多[156]。而本來作爲市場中介者的非專利實施體，購買了大量的專利，再將搭配成專利組合後，向其他企業進行授權、販賣及訴訟。值得一提的是近年來一些大型公司成爲大量專利的買家，主要原因來自於它們準備要專注在某些業務的發展，另一種對其他公司更大的威脅是：這些公司也和非專利實施體結合，以大量的專利向其他公司提起訴

---

154 Chien, C. V. (2010),“From arms race to marketplace: the complex patent ecosystem and its implications for the patent system”, *Hastings Lj*, 62, 297.

155 同註 154。

156 同註 154。

訟。

3. 中介者

關於專利市場中介者的描述，朱純瑜（2010）提出：「中介者能以他們所擁有的專業來幫助市場進行交易活動，提高交易效率與效益性，並且讓散布的市場中使原本不易接觸供需方有機會與彼此進行交易。」[157]

中介者在市場中的功能包括預測與診斷、審視與資訊處理、知識處理產生與組合、把關者與中間人、測試、認證與訓練、鑑定與標準、規則與仲裁、保護智慧財產、商品化使用結果與技術評估與評價、整合創新組合、提供資訊、偵測技術與創新機會、分析、評價、問題諮詢、談判、組合與訓練、盡職查核、檢視未來機會、提供技術與法律服務，進行談判、尋找買賣方等。而中介者的營運模式包括專利授權與執行、專利集合者、授權代理、仲介、法律財務與投資、專利購併諮詢、拍賣、線上交易、專利貸款、專利證券、專利評價軟體與服務、學術技術移轉、交易平台、防禦型專利聯盟、技術新創企業融資、專利為基礎公開證券指數等[158]。

目前在專利交易市場中介者，有許多不同的類型進行不同的商業模式，但多以非專利實施體為主。以公開拍賣為例，就有以前的 Ocean Tomo、PL-X117 和 TAEUS 等的交易平台。但許多專利是透過 iPotential、ThinkFire 等代理商直接向買家或被授權人進行行銷。另外也有如 General Patent Corporation International 的專技術和財務服務公司。本文後續將更完整介紹專利市場上各種的參與者以及中介者的類型。

---

157 朱純瑜（2010），「專利市場中介角色演化與價值創造模式」，東海大學企業管理學系碩士學位論文。

158 同註 157。

（二）專利交易中的營運模式

林小愛（2013）[159]提出在專利市場中的專利交易營運模式包括以下六種類型：

1. 契約式專利交易

交易雙方以訂定契約形式進行交易，契約式專利交易不需專利交易中介者介入，由雙方自主進行專利交易方式。專利交易契約包括專利相關的轉讓協議、技術承包協議、技術諮詢協議、技術服務協議和技術入股協議等。以契約交易的優點是買賣雙方權利明確並具有法律保障。

雖然如此，契約式專利交易仍然是有法律風險的，陳朝宇等人（2017）分析2000年至2016年間臺灣最高法院關於專利授權契約的法律糾紛案件，可以歸納爲以下四大類型[160]：

- 授權內容不明確：是非專屬授權還是專屬授權？
- 「無擔保條款」是否有效：授權人是否不擔保授權專利的適用與否？
- 專利權被撤銷時是否影響專利授權契約？
- 授權費用如何確保？

也就是說，在進行契約型交易時仍要愼重檢視契約內容，特別是專利作爲無形資產，相對其他有形資產在權利定義上相對模糊，因此更需謹愼。

2. 拍賣式專利交易

拍賣是指競買人以價格競爭的方式對拍賣標的進行競買，拍賣的方式可包括英格蘭式、荷蘭式、密封遞價、有底價、無底價、網路等各種拍賣

---

159 林小愛（2013），「專利交易特殊性及運營模式研究」，**知識產權**，3，頁69-74。

160 陳朝宇、林盈平（2017），「剖析專利授權於實務上之應用」，**智慧財產權月刊**，第224期，頁33-54。

模式。拍賣的優點是在公開市場操作，資訊公開透明，並且可以促進交易利潤最大化。

3. 招標／投標式專利交易

需求者依相關法律規定，製作招標書開列需求的規格，然後對大眾公告招標。臺灣目前有許多學術單位及研究單位在出售專利時，採取這樣的做法進行專利標售或技術轉移。又因爲臺灣許多研究單位都屬於政府單位，必須適用政府《採購法》的相關規定。因此臺灣各單位間的招標書內容也都大同小異。在招標期間內，適格的競標者可以參與投標，再經公開開標程序選出得標者。另外基於需要，也可以採取限制性招標。招標／投標式專利交易的優點是資訊公開、公平，但相對而言也失去祕密性；而且出售單位通常會採取綁售的方式，購買者可能被迫要買一些不需要的專利，在交易上是較缺乏彈性的。

4. 網路式專利交易

網路式專利交易通常包括競標與拍賣，近年來出現許多線上專利交易網站，作爲交易雙方的媒合平台，例如 Yet2 與 Tynax。Tynax 與 Yet2 成立是專利與技術仲介公司，賣方可在線上專利市場網站上刊登欲出售或欲購買專利資料以及交易條件，買方則可尋找專利需要的專利。Yet2 成立於 1999 年，同樣在網站上提供刊登買賣技術的資訊。網路交易平台的關鍵是專利交易雙方的身分都是保密的，因此可以保護公司的祕密。臺灣也建立了具官方色彩的網路交易市集，但沒有像商業化公司有實體的商業模式，因此影響力有限。另外網路交易也包括競標，可在網路上依限時、連續、競爭報價的方式，依價格與時間先後，選擇報價最高者成交。

臺灣主要的線上交易市場包括經濟部智慧財產局的「專利商品化網站」，主要是作爲「專利資訊提供者」。功能是「提供專利商品化相關資訊包括授權、讓與、技術移轉、鑑價、契約訂定、創業投資、侵權排除、訴訟等。此外在兼顧營業祕密保護之前提下，使專利技術供應者可將其技術、產品及相關資訊置於網上，相對地，技術需求者亦可將其需求，置於網上透過電腦，根據供需雙方所設定之條件，自動進行媒合。一旦獲有初步媒合之可能性，即透過電子郵件主動通知供需雙方，進一步聯繫，相互了解合作之可能性，及落實爲具體之磋商與合作。」[161]另外還有經濟部工業局主導，工研院技轉中心執行的「臺灣技術交易資訊網」（簡稱TWTM）[162]，主要業務包括「專利商品化輔導——專利加值評估、營運規劃、商品化驗證、新產品開發；技術／專利交易媒合服務；顧問諮詢訪視；協助需方網羅所需專利；舉辦多元化技術交易推廣活動——交易展、商談會、專利公開讓售；工業局 IP&RD 類技術服務業者能量登錄辦理；推廣技術交易國際交流合作。」[163]

5. 債務承擔式專利交易

債務承擔屬於權利義務轉讓，專利權人將其擁有的專利權經評估後用以償還債務，稱爲債務承擔式專利交易。此時專利權被視爲具有一般性償債資產的作用。但這裡指的是專利交易，而不是以專利權作爲債務的擔保。但是事實上較常見的是公司破產時將專利賣出，再以所得清償債務，這樣對債權人的風險較小。

---

161 經濟部智慧財產局的「專利商品化網站」網址爲：https://pcm.tipo.gov.tw/PCM2010/pcm/，最後瀏覽日：2018年9月24日。

162 「臺灣技術交易資訊網」網址爲：https://www.twtm.com.tw/Web/index.aspx，最後瀏覽日：2018年9月24日。

163 同註162。

6. 期貨式或選權式專利交易

選擇權（Option）是衍生性金融工具的一種，其原理是根據在未來的某一時間某種資產的價格，來確定交易中買家權利和賣家義務。這些資產可能是石油、天然氣、農作物、金屬的價格，或是公司的股權、股價，以及證券市場的股票指數或期貨指數。選擇權交易的參與者包括買方（Buyer）和賣方：買方具有支付權利金，取得履約的權利；賣方收取買方之權利金，但具有承擔買方執行履約權利時，履行契約的義務。選擇權分爲買權（Call Option）和賣權（Put Option），買權是指在契約到期日前或到期日，以履約價格購買標的物的權利；賣權是指在於契約到期日前或到期日，以履約價格賣出標的物之權利。期權也分爲看漲期權和看空期權。「看漲期權」的持有人有權利在履約期間以約定的價格，購買標的物的權利，但不具有購買的義務；「看空期權」的持有人有權利在履約期間以約定的價格，賣出標的物的權利，但不具有賣出的義務。

選擇權式專利交易就是以專利作爲期貨合約的標的資產，目前專利的交易多爲實質選擇權（Real Option），雖然實質選擇權通常適用於有形資產而非金融工具，但因爲實質選擇權可提供企業根據不斷變動的經濟、技術或市場條件做出投資項目選擇。實質選擇權類型：包括擴展選擇權（Option to expand）、放棄選擇權（Option to abandon）、等待選擇權（Option to wait）、切換選擇權（Option to switch）和契約選擇權（Option to contract）[164]；而展開選擇權可以視爲一個看漲期權，而放棄的選擇權可以視爲看跌期權。實質選擇權常使用淨現值法或實質選擇權價值分析來估計實質選擇權的價值，金融選擇權方法的定價可應用於實質選擇權的定價。

---

164 investopedia.com,“Real Option”, https://www.investopedia.com/terms/r/realoption.asp，最後瀏覽日：2018 年 9 月 25 日。

（三）技術轉移與專利授權

1. 技術轉移

根據 Seaton 等人定義（1993）技術轉移是指「將概念、知識、裝置、各種物品由領先的企業、研發組織及學術研究機構移轉至工業與商業中，進行較為有效的應用，以及提倡技術創新的過程。」[165]所以技術轉移的內容可能包括、法律上的權利如專利權、營業祕密、技術文件、產品原型、配方、製程設備，甚至技術指導等。但還是以專利權較具有法律上的保障，也較能客觀的加以估值。技術轉移的主體通常是企業、研發組織及學術研究機構，技術轉移的客體則包括概念、知識、裝置或成品等。美國於 1980 年 12 月通過了《拜杜法案》（*Bayh-Dole Act*），改變聯邦政府將政府補助的研發成果歸屬國有的政策，允許學術機構擁有研發成果的專利權，然後學術機構得以再將其專利權授予民間企業。我國於民國 89 年 12 月，也通過《科學技術基本法》，大幅放寬學術和研究機構將技術轉移給民間企業的限制，以期能活化政府機構或政府補助研究的成果，並促進國家的經濟成長。

經過多年的經驗，目前全世界的趨勢是將技術轉移視為一種專業，因為技術轉移涉及國內法與國外法、技術發展趨勢、商業經營模式以及商業談判等。另外，因為技術授權的雙方可能跨越不同國籍，其目標市場更可能包括多個國家，因此目前技術轉移已成為國際性的活動，各國的技術授權工作者也成立了成立國內的與國際性的組織，例如美國的美國大學技術經理人協會（AUTM）年會、臺灣的臺灣技術經理人協會（ATMT），以及「國際技術移轉聯盟」（The International Federation Technology Transfer

---

[165] Seaton, Roger AF, and M. Cordey-Hayes (1993), “The development and application of interactive models of industrial technology transfer”, *Technovation,* 13.1: 45-53.

Organization, IFTTO）。Ghafele 等人（2014）提到 IFTTO 成員形成的全球網絡可以使各地的企業熟悉技術轉移和專利貨幣化的做法，對於發展中國家的企業決策者來說是很有用的[166]。

通常來說，技術轉移能夠成立的條件在於：技術具有領先地位或爲一方所必須的、要有良好的技術媒介者、技術不容易被模仿以及有完善的創新生態系等。具有領先地位的技術不一定會成爲市場主流，但只要成爲市場主流，就會有很大的獲利；良好的技術媒介者則能從技術供需兩方著手：一方面發覺有潛力的技術，另一方面能找到合適的需求者，更需要對於市場具有敏銳度；技術不容易被模仿除了技術關鍵 Know-how 的保密外，還有專利保護制度的強度，因爲購買或是獲得保護強度弱的專利授權，則不但提高了成本，也無法獲得市場上的競爭優勢；而有完善專利保護的地區，擁有技術的公司才有意願將技術授權；而完善的創新生態系如科學園區、創業投資、專利貨幣化等來支持技術商業化，才能有創新的驅動力[167]。

2. 專利授權

而關於專利的授權，可以包括不同的形式如下：

- 向專利權人支付權利金的形式：一次付清或分期付款、現金或股權、交換專利權的使用權、依使用次數計價或以使用期限計價。
- 排他性程度：如專屬性授權和非專屬授權。
- 授權費用的分配。

授權的合約內容基於契約自由的原則，但專利授權必須考量資訊不對

---

166 Ghafele, R., & Gibert, B. (2014). “IP commercialization tactics in developing country contexts”,. *Journal of Management and Strategy*, 5(2), 1.

167 同註 166。

稱的問題[168]：即專利權人是否有保留專利關鍵技術作爲營業祕密，或是專利價值的估計過程不夠透明。

例 8-1 國家級的技術轉移者——臺灣的「工業技術研究院」—

Ghafele 等人（2014）提出臺灣的工業技術研究院是開發中國家技術轉移的典範例子之一。1973 年在臺灣成立的工業技術研究所成立的目的就是促進產業技術的研究和開發，並將之商業化。工研院與臺灣半導體產業關係密切，可以從 2000 年左右其員工流動率達到 15～20%，這些員工多半流往相關產業的民營公司。工研院將技術和知識轉移給企業的方式包括：

- 協助中小企業申請小企業創新研究計畫並獲得政府資金。
- 辦理相關培訓課程與提供研發服務案。
- 與外國際公司簽訂多邊技術合作協議。
- 直接向臺灣企業提供的技術轉移。

關於專利部分，工研院管理自己單位大量的專利，並將之貨幣化，也協助企業進行專利管理與支援專利訴訟。工研院以將專利分爲具利用潛力、具防禦功能、低價值三種等級，再協助公司之間進行專利聚合形成專利池。1990 年，工研院與臺灣 TFT-LCD 協會及其會員公司合作，組成了 200 多項與顯示器相關的專利組合。並以此專利組合作爲與日本及韓國競爭對手競爭的後盾。

168 Gallini, N.T. and B.D. Wright., (1990),"Technology Transfer under Asymmetric Information", *RAND Journal of Economics*, 21: 147-160

例 8-2 企業的開放式創新與技術轉移

日本的高階實驗動物公司 Trans Genic 是一個產學合作與技術轉移的例子。Trans Genic 主要營業內容包括基因破壞老鼠的基因資訊、抗體製作，是目前全球最大基因破壞老鼠養殖公司。在 2000 年左右，Trans Genic 增加基因破壞老鼠事業部，並引進山村研一教授獨創的基因轉殖技術。其技術轉移的模式就是以熊本大學的山村研一教授作為公司的研發長，公司提供資源在熊本大學設立研究中心，然後大學將研發成果就直接轉移給 Trans Genic。Trans Genic 所做的是一種由外而內的開放式創新，如圖 8-1 所示。

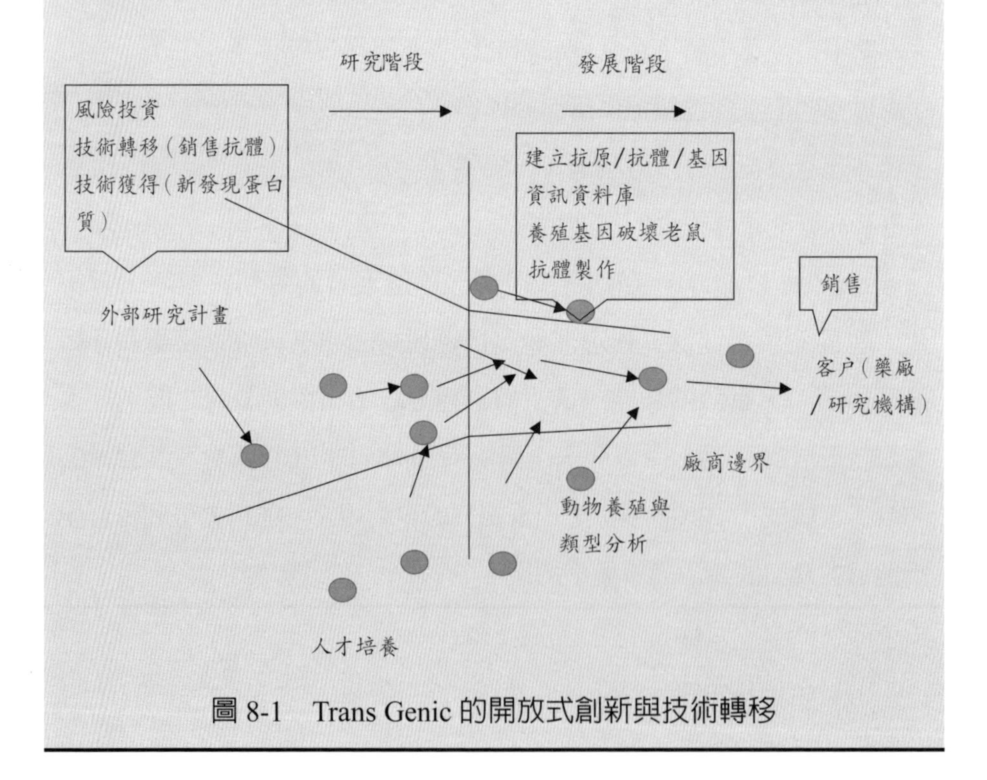

圖 8-1 Trans Genic 的開放式創新與技術轉移

（四）專利訴訟

專利訴訟嚴格說起來不能歸類爲商業方法，但許多例子已經說明，一些團體或個人藉由提出訴訟威脅向對手或任何被認爲可能侵權者提出訴訟警告，迫使對方付出可觀的授權金。因此我們應該說藉由專利訴訟的警告，使對方付出授權金而免於訴訟，或是直截提出告訴而要求對方支付高額賠償金，是一種實施專利權以獲得利益的方法。而且自從專業的 NPE 出現後，估計全球軟體業就有約 5,000 億美元；根據調查顯示 2015 年美國受 NPE 威脅的公司超過 5,000 家，提出的訴訟案占 2015 年專利訴訟案件近 70%[169]。而這些NPE主要憑藉的就是手中豐厚的專利實力，例如著名 NPE 業者 Intellectual Ventures 在 2013 就擁有 10,000 至 15,000 項專利[170]。

擁有大量的專利究竟有什麼好處？許多人認爲握有大量專利並不見得是好事，因爲專利的維護成本也會高的驚人。但反過來看，握有大量專利的 NPE，雖然它的專利很少是自行研發的，而是透過購買、委託研發、代理其他專利權人、併購等方式獲得的；在取得專利實已經評估過其用途，甚至將要提出訴訟的對象。但被 NPE 提出訴訟威脅的一方，當面臨對手以大量專利來興訟時，很難短時期研究對手握有的專利；也就是說，它們處在資訊不對稱的狀態，除非他們也願意提出高額的訴訟成本來研究對方所有的專利。以戰爭的觀點，對手具備了大量的武器彈藥，但被訴訟的一方顯然沒有做好準備。

面對 NPE 業者的威脅，企業的反制做法各有不同，擁有大量專利與訴訟經驗的公司，較會採用接受挑戰的方式與提出訴訟者進行訴訟戰，此時 NPE 可能因爲顧忌對手持有的大量專利，反而要求採取和解。但許多

---

169 劉鈿（2016），「專利貨幣化模式實證研究」，**決策與信息**，23，頁 82-82。
170 同註 169。

中小企業可能只擁有少量的防禦性專利或沒有專利，而且在有限的人才與技術資源下，是很難跟 NPE 進行對抗，必須靠團體力量的支持，例如政府的介入或組成技術聯盟。因此，各國都採取一些方法來抑制 NPE 的訴訟活動，例如修改成更嚴格的訴訟制度、成立專利的開發基金並收購外部專利作為防禦用途、成立具有專利池的防禦聯盟，或是國家級的專利銀行等。以便在企業面臨 NPE 訴訟時，能獲得外部的支援。

例 8-3 政府介入對抗 NPE——主權專利基金[171]

主權專利基金（Sovereign Patent Funds, SPF）是一種因應國際專利訴訟而產生的專利實體，通常具有政府的支持；其目的是在保護國內企業免受外國公司的專利訴訟索賠；但 SPF 也可能替本國企業向外國公司主張專利權利，並提起訴訟。SPF 的功能不僅在降低與分擔企業面臨的專利訴訟風險，另外也可以靈活使用專利組合，有利專利的貨幣化。SPF 的運作方式是由本國企業和政府設立的 SPF 簽約，將其專利或專利組合授權給 SPF 管理，企業則可以分享獲得的利益。SPF 一方面作為防禦性的專利聚合體，負責面對外國企業的訴訟，另一方面也建立專利組合向外國企業要求授權金。目前世界上成立的知名主權專利基金包括法國、日本及韓國等國家設立的 SPF。

法國第一家的 SPF 是 2011 年 3 月成立的「法國專利」（France Brevets），規模為 1 億歐元，資金來源為法國政府與法國公營的銀行 Caisse des Dépôts et Consignations。France Brevets 關注的領域包括智慧型手機、平板與筆記型電腦、數位電視等。2014 年 12 月，法

---

[171] Toutoungi, A.,"Sovereign Patent Funds: What? Why? Where?", 2016/2/12, https://www.eversheds-sutherland.com/global/en/index.page? 最後瀏覽日：2018 年 9 月 26 日。

國第二個 SPF「主權智慧財產基金」（Fonds Souverain de la Propriété Intéllectuelle）成立，規模也是 1 億歐元，並由 France Brevets 管理。France Brevets 曾經替法國的半導體廠商 Inside Secure 向手機廠商 HTC 和 LG 要求授權費，但未獲兩家公司的同意，因此 France Brevets 在德國和美國法院提出了專利侵權訴訟[172]。

日本的主權專利基金叫做 IP Bridge（IPB），成立於 2009 年 9 月，資本金為 26 億美元：其中 25 億美元由日本政府提供，其他 1 億美元由 26 家日本科技公司組成的聯盟提供。IPB 比較著名的幾個專利訴訟包括在 2015 年 7 月在美國德拉瓦州法院向中國電子產品製造商 TCL 提出三項和 W-CDMA 和 LTE 無線電信標準相關的通訊專利侵權訴訟，而 IPB 是於 2014 年 1 月從松下公司獲得了這些專利。2016 年 2 月，IPB 以來自松下及 NEC 的專利，在美國德州東部法院向新加坡晶片製造商 Broadcom 提起訴訟，後來 IPB 和 Broadcom 在中國和美國簽署了授權協議。2017 年 1 月，IPB 一樣在美國德州東部法院起訴美國晶片設計公司 Xilinx，IPB 宣稱 Xilinx 侵犯了他們的兩項專利[173]。

除了主權基金，有些國家的政府會更積極的對國內企業面臨國外廠商的專利訴訟威脅時，提供相關的支持與協助，特別是對於中小企業所面臨的專利甚至智會財產權糾紛[174]。因為新創公司在創業初期開發新產品或技術時，常會面臨專利不確定性的問題，也就是專利被提起

---

172 同註 171。

173 Ellis, J.,"Japan's sovereign patent fund may have notched up two big victories this month", Jun 28, 2017, https://medium.com/@jacknwellis/japans-sovereign-patent-fund-may-have-notched-up-two-major-victories-in-recent-weeks-8ae4bdd34185，最後瀏覽日：2018 年 9 月 26 日。

174 同註 166。

舉發或訴訟；這可能延遲新創企業創新的進程，也會影響其對外的資金募集。韓國政府的作法包括協助創立商業化的專利保險，這類的保險可以分擔企業面臨專利訴訟所需的訴訟費用。韓國政府支付的專利保險費大約在70%以減輕中小企業的負擔[175]。另外韓國政府還通過企業與國外企業在專利上的協助，更積極的協助中小企業將專利貨幣化。做法是成立一個公私合作基金爲中小企業管理智慧財產權；中小企業透過支付會員費或投資成爲基金的股權持有人而可以獲得專利保護傘。總之，因爲將專利視爲企業生存發展的重要關鍵，更因爲需要創新來維持國家經濟的成長，韓國對於國內企業免受外國的威脅，並協助國內企業活化運用專利，可謂不遺餘力。

以上介紹的是國家整合使用團體力量協助廠商來對抗專利訴訟，但在美國仍是以商業的力量爲主。北美洲的專利制度早在美國建國前即已存在，而美國建國初期的先賢，許多都重視創新，甚至自己也是發明家，因此創新成爲美國重要的立國精神。而美國也是全球商業化程度最高的地方，並擁有許多大型跨國高科技公司。美國人擅於以商業化機制解決問題，也體認到商業對法律與政治的影響力。因此在專利問題上，仍然是以商業界爲爲主導力量。

例 8-4 科技公司變成「專利蟑螂」？

2018 年 8 月，美國德拉瓦州的陪審團經過兩週的試用後，做出 Groupon 未經授權就使用了國際商業機器公司（IBM）的電子商務專利技術，因此 Groupon 必須支付 IBM 付出 8,300 萬美元的專利賠償。

175 同註 166。

陪審團認為：「IBM 每年投入近 60 億美元在研發上，並為社會創造創新。」[176]，雖然Groupon的發言人隨後發表聲明認為這些專利價值不高，而且他們的公司並未侵權；但陪審團表示因為 Groupon 的侵權行為是故意的，所以允許 IBM 要求法官判給額外的賠償金，IBM 也提出要 Groupon 支付 1.67 億美元的賠償金。

近年來，IBM 以其專利組合向許多國家的廠商提出專利侵權訴訟，而且 IBM 將其大型專利組合授權給其他公司，包括亞馬遜公司、Facebook 公司、Alphabet 公司的 Google（GOOGL），LinkedIn 和 Twitter 公司，這些公司分別向 IBM 支付了 2,000 萬至 5,000 萬美元，光 2017 年，IBM 就從其授權活動中獲得了約 12 億美元的智財收入[177]。許多資料顯示，IBM 的智財收入占其總收入的比例逐年提高。

不僅 IBM，近年許可大型科技公司包括 HP、Microsoft 等都在進行專利組合的交易，然後以專利組合提出訴訟，甚至許多公司結合 NPE 與創投基金，由科技公司提供自有專利、NPE 提供技術、創投基金提供因應訴訟的資金，合作組成 NPE 來進行訴訟。會產生這樣的變化，在於這些企業認為：「最近的專利改革使得成功實施專利變得更加困難，並鼓勵有效的侵權以及即使侵權行為是明確的，侵權方仍拒絕進入授權談判……，像 IBM 那樣擁有真實投資組合、真正的研發投資資金的公司，因此不得不上法庭。」[178]

---

176 Wolfe, J.,"IBM wins $83 million from Groupon in internet patent fight", 2018/07/28, https://www.reuters.com/article/us-ibm-groupon-lawsuit/ibm-wins-83-million-from-groupon-in-internet-patent-fight-idUSKBN1KH2CL，最後瀏覽日：2018 年 9 月 26 日。

177 同註 176。

178 Markmanadvisors, "Is IBM a patent troll?", 2018/08/02, https://www.markmanadvisors.com/blog/2018/8/2/is-ibm-a-patent-troll，最後瀏覽日：2018 年 9 月 26 日。

但這樣的做法也引來各方疑慮，認為這些公司是否會走向所謂「專利蟑螂」（Patent Troll）的方向？雖然這樣的做法利弊參半，但對於專利活化會產生一定程度的影響。

8.4 專利商業化的策略與實施

一、專利商業化的策略

關於關鍵資源如何應用，Wernerfelt（1989）[179]提出了如何將關鍵資源轉變成公司策略的意見，Wernerfelt（1989）認為當公司的管理階層要確定公司中能提供競爭優勢的資源時，以下各項應該是被考慮的：

1. 有一個好的管理團隊。
2. 行銷團隊是強大的。
3. 有了解我們需要的供應商。
4. 研發人員善於發現需要申請的專利。
5. 零售商知道我們的產品為何與眾不同。
6. 公司研發團隊表現良好。

二、專利商業化的實施

另一方面，企業在實施專利商業化時，必須考慮另一個問題，就是專利是自用優先？還是對外授權或出售優先。本書認為專利可以作為企業的關鍵資源，而對於關鍵資源該如何使用？可以參考 Wernerfelt（1989）的

179 Wernerfelt, B. (1989), “From critical resources to corporate strategy”,. *Journal of general management*, 14(3), 4-12.

討論。Wernerfelt（1989）[180]認爲以下三類關鍵資源對企業是有用的，包括：

1. **固定資產（Fixed Assets）**：指具有固定的長期營運能力的資源，例如包括工廠和設備、採礦權，經過特殊訓練的員工，供應商或經銷商的具體投資等。

2. **藍圖（Blueprints）**：指具有無限能力的資源，例如包括專利、品牌名稱和聲譽等。

3. **文化（Cultures）**：文化的核心概念通常指是組織的例規。

表 10-2 是 Wernerfelt 針對企業使用和槓桿化資源的分類，從表中可以看出，屬於藍圖型資源的專利，在獨立應用和客製化應用時以內部使用優先，而在配對應用時以投資優先。以此觀點觀之，如果能夠單獨實施的專利應該以自用爲原則，而無法單獨實施的專利，應該作爲投資或與其他廠商合作的工具。

表 10-2　使用和槓桿化資源的類型

應用	固定資產	藍圖	文化
獨立應用	販賣或出租	內部使用	內部使用
配對應用	販賣或出租	投資	併購
客製化應用	內部使用	內部使用	內部使用

資料來源：Wernerfelt, 1989

8.5 專利商業化的挑戰與因應之道

企業在進行專利商業化遇到了許多困難與挑戰，這些困難與挑戰可能來自企業本身的策略、能力不足，但很大一部分來自結構性的問題。接下

180 同註 179。

來我們將討論這些問題，以及可能的解決之道。

一、專利制度無法保障創新的獲利

專利商業化的功能除了能為企業帶來收益及金流，也可以提高企業申請專利及維持專利的意願。Svensson（2012）針對瑞典的研究顯示，專利商業化提高了企業更新專利的意願，而有授權的專利，不論其契約型態為何，都比未商業化的專利具有更長的生命週期。但 Svensson（2012）也認為，現行專利制度對於將專利商業化沒有助益，因為專利制度激勵的是發明與創新，而不是最後上市的創新產品。事實上，這可能是因為許多人以為具有強大保護力的專利就可以保護產品創新，並保證創新者或發明者能得到創新的回報。但早在上個世紀的 80 年代，Teece 已經告訴我們事情並不是這樣的單純，企業必須具備其他能與創新互補的條件，才能從創新獲利。

但自從 Teece 提出他的理論後，陸續有其他的創新相關理論出現，以補足創新無法成功商業化的缺口。例如美國加州大學柏克萊分校教授 Henry Chesbrough 於 2003 年提出的開放式創新（Open Innovation），就是認為企業應該善用內部及外部的知識與創新的資源。Chesbrough（2006）[181] 在2006年的文章整理了相關的概念：Chesbrough認為長久以來美國企業採取的是封閉式創新：公司聘請了最好的員工、有較多的內部研發，然後發現最好和最多的想法，這使他們能夠首先進入市場，並獲得大部分的利潤；接著透過積極地使用智慧財產權保護創新以防止競爭對手的利益，將獲得的利潤再投資進行更多的研發，從而帶來更多的突破性發

---

181 Chesbrough (2012), "Open innovation: Where we've been and where we're going", *Research-Technology Management*, 55(4), 20-27.

現，創造出創新的良性循環。但到二十世紀末，美國封閉式創新的基礎已被削弱，原來資助技術創新的公司並沒有從投資中獲益，而獲利的公司也沒有將其收益重新投到開發下一代技術中。

要突破以上的困境，企業可以採開放式創新的做法，也就是透過現有業務以外的管道將內部想法商業化，途徑可以包括新創業公司或技術授權協議。企業與周邊環境之間的界限不侷限在封閉的狀態而是更加多樣化，使創新能夠在公司內部和外部之間輕易的流動。而具體來說開放式創新可以包括以下幾個方向[182]：

1. **人力資源**：從外部尋找知識和專業人例來協助公司。

2. **利潤**：外部研發和內部研發都創造價值。

3. **市場化**：公司不須爲了獲利而自己揭露自己組織。

4. **商業模式**：建立較佳商業模式比先占優勢好。

5. **智慧財產權**：公司的智慧財產權該從其他使用方法獲利，智慧財產權要進化成商業模式（如通過授權協議，合資企業等）。

二、專利與商業化成功的時間落差

由於現代專利制度保護的是技術概念，而不是產品本身，因此產生了一個嚴重的問題：就是專利與產品的時間落差。專利權人通常在發展出技術概念後就可以申請專利，爲了怕他人占先，專利權人在此階段可能就會申請專利；但從技術概念到完成原型產品、到大量生產、到向市場推廣，最後能成功上市，中間可能需要漫長的時間，並且可能遭遇不可預測的風險。Svensson（2012）提到，二十世紀許多偉大的發明，包括電視、廣播、雷達和青黴素，都是在發明幾十年之後才被商業化的。也就是說，即使發

182 同註 181。

明取得成功，也可能是在專利保護期之後，原始的發明人或專利權人極可能無法享受商業化成功的果實。

在醫藥領域，時間落差的問題特別嚴重，因爲新藥的上市必須經過漫長的藥證核發審核過程，其中的臨床試驗更存在高度的失敗風險。雖然各國專利制度都有針對因新藥上市過程造成專利保護期限損失的補償措施，目前美國也開始向其他國家推展其國內實行多年的專利連結（Patent Linkage）與專利舞蹈（Patent Dance）制度，企圖延長發展先驅藥藥廠的專利保護期限，但顯然這是不能滿足業界需求的。特別是在於從專利申請到產品可上市時的風險如何規避問題，較難用制度規範解決。

因此，醫藥界逐漸朝向以商業模式來緩解以上的問題：新藥的開發不以單一藥廠爲之，而是採取分工的做法。許多小型公司及研究單位開發新的化合物或生物製劑關鍵成分，然後透過市場上的技術中介者如創投等，將這些有可能取得成功的技術團隊與大的藥商媒合，促成技術的轉移、策略聯盟，甚至併購等方式，讓藥廠能取得關鍵技術。而在後續的臨床試驗上，委託研究機構（Contract Research Organization, CRO）的出現協助了藥廠在臨床試驗與非臨床試驗的角色，並提供相關法令的諮詢與問題處理。許多藥廠將這方面的業務外包，以簡短新藥上市時間及降低失敗風險；這樣的做法已經行之有年，而且 CRO 也愈來愈大型化、國際化。

這種以分工的方式縮短研究成果商業化的方式，使得原來由一個企業所要負擔的工作衍生成一個產業鏈，產業鏈中的上中下游各有其分工，這和半導體產業有類似之處。在醫藥產業中，整個開發產業鏈中最重要的角色則是藥廠，藥廠扮演的是整合平台的角色，更是整個創新的驅動者，因爲整個研發的方向及策略都是由藥廠負擔較多的責任。就專利的保護與管理而言，藥廠也是最有能力的。在整個新藥產業鏈中，研究團隊或較小的公司取得的是較基礎、較關鍵的早期專利，這對於未來要經歷長時間研發到上市過程的新藥，顯然保護力是不足的。因此取得相關技術的藥廠，就會進一步的進行有潛力新藥的相關布局：包括藥的用途、成分、劑型，甚至包裝。藥廠並會善用申請策略與專利制度的漏洞，設法由不同成分專利的申請來延長專利的壽命；這些專利形成了龐大的專利組合，同一新藥的通常可以包括數百個專利。雖然目前有些判決對這樣的做法並不認同，但這類的訴訟也只有大型藥廠才能負擔的起。當然，如果這些額外支出墊高了新藥的成本，還是要由使用這些藥的患者或保險來分擔。

三、商業化的不一定是最佳的創新

一些研究者提出一個事實：商業化的專利不一定是最好的、最有價值的專利，其他未被商業化的專利可能更具有價值。Svensson（2012）提到一個 1997 年在英國，由一家從事醫療創新授權和商業化的公司，針對全球 133 家公司和 20 所大學的醫療研究團隊專利使用情形，得到以下的結論：「總體而言，受訪者持有的專利中大約 40% 是非商業化的，其中民營公司表示，32% 的非商業化專利在商業上『重要』或『非常重要』；對於工程公司來說，這一數字增加到 40%；對於生物科學／製藥公司，占 34%；大學報告則認爲 40% 的非商業化專利非常重要。同樣，約有 40% 的私營公司表示他們希望將其非商業化專利授權給第三方。」[183]

從以上的報告似乎暗示我們，還有很多專利寶藏沒有挖掘！但如果仔細思考，這種情況也並不是那麼嚴重。因爲一些發明通常是因爲功能太多、技術太新穎，造成售價過高，或是需要其他產品輔助才能使用。本書稱這種研發成果是一種「過度發明」。另一種情形可能是相關的技術已經被更實用的方案取代，使得某些自認有更好技術的研究團隊失去機會。但

---

[183] 同註 149。

更有可能的，的確是千里馬沒有遇到伯樂，一些好的技術沒有被掌握商業化決策者所青睞。

要解決「千里馬無法遇到伯樂」的問題，比較有效的方法是強化「市場—技術」間中介者角色。這包括兩大類型：一種是企業內部的專案部門，一種是市場中的技術中介者。企業內部的專案部門扮演研發單位與策略、行銷等部門的橋梁，它能夠有辦法將研發成果的市場價值發掘，並規劃出有效的商業化專案，並說服其他部門接受。市場中技術中介扮演投資者與技術團隊的橋樑，它們能有效發掘具商業價值的技術，並且能將這些技術解說給投資者或是有意取得這些技術的企業，使它們能夠了解，並且有意願投資這些有潛力的技術。但是這些責任不是單方面的，技術開發者也有責任將自己的研發成果向社會大眾做適度的揭露，提高自己技術在市場的能見度，而專利是一個很好的技術資訊揭露工具，以下將以專利訊號理論說明。

訊號理論（Signaling Theory）是由 2001 年諾貝爾經濟學獎得主 Andrew Michael Spence（斯賓塞）於 1973 年首先提出，訊號理論的前提是企業和利益相關者之間存在著訊息不對稱。企業擁有關於自己企業、產品、策略、偏好意圖的完整訊息，但股東和潛在投資者卻無法具有完整的訊息，因此造成資訊不對稱。但資訊較少的一方可以透過適當的「訊號」，縮短本身「可知」和「想知」兩者之間的落差，提高對企業價值的判斷能力，藉以實現潛在的交易收益。而專利可以成爲公司技術訊號的原因在於專利制度對專利資訊的要求，包含專利發明人、申請人、專利權人、專利前案、專利技術原理、欲解決問題、請求保護的範圍等，都必須揭露給公眾知悉。因此專利不但能反映企業技術能力和創新水準，也可能揭露了公司的營運狀況。因此市場方可以透過專利了解技術團隊的技術。

第九章　專利貨幣化的演進

9.1 從專利商業化到專利貨幣化

一、不將專利商品化而獲利的模式

前述已說明了專利商業化的定義、類型與實施上的限制與挑戰；以及爲何專利從商業化發展成貨幣化（Patent Monetization）。要談到專利商業化及貨幣化，可以從對幾個歷史上比較著名的專利商業化案例回顧起，再到近年智慧財產金融的興起。首先，以專利獲得商業利益的，可以從十九世紀美國的縫紉機發明說起。Howe（lias Howe Jr., 1819～1867）是以創造平車縫紉機（Lockstitch Sewing Machine）聞名的美國發明家。和Edison（愛迪生）對電燈的貢獻類似，Howe 並不是縫紉機的最初發明人和專利發明人，但他卻是現代規格平車縫紉機的發明人與專利申請者。他在 1846 年 9 月 10 日獲得了第一個使用平車縫紉的專利 US4,750，這個專利包括目前縫紉機常見的基本功能[184]。雖然有了專利，Howe 在將縫紉機商業化上遇到了很大的困難，特別在尋找投資者上。透過販售與和改善其發明的 Isaac Singer 合作，以及對其他製造商的授權與訴訟等，Howe 在縫紉機的收入超過 200 萬美元[185]。

---

184 Wikipedia encyclopedia,“Elias Howe” 條目，https://en.wikipedia.org/wiki/Elias_Howe，最後瀏覽日：2018 年 9 月 19 日。

185 Baghdassarian, M. (2015), “Recent Approaches and Considerations to Monetizing Intellectual Property”, 2015, https://www.kramerlevin.com/images/content/1/4/v4/1422/ITM-RecentApproaches.pdf，最後瀏覽日：2018 年 9 月 19 日。

在二十世紀 60 年代到 90 年代活躍的另一位發明家 Jerome H. Lemelson，則是另一個靠專利商業化獲得巨大利益的例子。Lemelson（1923～1997）具有兩個工程碩士學位，是工程師和發明家[186]；他擁有的專利數量超過 600 件，使他成爲世界上排名前列的發明家。他的發明領域集中自動化倉儲、工業機器人、無線電話、傳眞機、錄影機，可攜式錄影機等。Lemelson 利用他所在時代的專利制度，使他獲得了最大的利益。Lemelson 的許多專利的優先權和其公告日期可以相隔數十年，因爲 Lemelson 經過研究掌握技術發展趨勢，並發掘技術關鍵後，在運用專利申請技巧及制度的漏洞，利用接續申請（Continuation Application, CA）、部分接續案（Continuation-in-part Application, CIP）[187]以及分割案等技巧來將他的專利維持在審查狀態下。因此其專利可能在市場與產品出現前申請，但到了市場與產品成熟後才公告核准，且其專利保護範圍和現有產品技術相同，使得廠商無法迴避必須付出相當高的賠償，這種就是著名的「潛水艇專利」（Submarine Patent）。

Lemelson 透過使用「潛水專利」對廠商提起侵權訴訟，然後與被控的公司談判獲得授權金，其金額超過 13 億美元[188]。Lemelson 做法的精髓如同其律師 Gerald Hosier 於美國法庭說的：「你不可能不侵權，因爲我刻意把你的產品寫進我的請求項裡！」[189]爲了防止這樣的發明人，美國修改了專利法規，專利申請在申請後 18 個月公布，專利的期限爲申請日期

---

[186] Wikipedia encyclopedia, “Jerome H. Lemelson” 條目，https://en.wikipedia.org/wiki/Jerome_H._Lemelson，最後瀏覽日：2018 年 9 月 19 日。

[187] 張宇凱，「潛水艇專利」的落日餘暉，**北美智權報**，2015.04.22，http://www.naipo.com/Portals/1/web_tw/Knowledge_Center/Infringement_Case/publish-146.htm，最後瀏覽日：2018 年 9 月 19 日。

[188] 同註 186。

[189] 同註 186。

後 20 年到期，以限制突擊或潛水艇專利。

Jerome H. Lemelson 申請的第一個專利是在 1954 年的「機器視覺」（Machine Vision）專利[190]，是一種用相機掃描影像，然後將資料存儲在計算機中的系統，並將其運用於倉庫自動化和機器人系統。1964 年，Lemelson 向 Triax 公司授權其自動化倉儲系統、1974 年向 Sony 公司授權其錄音帶驅動機制專利、1981 年向 Sony 公司授權其錄音帶驅動機制專利、1981 年向 IBM 公司授權數據和文字處理技術方面的大約 20 項專利[191]。這些都是專利取得了商業上成功的例子。

二、專利資產證券化的出現

專利貨幣化和金融業的環境變化與演進有密不可分的關係，特別必須要談到資產證券化。資產證券化是由美國在 1970 年代發展出來的，主要因爲當時美國通貨膨脹造成短期放利率提高，但存款利率相對變化不大；造成美國一般民眾將現金存入銀行後，利息所得反而不如將現金投入股票、基金等其他投資工具。原本將資金存入存款機構的儲蓄者將手中資金投入金融市場或委託投資機構投資；而借款人的融資行爲也隨之改變，藉由發行證券直接向社會大眾募款。因此原來具有金融中介功能的銀行被忽略了，這種現象稱之爲「反中介」（Disintermediation）現象[192]。這個現象

---

190 同註 186。

191 The National Congress of Inventor Organizations (NCIO), “America’s inventor: online edition：Jerome Lemelson”, http://www.inventionconvention.com/americasinventor/dec97issue/section16.html#Friday，最後瀏覽日：2018 年 9 月 19 日。

192 李日寶，「國內外證券化市場之發展、運作方式及相關實力分析【專題一】：國內外證券化市場之發展、運作方式及相關實力分析」，www.sfb.gov.tw/fckdowndoc?file=/92 年 10 月專題一.pdf&flag=doc，最後瀏覽日：2018年9月16日。

造成了資產證券化的蓬勃發展。

所謂資產證券化（Asset Securitization）係指「將資本、負債或資產轉換成具有流動性的證券型態，使其得以在證券市場上自由買賣的過程」[193]。更完整的說法，則是「資產證券化可以被廣泛地定義爲一個過程，通過這個過程將具有共同特徵的貸款、消費者分期付款契約、租約、應收帳款和其他不流動的資產包裝成爲可以市場化的、具有投資特徵的帶息證券」[194]。在資產證券化過程中，資產證券發行人（Originator）是指持有並轉讓資產的人，他們將手中缺乏流動性，但可預期未來有現金流的資產形成資產組合，以降低風險並提高收益；再轉移（如出售）給某個負責資產證券化業務的特殊目的機構（Special Purpose Vehicle, SPV），SPV 再發行證券，這些證券以資產作爲支撐，然後再以證券募集資金；而投資者購買資產證券的人則是投資者。在資產證券化過程中很重要的一點就是，由專門的信用評等機構（Rating Agency）對資產進行證券信用評等。

資產證券化的標的主要以房貸抵押權爲主，後來不斷的擴張至可以產生現金流的各種資產，包括不動產、汽車貸款、信用卡債權、租賃債權等。資產證券化也跨出美國，擴展到全球許多國家。後來，這波風潮也吹向了智慧財產權。1997 年，搖滾巨星 David Bowie[195] 以其唱片授權

---

193 李日寶，2003，「國內外證券化市場之發展、運作方式及相關實力分析【專題一】：國內外證券化市場之發展、運作方式及相關實力分析」，www.sfb.gov.tw/fckdowndoc?file=/92 年 10 月專題一 .pdf&flag=doc，最後瀏覽日：2018 年 9 月 16 日。

194 維基百科「資產證券化」條目，https://zh.wikipedia.org/wiki/%E8%B5%84%E4%BA%A7%E8%AF%81%E5%88%B8%E5%8C%96，最後瀏覽日：2018 年 9 月 16 日。

195 David Bowie（1947 年～2016），中文譯名大衛·鮑伊，是英國著名搖滾音樂家、詞曲創作人、唱片製作人和演員。在 BBC 的一百大英國人中排名第二十九名。他的音樂作品中銷售量爲 1 億 3,600 萬，並進入了搖滾名人堂。除

金作爲擔保，發行了 5,500 萬美元的債券，稱爲「Bowie 債券」（Bowie Bonds）。Bowie 債券被視爲第一件智慧財產權證券化的成功案例[196]。

通常音樂作品的收益很大一部分來自版稅，這是較長期的收入，但早期出版唱片時，製作與宣傳需要大筆資金的投入。特別是像 David Bowie 這樣知名的歌手，製作與宣傳費用相當可觀。David Bowie 當時正爲自己要發行的新唱片尋找融資，但當時他處於事業生涯的低潮，因此要獲得足夠的投資是較不容易的。但 David Bowie 不想要依靠長期版稅收入來源，而是能找到一種籌集一次性現金的方法[197]。因此在 1997 年 2 月 12 日，David Bowie 做了一個重大且創新的宣布：他和 Prudential 集團合作，將在 1993 年之前發行的唱片的未來收入綁售，並將其置入在一個資產支持證券「Bowie 債券」（Bowie Bonds）中[198]。

這個在當時獨一無二的決定，是 David Bowie 的財務經理 Bill Zysblat 和銀行家 David Pullman 提出的，其運作方式是 Bowie 先與 EMI 唱片公司達成協議，EMI 授權在 1969 年至 1990 年間發行的 25 張 Bowie 的專輯、超過 300 個著作權加以包裝，並將其授權金作爲債券。Bowie 債券的平均壽命爲 10 年，到期日爲 15 年。美國保誠金融公司收購這些債券，再將這

了音樂上卓越表現，Bowie 也是個演員，曾參與演出多部電影。（資料來源：維基百科「大衛・鮑伊」條目，https://zh.wikipedia.org/wiki/%E5%A4%A7%E5%8D%AB%C2%B7%E9%B2%8D%E4%BC%8A，最後瀏覽日：2018 年 9 月 16 日）。

196 Rivette, K. G., & Kline, D. 著（2000），**閣樓上的林布蘭**，臺北：經典傳訊。

197 Medansky, Keith W., & Dalinka, Alan S.(2005), "Considering intellectual property securitisation", http://www.buildingipvalue.com/05_NA/143_146.htm，最後瀏覽日：2018 年 9 月 16 日。

198 Jeff Giles, "HOW DAVID BOWIE TURNED 'BOWIE BONDS' INTO $55 MILLION PAYDAY", 2017/9/28, http://ultimateclassicrock.com/david-bowie-bonds/，最後瀏覽日：2018 年 9 月 16 日。

些債券出售給債權人，並承諾以這 25 張專輯未來收入來償還給債權人，其回報率固定爲每年 7.9%[199]。由於 David Bowie 每年可從著作權獲得的定期現金流超過 100 萬美元，因此 Bowie 債券獲得知名評等機構 Moody's 公司（Moody's Investors Services）的 3A 投資評級。保誠保險公司購買這些債券的金額是 5,500 萬美元，而這些現金對 Bowie 來說，是一筆龐大的一次性收入。

但 Bowie 債券的價值不是那麼永恆的穩定投資，除了跟 Bowie 在銷售排行榜上的起伏，也和流行音樂產業的大環境變遷有關。Bowie 債券發行時因爲 CD 的出現，Bowie 的歌曲經過重新包裝爲 CD，獲得不錯的銷售成果。但隨後流行音樂產業面臨重大的挑戰與變化：先是 MP3 的出現、接著是網路共享的音樂，使得 CD 銷售額大幅下降。這些變化也反映在 Bowie 債券的價值上，2004 年時該債券評等已經下降到「垃圾」等級，而這一切都由 Bowie 債券的債權人承擔。不過雖然如此，在 2016 年 Bowie 去世後，Pullman 告訴媒體，收入還是繼續增加的[200]。

Bowie 債券的創新在於以智慧財產權（著作權）作爲支持資產證券的資產，但也引起不同的評價：有些評論者認爲這種模式不一定適用於其他以資產支持的融資，而不同人發行的類似證券也可能有不同的命運。後續一些知名音樂工作者也投入類似債券的發行，卻沒有達成類似的效果。除了著作權的資產證券化外，後續出現了專利的證券化，第一個例子是出現在醫藥專利的資產證券化上。

2003 年，美國 Yale 大學與 Royalty Pharma 公司合作將抗愛滋藥物

---

199 Tom Espiner ,'Bowie bonds' - the singer's financial innovation, BBC News, 2016/1/11, https://www.bbc.com/news/business-35280945，最後瀏覽日：2018 年 9 月 16 日。

200 同註 199。

Zerit 的未來權利金收入發行約美金達一億元之證券，爲全世界第一個專利證券化的例子。此案的背景來自美國大學研發成果每年的高額專利技術授權金，但這些授權金的比例是按銷售比例計算授權金，因此若是產品銷售不佳，授權金自然就減少；如果將專利授權證券化，大學就可以提前獲得資金，且收入也會與銷售狀況脫鉤而降低風險；因此大學的優良研究成果成爲證券化優先思考的標的。Zerit（stavudine）是一種治療人類免疫缺乏病毒（HIV）感染的藥，化學名爲雙氫雙脫氧化學分子（2', 3'-didehydro-3'-deoxythymidine），分子式爲 $C_{10}H_{12}N_2O_4$，分子量爲 224.2，相關的美國專利爲 US4978655，由美國 Yale 大學授權美國必治妥施貴寶（Bristol-Myers Squibb, BMS）公司生產製造，BMS 公司每年必須支付授權金給 Yale 大學。

這個全球第一件專利證券化的例子，參與的各方分別是：原專利權人（賣方）是 Yale 大學，持有並轉讓資產的證券發行人（Originator）是 Pharmaceutical Royalties LLC，負責資產證券化業務的特殊目的機構 SPV 是 BioPharma Royalty Trust（簡稱 BRT），而證券承銷商是 Royalty Pharma AG。在 2000 年 8 月發行的證券約 1 億 1,500 萬美金，其中 5,715 萬美金的優先債權（Senior Loan），2,200 萬美金的次級債（Mezzanine Loan），以及 2,116 萬美金的可轉換股權債（Equity）。信用增強方法是超額擔保以及優先／次順位架構，到期日爲 2006 年 6 月 6 日。擔保品爲專利和以及 Yale 大學與 BMS 公司間授權契約中的 70% 權利金收入[201]，因爲 Yale 大學內部規定專利權利金收入的 30% 要支付給開發人員，所以只有該權利金收入的 70% 支付給債權人作爲固定利率收益。

---

[201] 陳月秀（2004），「智慧財產權證券化——從美日經驗看我國實施可行性與立法之芻議」，國立政治大學法律學研究所碩士論文。

United States Patent [19]
Lin et al.

[11] **Patent Number: 4,978,655**
[45] **Date of Patent: Dec. 18, 1990**

[54] **USE OF 3'-DEOXYTHYMIDIN-2'-ENE (3'DEOXY-2',3'-DIDEHYDROTHYMIDINE) IN TREATING PATIENTS INFECTED WITH RETROVIRUSES**

[75] Inventors: **Tai-Shun Lin**, North Haven; **William H. Prusoff**, North Branford, both of Conn.

[73] Assignee: **Yale University**, New Haven, Conn.

[21] Appl. No.: **942,666**

[22] Filed: **Dec. 17, 1986**

[51] **Int. Cl.**[5] **A61K 31/70**
[52] **U.S. Cl.** **514/50**; 514/934
[58] **Field of Search** 536/23; 514/49; 574/50

[56] **References Cited**

U.S. PATENT DOCUMENTS

3,322,747	5/1967	Shen et al.	536/23
3,817,982	6/1974	Verheyden et al.	536/23
4,360,522	11/1982	Shaeffer et al.	514/263
4,710,492	12/1987	Lin et al.	536/23

FOREIGN PATENT DOCUMENTS

0027783	3/1977	Japan	514/50
2027782	3/1977	Japan	536/23
254552	10/1986	Japan .	
8700089	8/1988	Netherlands .	

J. B. McCormick, J. P. Getchell, S. W. Mitchell and D. R. Hicks, *Lancet*, ii, 1367, (1984).
E. G. Sandstrom, J. C. Kaplan, R. E. Byington and M. S. Hirsch, *Lancet*, i, 1480, (1984).
P. S. Sarin, Y. Taguchi, D. Sun, A. Thornton, R. C. Gallo and B. Oberg, *Biochem. Pharmac., 34, 4075, (1985).*
R. Anand, J. L. Moore, A. Srinivason, V. Kalyanaraman, D. Francis, P. Feorino and J. Curran, *Abstracts of the International Conference on Acquired Immune Deficiency Syndrome (AIDS)*, Apr. 14–17, Atlanta, Ga. p. 72, (1985).
H. Mitsuya, M. Popovic, R. Yarchoan, S. Matsushita, R. C. Gallo and S. Broder, *Science*, 226, 172, (1984).
H. Mitsuya, S. Matsushita, M. E. Harper and S. Broder, *Cancer Res.*, 45, 4583s, (1985).
E. DeClercq, *Cancer Lett.* 8, 9 (1979).
A. Pompidou, D. Zagury, R. C. Gallo, D. Sun, A. Thornton and P. S. Sarin, *Lancet*, ii, 1423, (1985).
P. Chandra and P. S. Sarin, *Drug Res.*, 36 184, (1986).
R. Anand, J. Moore, P. Feorino, J. Curran and A. Srinivasan, *Lancet*, i, 97, (1986).
P. S. Sarin, R. C. Gallo, D. I. Scheer, F. Crews and A. S. Lippa, *New Engl. J. Med.*, 313, 1289, (1985).
W. Ostertag, T. Cole, T. Crozier, G. Gaedicke, J. Kind, N. Kluge, J. C. Krieg, G. Roselser, G. Sheinheider, B. J. Weimann and S. K. Dube, *Proceedings of the 4th International Symposium of the Princess Takamatsu Cancer*

圖 9-1 美國專利 US4978655

而專利證券化的流程是由於 Yale 大學將 Zerit 專利權移轉給 Pharmaceutical Royalties LLC，Pharmaceutical Royalties LLC 再移轉給 BRT 所持有，並由 BRT 專屬授權給 BMS 製藥公司生產，BMS 製藥公司支付的權利金就是專利證券化的現金流量。Royalty Pharma AG 負責承銷證券，透過私募方式銷售給投資人，並由 Wilmington 信託公司擔任服務機構。關於該案的評價，標準普爾（Standard & Poor, SP）公司於 2000 年 9 月報告說明，生醫專利證券化案件已經完成，由於本案交易是建構在未來專利權利金的保證下完成的專利證券化，並根據 1992 年到 2000 年的紀錄，以複利計算每年 24% 的複利成長率計算權利金的金額。基於 Zerit 過去與未來的預期銷售的資料，以及 BMS 公司擁有的 3A 信用評比，標準普爾最後給予該案的優先債權一個 A 的評價[202]。

不過這個專利證券在一年後面臨資金流量不足進入提前清償階段，2001 年保證人 ZC specialty Insurance 負責賠償現金流量損失 2,200 萬美金。這個專利證券化失敗的原因追根究底還是在標的物 Zerit 的銷售金額不如預期，而進一步探求 Zerit 的銷售金額問題，是因爲 BMS 爲達成其財務目標，從 2001 年終以折價方式將 Zerit 的庫存銷售給批發商，使得後來 Zerit 的銷售需求下降，導致 Zerit 的授權金收入也不如預期，使得證券化資產的現金也不足。這個例子帶給金融界兩個教訓：一是對於 Zerit 的銷售量評估，並未由專業的專家進行，導致後來銷售量的大量誤差，像在 2003 年 Zerit 的實際銷售額僅有預估計金額 8 億美金的一半，三年內實際整體收入則是比原來預測短少了 8 億美金；二是使用單一產品或單一專利作爲證券化的資產，風險很難規避與調節，較正確的作法應該是以一組專利組合當作資產組合，如果一個專利出問題，還有其他專利權利收入，會使資產證券化的風險降低許多。

有鑑於此，當 Royalty Pharma Finance Trust（RPFT）進行美國第二個專利證券化案時，因爲前次專利證券化以單一產品作爲資產基礎產生的風險，則是採用資產組合的做法：其中包括 13 個在 2015 年前屆期的藥品專利，相關的藥品包括：Genetech's and Biogen Idec's Rituxan®、Celegen's Thalomid®、Eli Lilly's /Johnson & Johnson's and Centocor's PrePro®、Centocor's Retavase®、Chiron's TOBI®、Norvatis' Simulect®、Roche's

202 王美心（2009），「生醫專利證券化運用於知識產權戰略」Creativity Article Competition on Intellectual Property Rights」，創新力——智慧財產權論文比賽論文集。

Zenapax®、Ligand's Targretin® Capsules、Memorial Sloan Kettering's Neupogen/Neulasta®、Organon's Variza®、Glaxo Smith Klemin's and Adolor's Entereg®、Pfizer's lasofoxifene®、Wyeth's Bazedoxifene®[203]。這個專利資產組合共發行金額2億2,500萬美元的之浮動利率債券，由MBIAI Insurance公司提供按期支付利息與到期支付本金的保證，信用評等高達Aaa。這個投資組合實際商品銷售達美金44億，專利權利金約是4,900萬美元，本案可說是取得了相當程度的成功。

日本也有專利證券化的例子，是在2003年4月由日本經濟通產省「專利權流動化、證券化研究會」指導，由JDC公司出資成立特定目的公司（TMK），接受sukaru公司所擁有的音響設備專利，並專屬授權松下集團子公司Pin Change，以專屬授權之權利金為擔保發行證券，規模高達2億日幣，其整組織架構如圖9-2[204]。

資產證券化愈來愈常出現的原因主要來自現代金融，特別是結構性金融的出現，因此增加對資產證券化的了解是必要的。和一般由抵押資產擔保的債務工具不同，在智慧財產資產證券化中，債務工具會由特定智慧財產權資產的留置權所支持，也就是說是以智慧財產權作為抵押，所以智慧財產權證券化的性質接近「資產支持證券」中的「抵押支持證券」。此類證券提供的資金數量是根據於資產的性質與品質、銷售對象的類型，以及以往與銷售對象公司應收帳款的表現。而定。但是，智慧財產權資產證券化與抵押債務的區別主要在於，專利權授權費不是用於償還債務中的利息和本金，而是將用於支持一種或多種的證券，其信用評等可能高於公司有擔保債務的等級。

---

203 同註202。

204 渡辺宏之（2004）知財ファイナンスと信託. 季刊企業と法創造「特集シンポジウム」，(3)，65-80。

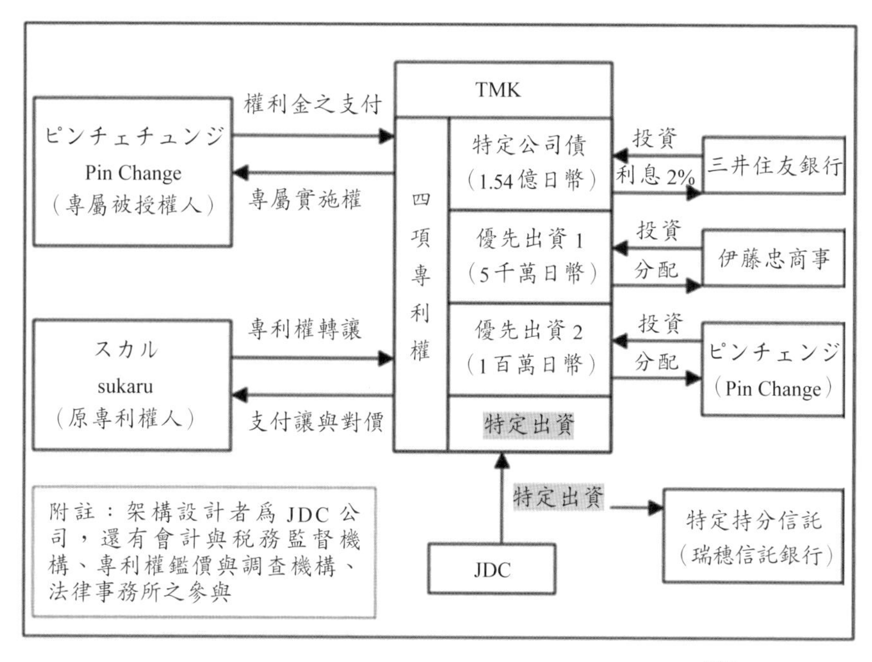

圖 9-2　「JDC 專利權證券化第一號」之架構[205]

三、專利金融時代的來臨

隨著專利資產的成長以及廠商愈來愈需要從專利成本中獲得回收，再加上金融投資法規的鬆綁與標的的需求，專利與金融的關係愈來愈密切。一些基金管理公司成立了以專利爲主要投資標的的基金，專利金融模式也愈來愈多，除了擔保金融、回授許可、發明投資基金、孵化基金等。另外還有攻擊性的智財基金、攻擊性的智財基金、專利主權基金、訴訟貸款以及專利保險等。可以說專利目前已經朝向金融化的方向發展，也就是「專利金融」時代的來臨[206]。

205 同註 204。

206 同註 14。

9.2 專利貨幣化的內涵

一、專利貨幣化的定義

關於專利貨幣化（Patent Monetization）的定義，維基百科的「專利貨幣化」條目提到[207]：「專利貨幣化是指試圖藉由個人或公司出售，或授權其擁有的專利產生收入，或由此嘗試產生收入。根據 2006 年歐洲專利局對專利所有人的一項調查，大約一半的中小型企業（SME）出於貨幣化原因而取得專利。」

崔哲等人（2017）[208]則認爲 IP 貨幣化是指：「將 IP 這種非流動性資產轉化爲流動性資產的過程稱爲 IP 貨幣化，是一種廣義的證券化過程。」另外，還有定義專利貨幣化的方法就是，以實際功能內涵來區分，認爲專利貨幣化就是「包建立內部授權計畫、外包給第三方、出售專利、利用專利池等的方法。」[209]而周延鵬（2015）[210]將「研發成果轉化的專利資產用於買賣讓與、授權技轉、侵權訴訟、做價投資等模式所收入的資金、權利金、技術報酬、損害賠償、資本利得等比例與產出金額，以及從該等收入金額計算研發成本費用投入」，稱爲專利資產貨幣轉化率。

專利貨幣化的參與者包括兩大類：一種是自行研發、產生專利，除了自己實施專利並販賣產品，並透過販賣或授權專利來獲得收益的廠商。如

207 Wikipedia encyclopedia, “Patent monetization” 條目，https://en.wikipedia.org/wiki/Patent_monetization，最後瀏覽日：2018 年 12 月 23 日。

208 同註 14。

209 Terry Ludlow,“Trends In Technology IP Licensing”, https://www.ipo.org//wp-content/uploads/2014/12/IPLicensingTrends_TerryLudlow1.pdf，最後瀏覽日：2018 年 12 月 23 日。

210 周延鵬（2015），「智富密碼：智慧財產運贏及貨幣化」，臺北：天下雜誌。

德州儀器從 1990 年代通過其專利組合獲利的公司，其與 IBM 是最早打破每年專利使用費 10 億美元的公司，其他在專利授權收入上領先的還包括 Qualcomm 公司、Nokia、Microsoft 公司等[211]。此外，Eastman Kodak 專利組合自 2004 年以來，已創造超過 30 億美元的收入[212]。

但另一種組織並非單純由他們開發，製造發明專利，而是以各種方法獲得專利，然後並不是靠專利的實施來獲利，這種組織稱爲「非專利實施體」（Non-Practicing Entities, NPEs）。Colleen Chien 教授[213]依據專利的功能歸類成四種 NPE 類型：「研發型」顧名思義可以回饋專利授權費用在研發。「專利主張型」重點在使用專利取得授權費用獲利。「防禦型」收購專利是爲了避免他人對己訴訟。「新創公司」取得專利是爲了避免他人抄襲和吸引資金。但有些專利實施體以訴訟手段爲其收入主要來源，因此被稱爲「專利蟑螂」（Patent Troll）。

二、專利貨幣化不是把專利當貨幣

如前所述，專利貨幣化是指將專利這種非流動性資產轉化爲流動性資產的過程，而不是將專利當成一種可交易的貨幣。貨幣的定義，依 Mishkin（2011）[214]所述爲在產品或服務支付以及債務償還中被普遍接受的東西，其功能包括：交易媒介功能、做爲記帳單位的功能、價值儲藏的功能。

以此標準，專利並不能作爲交易媒介、記帳單位、價值儲藏，最重要

211 同註 209。

212 同註 207。

213 Chien, C., (2010), "From Arms Race to Marketplace: The Complex Patent Ecosystem and Its Implications for the Patent System", 62, *HASTINGS L.J.* 297, 397.

214 Mishkin 著，鄭艷文等譯，**貨幣金融學**（第九版），中國人民大學出版社。

的是專利不能作為支付的標準。因此專利貨幣化只是借用經濟學中形容貨幣具有的「流動性」（Liquidity）特性，將專利從無流動性特性的資產，「變現」成為具流動性「貨幣」的過程，稱之為「貨幣化」。

9.3 專利貨幣化的參與者

關於專利貨幣化的參與者，Millien 在 2007 年的 *A summary of established & emerging IP business models*[215] 與 2013 年的 *Landscape 2013: Who are the Players in the IP Marketplace?*[216] 的兩篇文章中，依專利商業模式不同，區分出以下的參與者類型，必須說明的是，Millien 的分類是以各企業等實體在專利市場中的行為來區分，而不是以實體的類型來分類；而許多實體在專利市場中會採取不同的行為，因此可能會屬於不同的類型，以下我們分別說明。

一、專利授權和強化公司

專利授權和強化公司（Patent Licensing and Enforcement Companies , PLECs）本來是由一些專利組合的發明人或擁有者成立的，具有至少一個或多個專利組合，而且其專利組合多半是向外收購來的。PLECs 向特定對象發出信函要求對方簽定非專屬授權合約，然後對拒絕的對象提出專利親權訴訟。通常進行這類商業模式的實體被稱為「非專利實施體」（NPE）或。NPE 可以從授權金、訴訟賠償金與智慧財產獎勵金市場中獲利。

---

215 Millien, R., & Laurie, R. (2007), "A summary of established & emerging IP business models. In Proceedings of the Sedona Conference", *Sedona*, AZ , pp. 1-16.

216 Millien, R.,"Landscape 2013: Who are the Players in the IP Marketplace?", 2013/1/23, http://www.ipwatchdog.com/2013/01/23/ip-landscape/id=33356/，最後瀏覽日：2018 年 9 月 28 日。

知名的 PLECs 包括：Acacia Research, Fergason Patent Prop, Lemelson Foundation, LPL, NTP, Patriot Scientific, RAKL, Rockstar Consortium, Round Rock Research, TLC 和 TPL Group。

例 9-1 〉Acacia Research Inc 介紹

Acacia Research Inc（簡稱 Acacia）是一家在 NASDAQ 掛牌的專利代理公司，股票代碼爲 ACTG。根據知名投資公司 J.P. Morgan 的報告，我們可以一窺 Acacia Research 在專利市場中的定位、運作方式及其市場地位[217]。

Acacia 是一個專利資產公司，其專利資源來自收購或投資，而不是進行研發活動；所以是典型的非專利實體（NPE）。另一方面，Acacia 也是客戶的專利管理顧問，協助整合客戶的專利後再中介給其他同業廠商，收取授權金等。Acacia 的商業模式是和發明人和專利權人合作，通過和擁有專利的企業如 Oracle, Microsoft, GE, Johnson & Johnson 進行專利授權交易，或是進行專利侵權訴訟和和解，而收入通常是專利權人以 50/50 分潤。Acacia 主要的特色在於能在不擔心反訴的情況下主張專利權，因此可以獲得擁有專利的企業將其交給 Acacia 來代理。另外對於被授權方，Acacia 也向被授權人提供市場專利定價訊息，以及一站式的服務。

Acacia 在專利市場中也扮演專利聚合體（Patent Aggregator）的角色，和 NPE 中的一些非將專利商業化使用的學校和研究單位不同，專利聚合體存在的目的就是將專利進行商業化應用。專利聚合體募集

217 Morgan, J.P.,"Acacia Research Corp.：Out Innovating: Initiating With an Overweight", North America Equity Research, 2011/3/9, https://ipcloseup.files.wordpress.com/2011/12/actg_jpmorgan_030911-inititiation.pdf，最後瀏覽日：2018 年 9 月 28 日。

了更多的資金，甚至是和許多重要的企業合作，共同出資，從不同來源或方法收購並取得專利及專利授權，然後形成專利組合並進行有效管理，再提供多樣化的專利服務。而專利聚合體也藉由訴訟獲得大量收益，並與專利權人分享利益。專利聚合體的好處是使專利市場更有效率，也可以促進資金與研發間的流動，有時更能挖掘出有價值的專利使得無形資產能被活化。但一些專利聚合體的專利訴訟被認爲是濫訴，可能影響市場次序，也使得專利聚合體被視爲「專利蟑螂」。

在 J.P. Morgan 的報告中，給予 Acacia 不錯的評價，J.P. Morgan 認爲 Acacia 是具有吸引力的投資機會，其具吸引力的條件包括：

- Acacia 迄今已獲得超過 4.2 億美元的授權收入，來自 170 多個智財組合和數萬項專利，並與許多大公司簽署了協議。
- Acacia 受益於以下趨勢：Acacia 可以作爲專利權人的代理人，並通過子公司執行授權協議而不用擔心反訴；而大企業一方面愈來愈使用 Acacia 將專利組合貨幣化，另一方面又尋求保護關鍵技術領域的專利權利，以便他們可以自由地執行其產品和服務，因此許多企業開始和 Acacia 簽訂全面的授權協議。

因此，J.P. Morgan 的商業模式可產生 50% 以上的毛利率和 30% 以上的營業利潤率，因爲 IP 已是全球科技行業創新和價值創造的核心，在過去的 30 年裡，美國的授權市場已發展 5,000 億美元的規模。因此專利和作爲授權的商業模式，提供了具有吸引力的長期投資機會。知識產權密集型技術公司擁有高估值倍數和重要市值。

但 Acacia 也面臨如下的風險：包括來自專利市場中 NPE 競爭對手，NPE 也會和 Acacia 競爭專利的所有權或控制權，並且可能會提高成本；另一方面監管機構可能會打擊 NPE 的活動，以及增加專利強度與消除訴訟不確定性的改革仍待加強。

二、專利私掠者

「私掠者」（Privateers）本來是指十六至十九世紀之間，盛行在西方國家的一種作法：就是國家給予一些航海者特許權，允許他們對本國以外的違法船隊進行追捕、私掠行為；因此拿到這些私掠許可證的船隻往往會攻擊、掠奪敵國的商船。在專利行業中所指的通常指的私掠者，是指將專利交給以訴訟為營利手段的專利主張實體（Patent Assertion Entity, PAE），它們藉由 PAE 進行專利訴訟創造收入，然後與 PAE 分享這些訴訟獲得的收入，這種行為模式被視為會打擊一些努力進行研發的公司，所以是一種專利私掠（privateering）行為，而協助訴訟的 PAE 則是前述的專利授權和強化公司。如在 2010 年，Renesas 電子與 Acacia Research Corporation 建立策略結盟，Renesas 電子提供其 4 萬多項專利及專利組合，雙方共同從這些專利及專利組合挑選出專利，再由 Acacia 進行專利授權。所以將專利或專利組合提供給 PAE 的公司，以及進行訴訟的專利授權和強化公司，都被視為專利私掠者。

但是要釐清的是，專利私掠者是指會採取被視為專利私掠行為的實體，因此有時知名公司也會被認為採取了專利私掠的行為。例如在 2016 年，Apple 公司控告前手機大廠 Nokia 將其專利交由 Acacia 等數家專利主張實體，由這些實體向手機製造商施以訴訟威脅等手段要求這些廠商付出高於市價的授權金，再與 Nokia 分拆利潤。其中 Acacia 在過去 10 年共向 Apple 公司提出了超過 40 次以上的訴訟，因此 Apple 公司認為 Nokia 進行了專利私掠的行為。

三、機構型智慧財產權聚合體／收購基金

機構型智慧財產權聚合體或收購基金（Institutional IP Aggregators/ Acquisition Funds）是有目的、有選擇性的大規模收購專利，透過制定授

權計畫和大規模套利的方式，以獲得比平均投資回報率高的報酬。這些實體通常以某種私募股權方式運作，或是以有限合夥人的方式營運。Millien（2013）提出這類的實體包括 Coller IP Capital 和 Intellectual Ventures 等。機構型智慧財產權聚合體或收購基金和前述的專利私掠者與專利授權和強化公司略有不同，此類實體以類似創投的方式來鼓勵研發：先向股東募集資金，然後在早期研發階段投資給發明人，並協助研發工作，類似創投投資新創公司。因此機構型智慧財產權聚合體或收購基金也負擔了部分的研發風險，但也能獲得早期投資的超額利潤。而這類實體提出的專利訴訟也沒有前述專利私掠者的誇張，因此相對前兩者而言，是爭議較少的類型。

例 9-2 高智公司（Intellectual Ventures）介紹

高智公司是 2000 年創立的，其執行長 Nathan Myhrvold 爲前微軟技術長；高智公司是以智慧財產權（專利）開發和授權的公司，也是目前美國專利持有數量的前五名持有者[218]。高智公司的商業模式是以購買專利爲重點並將其匯集成專利組合再將專利組合授權給第三方。高智公司經營三個主要投資基金[219]：

- 發明投資基金（Invention Investment Fund, IIF），投資收購現有專利並獲得授權並提升審查中的價值，自 2003 年以來，平均每年評估 35,000 項專利資產。
- 發明發展基金（Invention Development Fund, IDF），與科研機構合作，主要是開發目前還不存在發明。

---

218 維基百科「Intellectual Ventures」條目，https://en.wikipedia.org/wiki/Intellectual_Ventures，最後瀏覽日：2018 年 9 月 29 日。

219 Intellectual ventures 網頁，http://www.intellectualventures.com/about，最後瀏覽日：2018 年 9 月 29 日。

• 投資科學基金（Investment Science Fund, ISF），專注於內部的發明開發，在材料、醫療技術、能源、通信、電腦和消費者等領域發明，目前授予2,000多項專利。

高智公司對於自己公司的經營信念是：「我們相信構想是很有價值的，在此確保我們的想法能夠蓬勃發展。我們討論業務、問題解決和發明，從頭開始建立資本市場，我們有敏銳的洞察力和專業知識；我們的跨學科方法使公司能夠找到創造性的解決方案。」[220]

關於高智的研究，主要見於Ewing和Feldman於2012年發表的"*The giants among us*"[221]一文評論了高智這家公司及類似的行業，Ewing和Feldman（2012）提到智慧財產權風險投資公司使用超過一千家空殼公司用於進行智慧財產權收購，因此增加了智慧財產權的風險，當時英特爾首席智財長Detkin因此創造了「專利蟑螂」的貶義詞來形容。Ewing和Feldman（2012）提到Myhrvold將高智的商業模式稱爲「發明資本主義」，也就是「爲應用創業投資和私募股權的概念來開發和商業開發新發明。」[222]

Ewing和Feldman（2012）發現高智的初始資金似乎來自Microsoft、Intel、Sony、Nokia、Apple、Google和eBay等公司。隨後的資金來源包括金融投資者，其中包括大量的機構捐贈和一些個體投資人。其中包括William和Flora Hewlett基金會，賓夕法尼亞大學、聖母大學、Grinnell學院和Charles River Ventures。Ewing和Feldman（2012）並提出高智的投資分布在五個以上的基金中。除了上面提到的初始資

---

[220] 同註219。

[221] Ewing, T., & Feldman, R., (2012), "The giants among us", *Stan. Tech. L. Rev.*, 1.

[222] 同註221。

金來源，高智的投資者還包括 Amazon、American Express、Adobe、Cisco、Verizon 和 Yahoo 以及 Xilinx。高智募集的資金是資本承諾形式，即公司可以在一段時間內使用資金，其運作方式類似於資本投資和私募股權基金，公司可獲得約 2% 的管理費加上附帶利息的 20%。

Ewing 和 Feldman（2012）歸納高智投資從電腦硬體到生物醫學、從消費電子到奈米技術；發明來源從個體發明人、各種規模的公司、政府、研究實驗室和大學獲得了發明和相關智慧財產權。另一方面，高智使用專利的方法是很複雜的，它使用空殼公司購買和持有專利，Ewing 和 Feldman（2012）的研究認為 1,276 家與高智相關的空殼公司可連結在一起，至 2011 年 5 月，僅這 1,276 家公司就擁有約 8,000 項美國專利和 3,000 項申請中的美國專利申請案。這 1,276 家公司中，Ewing 和 Feldman（2012）確定大約 50 個公司是管理功能的，一個公司是用於商標功能的，十幾個是用於投資功能的空款公司。在剩下的 1,200 家公司中，有 954 家公司的專利名稱被記錄在案，而有 242 家公司沒有專利記錄，儘管其中一些公司明顯擁有許可專利權。

Ewing 和 Feldman（2012）說明高智的專利組合來自以下途徑：

- 通過大學交易獲得：高智宣布與約 400 所大學建立關係，這些關係不一定是公開的，而高智獲得的可能是大學專利的授權或是海外的專利申請權，例如與巴西 Campinas 大學達成的協議是高智獲得為在該校的發明提交專利合作條約（PCT）申請的專利權利，也就是該校可以在自己的國家提交國內專利申請，然後高智有權提交 PCT 申請並獲得對這些發明的全球權利。
- 通過投資組合假設進行收購：高智的另一個專利來源是為中小型企業提供交關鍵授權服務，例如 2010 年與 Digimarc 公司達成的協議，該公司已授予高智獨家授權，並有權轉授幾乎所有 Digimarc 的專利。Digimarc 與高智的協定包括：每年 3,600 萬美元的授權金、高智授權產生利潤的 20%、承擔 Digimarc 先前爲專利授權的起訴和維護費用每年約 100 萬美元。

另一個關於高智的著名文章是高智發明執行長 Nathan Myhrvold 曾於 2010 年於"*Harvard Business Review*"上發表 The big idea: funding eureka![223] 一文，揭露了高智的一些內部資訊。Myhrvold 認爲在將發明變成金錢時，絕大多數的交易都是沒有可靠定價資訊的閉門造車，無法幫助買賣方評估特定發明的價值，而高智的存在是被誤解的，它們並不是所謂的 Patent Troll，而是要創造一個能夠有效挖掘發明全部價值的市場，也就是能正常的進行專利貨幣化選擇。而高智主要進行專利貨幣化的方法，主要包括：

- **包裝專利（Package Patents）**：將專利匯總在一起可以挖掘它們全部的價值，例如高智在無線技術，記憶體晶片和其他領域建立了大量的專利組合，每個專利投資組合包括了「一些已經使用的發明，一些很可能在未來使用的發明，還有一些更具投機性的發明。」[224]將專利組合起來的好處是可以讓客戶節省追蹤所有專利權，和談判單獨交易的時間和費用，客戶可以輕鬆獲得他們所需的所有專利，而更快地推出創新產品，同時降低他們錯過必要授權的風險，並因侵權訴訟而蒙羞。」[225]高智的多數客戶一般希望的專利綁售數量約在 1,000 或更多數量的專利。

[223] Myhrvold, N. (2010),"The big idea: funding eureka!", *Harvard Business Review*, 88(2), 40-50.

[224] 同註 223。

[225] 同註 223。

- **啓動新創公司（Launch a Start-up）**：當發明是具有吸引力且處於充滿玩家的市場時，需要大量資金而且需要專業知識，而成立新公司可以提供最可靠的商業化途徑。
- **建立專利爲基礎的證券（Patent Support Securities）**：Myhrvold 提到成功的專利組合可以成爲新一類投資資產，也就是以專利爲擔保資產的證券。專利爲基礎的證券可以在專利表現和證券報酬間建立更直接的聯繫，一旦專利組合爲基礎的證券開始交易，人們就會開始關注個別專利及與相關技術有關的公司。

Myhrvold 並認爲，經驗表明：「一個成熟的發明資本系統可以解決許多長期困擾發明者和發明消費者的應用研究資金不足、連接公司與發明的市場效率偏低的問題，所以需要使發明貨幣化，以及對解決重大問題所需的發明和發明進行分類，和同時允許過多侵權並過分依賴訴訟來確定價格的執法和仲裁制度。」[226]

四、智財和技術開發公司

智財／技術開發公司（IP & Technology Development Companies）本身也從事技術的研究與開發，雖然也有產品，但近幾年的趨勢是這類的公司愈來愈將專利或技術授予其他公司，讓其他公司進行產品服務的開發，特別是在手機這樣從通訊技術到手機產品，具有完整的上下游供應鏈，這類公司通常提供最高端的通訊技術供中下游廠商開發應用產品；包括相關的技術服務與技術諮詢。但這類公司也會對其他廠商提出訴訟，然後藉此向對方收取授權金，因此這類的公司有時也被批評爲「專利蟑螂」的一

[226] 同註 223。

種。這類的公司包括：AmberWave、InterDigital、MOSAID、Qualcomm、Rambus、Tessera、Walker Digital 和 Wi-LAN。

五、專利授權代理商

專利授權代理商（Patent Licensing Agents）是協助智慧財產權所有人找到被授權人，通常這些公司稱自己的業務爲「智慧財產權諮詢、智慧財產權管理、技術轉移」等，在此商業模式下公司可藉由案件成功收取費用。以 IpCapital Group 爲例，其提供智慧財產權策略諮詢服務，針對智慧財產權生命週期各階段提供服務，包括創立、貨幣化、管理和專利期結束，專利授權代理商內包括專利專家、產品調查員、專利授權代理人以行相關業務。智慧財產權所有人必須支付給代理者費用來支付，作爲專利授權代理商工作人員的旅行、研究、通訊成本。如果雙方交易能夠成功，則專利能較有效率的被使用，對市場來說是有利的。專利授權的代理商如：Fairfield Resources、Fluid Innovation、General Patent Corp、ipCapital Group、IPValue、ThinkFire 和 TPL。

例 9-3　智財和技術開發——InterDigital

InterDigital Inc., NASDAQ 代號 IDCC，1972 年成立於美國，其本業是從事無線通訊技術開發及相關晶設計，InterDigital 的技術方案從 2G、3G、4G、到 IEEE 802 相關技術及網路；也包括 CDMA、TDMA、OFDM、OFDMA、MIMO。這些技術可運用於 2G、2.5G、3G、Wi-Fi、WLAN、WMAN、WRAN 等類型的無線網路及行動通訊上。因此各種通訊相關產品包含手機、平板電腦、筆記型電腦、等，及無線基礎設施設備如基地台及零組件、無線裝置使用模組等電子產品都需會用到 InterDigital 的技術。

根據研究，InterDigital 擁有超過 20,000 個美國內外已公告的專利和專利申請案，其中包括近 300 項關鍵 LTE 專利即超過 150 項 LTE 專利申請案。這項數字顯示 InterDigital 擁有的關鍵專利超過其他通訊與手機公司。不過 InterDigital 被 Business Insider 在 2012 年 7 月，根據專門爲專利被告提供服務的組織 PatentFreedom 提出的專利數量和公開的專利申請案報告，該報告爲其認定的 NPE 進行了排名，InterDigital 被排名爲具威脅性的 NPE 第四名[227]。

PatentFreedom 將 NPE 定義爲：「任何從授權專利中獲得大部分收入的公司」，而符合這一定義的一些 NPE 其實也投資於研究和開發。根據這樣的說法，InterDigital 公司的首席執行官 William Merritt 表示 InterDigital 的人員是「創新的大力支持者」，而對於創新的努力應該有所補償。他並認爲 InterDigital 和一般自己不研發的 NPE 不同，InterDigital 有參予標準的制定，並常和提供基礎設施的公司和提供解決方案的廠商合作開發和測試新的解決方案[228]。InterDigital 公司授權的對象包括三星、Apple 公司。

六、專利訴訟金融／投資公司

專利訴訟金融公司（Litigation Finance/Investment Firms）是在發生專利訴訟時，提供當事人資助，並以未來可能的訴訟（仲裁）部分收益爲代

227 Erin Fuchs,"Tech's 8 Most Fearsome 'Patent Trolls'", Business Insider, Nov. 25, 2012/11,25，https://www.businessinsider.com/biggest-patent-holding-companies-2012-11，最後瀏覽日：2019 年 9 月 30 日。

228 同註 227。

價。第三方資助的訴訟案件在十九世紀就已經出現，目前則常見於英美法系的國家。因爲智財相關的訴訟程序繁複、費用龐大，通常只有大型企業企業才能提起智財相關訴訟，中小型企業面對制裁侵權訴訟缺乏訴訟經驗及財力，往往被迫放棄訴訟。而由於專利訴訟後的賠償金額還高於專利商品戶的利潤，因此成爲第三方資助業者看中的市場。第三方資助訴訟是禁止包攬訴訟和幫訟（Maintenance and Champerty）的。Millien（2013）認爲專利訴訟金融公司的商業模式，是介於第一類 PLEC 和第三類的 IP 聚合體或收購基金之間，它們從大型機構投資者籌集資金，再作爲有限合夥企業；而它們和 PLEC 一樣從專利組合獲得經濟利益。相關的業者包括 Altitude Capital、IP Finance、Burford、Juridica Capital、The Judge Limited 等。不同公司有不同的領域偏好：Altitude Capital Partners 投資 100 至 2,000 萬美元的智財訴訟案件，The Judge Limited 專門投資 2.5 至 100 萬美元的財訴訟案件；而 Burford Capital 專門建立了專業的專家團隊，用來評估案件與協助訴訟。

七、智慧財產權經紀公司

智慧財產權經紀公司（IP Brokers）的功能和第五類的專利授權代理基本上相同，但差異在於，他們尋求幫助智慧產權（專利）所有者尋找買家而不是被許可人；此外，它們同時經營賣方和買方，並經常協助技術公司獲得與競爭對手相比具有價值的策略性專利。一個稱職的智財權經紀人應該能夠對發明人或者專利權人說明並評估要購買的專利價值的頻譜，並能提供以服務，包括初步盡職查核、技術評估、市場分析、價值分析、競爭分析、契約談判等。而且智慧財產權經紀公司在一旦智財被出售後獲得一定銷售百分比作爲收費並完成約定，所以是一次性收入而沒有經常性收入。目前估計專利經紀市場的估計規模約爲 2 億美元，常見的業者有 Bramson & Pressman、Iceberg、Inflexion Point、Epicenter IP Group、Pluritas、Semiconductor Insights 和 ThinkFire。

八、以智財權為基礎的併購諮詢公司

以智財權爲基礎的併購諮詢公司（IP-Based M&A Advisory Firms）主要業務是爲技術公司的併購（M&A）活動提供諮詢，並根據交易價值收取費用，其商業方式類似傳統投資銀行模式。這些公司提供的服務包括智財權盡職查核、智財權併購活動資產和經營諮詢、智財權交易結構諮詢，以及投資、合併、收購和其他公司交易相關的一般諮詢。常見的業者有 Blueprint Ventures、Inflexion Point、Pluritas 和 Real Capital Analytics 等。

九、智財權擔保貸款公司

智財權擔保貸款公司（IP-Backed Lending Firms）通常以貸款方式向智財權人提供融資，而智財權人以智財權作爲擔保。智財權擔保貸款是智財權擔保金融（IP-Backed-Finance）的一種，智財權擔保金融是無形資產融資的一個分支。主要因爲近年來，企業在無形資產上的投資逐漸超越固定資產或實物資產，且固定資產價值在金融機構的眼中已不如以往，因此出現了許多針對無形資產的金融交易，特別是其中對智財權的交易。

Metis Partners 說明了智財權擔保金融的吸引力包括[229]：

1. **提高安全性**：因爲對企業的智慧財產權和無形資產收取的任何費用往往是浮動的而不是固定的，但如果智慧財產權資產定義爲貸款協議的一部分，將使銀行面臨較大的風險。

---

229 Metis Partners, “WHAT IS IP-BACKED FINANCE?”, http://metispartners.com/ip-basics/what-is/ip-backed-finance/，最後瀏覽日：2018 年 9 月 30 日。

2. **價值潛力**：經營良好的企業的智慧財產權資產將隨著時間而增加，反觀其有些有形資產的價值將會降低。

3. **資產池（Asset Pool）的價值提升**：貸款方可藉由將智慧財產權資產加入資產池以提升資產組合價值，而這些可以提升的價值可提供更多貸款的手段且安全性更高。

4. **更強的還款激勵措施**：因爲企業的無形資產常是商業活動的核心，相對於無形資產而言，企業的經營上較常需要智慧財產權資產，因此當借款人以智慧財產權資產擔保時，較有履行還款承諾的動機。

但 Metis Partners 也提到智財權擔保金融面臨的挑戰包括：

1. **能見度較低**：智慧財產權很少出現在公司資產負債表上，因此，公司決策層有責任將其智慧財產權說明解釋給貸款人，並要讓貸款方理解。

2. **價值不明確歸因**：許多公司個別是未上市公司無法使用市場機制來衡量、說明其無形資產的價值。

3. **價值難以實現**：有形資產具有可實現的價值，但相對而言，智慧財產權價值較難以實現，並且對可變現價值的確定性較低。

4. **價值具有風險**：一些無形資產價值可能快速變化。

在智財權擔保貸款金融中，智財權擔保貸款公司直接向智慧財產權所有者提供融資，或是做爲融資的中介；而貸款的擔保的全部或部分爲智慧財產權資產。和專注於應收賬款於有形資產的傳統銀行不同，智財權擔保貸款公司在融資交易時考慮了借款人的智慧財產權資產。常見的業者包括：IPEG Consultancy BV 和 Paradox Capital。

十、技術／智慧財產權衍生金融公司

技術／智慧財產權衍生金融公司（Technology/IP Spinout Financing）也是一種創投公司或私募基股權公司，只是其投資對象關注在公司沒有利用的智慧財產權，或是與大型公司成立合資企業將技術商業化或貨幣化。其收益的方式和一般創投相同，都是當有新技術的新創公司公開募股時獲得高報酬率的回收。常見的業者包括 Altitude Capital Partners、Blueprint Ventures、Inflexion Point、IgniteIP、New Venture Partners 和 Real Capital Analytics。事實上在專利市場上活動的小公司，可能後面都有這類公司的影子。例如 2007 年位於美國德拉瓦州的專利控股公司 Software Rights Archive 控告 Google 侵權，2011 年 7 月 Software Rights Archive 又控告 Microsoft 侵害其 4 項專利，其實 Software Rights Archive 背後金主也就是 Altitude Capital Partners[230]。

十一、防禦性專利池，基金和聯盟

爲了防止逐漸浮濫的 NPE 對企業專利訴訟，2008 年出現了一種新的商業模式：舊金山的 RPX 公司推出由第三方融資進行並組成防禦性專利聚合，而這些第三方專利聚合實體向會員提供固定年會費的授權，並對外購買專利或專利權，其目的在降低與NPE的訴訟風險和訴訟成[231]。防禦性專利池（Defensive Patent Pools）（或專利聯盟）是向一些公司募集資金及專利，使其成爲會員；會員一起分擔專利池的財務與管理成本；它們也設法收購及獲得專利，購買的通常是已投入市場的專利，再以透過拍賣、專利代理商或直接銷售的方式獲得。專利池先將購得專利授權給需要的成員，然後再將專利出售。

---

230 國實院科技政策研究與資訊中心科技產業資訊室，「搜尋引擎專利訴訟，Software Rights Archive 控告微軟」，http://iknow.narl.org.tw/post/Read.aspx?PostID=6421，最後瀏覽日：2018 年 10 月 1 日。

231 Wikipedia encyclopedia, “Defensive patent aggregation” 條目，https://en.wikipedia.org/wiki/Defensive_patent_aggregation，最後瀏覽日：2018 年 10 月 1 日。

Millien（2013）將此類公司或基金視為具有不同類型，包括第一類的PLEC，以及第三類的機構型專利聚合體／IP收購基金；差別在於此處其收購專利或將專利形成聚合體的目的是作為防禦NPE發起的專利訴訟。這些公司或基金（Funds）通常把注意力放在某個領域，然後以防禦目的來獲得專利以形成專利組合，特別是對於某些公司認為具威脅性的專利，可以先將其納入防禦性專利聚合體以免被對手利用做為攻擊性專利集合。常見的業者包括Allied Security Trust、Constellation Capital、RPX和Open Invention Network。

防禦型專利池的另一問題是它是否屬於NPE？至少有人認為是的[232]。因為在以防禦其他NPE的專利訴訟時，防禦型專利池可能搶先對其他NPE發動攻擊訴訟，或是跟其他NPE競爭購買有價值的專利。例如著名防禦性專利聚合公司RPX所提供的策略，就有比其他NPE先取得有潛在威脅性的目標專利，也有可能向其他NPE取得專利，這樣在會員面臨專利侵全訴訟起訴時，會員也可以使用RPX持有的專利進行反訴[233]。

例9-4　防禦型專利聚合體——PRX公司

RPX公司（Rational Patent EXchange, PRX，NASDAQ股票代碼：RPXC），是在2008年由John Amster、Geoffrey Barker和Eran Zur創立，最初由Kleiner Perkins Caufield & Byers、Charles River Ventures和Index Ventures提供資金，最近的發展是RPXC在2018年被私募股權公

232 資策會科技法律研究所，「何謂防禦型聯盟（Defensive Patent Aggregator）？其是否為NPE的重要類型？」，https://stli.iii.org.tw/article-detail.aspx?no=57&tp=5&i=4&d=7320，最後瀏覽日：2018年10月1日。

233 同註232。

司HGGC收購[234]。RPX公司是所謂的「專利風險管理服務供應商」，提供防禦性購買專專利、進行專利的躉售收購，以及提供專利資訊與服務等，目的是降低客戶來自NPE的風險。RPX設法找到他們認爲具有高價值、高產業關聯性以及對會員威脅風險高的專利資產（包括專利以及專利申請案），然後其客戶RPX可以獲得RPX專利組合中的所有專利和相關權利的授權，RPX客戶可獲得他們成爲會員後所購買的專利的永久授權。RPX會費在6萬5,000美元至6,900萬美元之間，這是依照會員本身經營規模而決定的，但會員每年會費用也可能依據RPX所取得專利價值不同而調整[235]。而除此主要運作模式外，RPX收購專利的利基是可以在專利交易中，用較低的躉售價格收購專利稱爲躉售收購（Syndicated Acquisitions），這會比企業個別以零售價格購買專利的價格爲低。

此外，RPX公司也提供客戶專利資訊服務，主要是提供客戶專屬關於PRX的可供銷售的專利、這些專利的歷史、訴訟記錄及NPE相關的資訊。這些資訊本來不對非會員公開的，但近年來RPX公司提供一個公開的搜尋引擎可以不限會員免費檢索其大部分資訊，其網址爲：https://insight.rpxcorp.com/。

其實PRX並非第一個形成的專利防禦聯盟，更早有一個由11家高科技公司組成的Allied Security Trust（簡稱AST），主要目標在NPE之前購買專利並授權給各個會員以對抗NPE[236]。AST和PRX的差異在

---

234 Wikipedia encyclopedia, “RPX Corporation” 條目，https://en.wikipedia.org/wiki/RPX_Corporation，最後瀏覽日：2018年10月1日。

235 同註232。

236 林鵬飛（2014），「防禦型專利集合之創新商業模式RPX個案研究」，**智慧財產權月刊**，189，頁70-108。

於 AST 是由會員出資，然後收購專利僅純粹給會員防禦之用，並不像 PRX 用來作爲投資用途；另一方面，RPX 公司是自行決定欲收購的專利，而購入的專利會讓所有會員皆享有一定期間的授權；而 AST 是在確認目標專利或專利組合之後，再由各成員出價投標，然後由參與出價的成員。

RPX 擁有的專利商業模式包括[237]：

- 主動取得 NPE 專利：RPX 的專利包括 InFocus、Nokia 與 IBM，以及 NPE 如 Saxon 與 LV Partners 等。
- 參與 NPE 發起的訴訟案件：例如 RPX 參與 Saxon 的專利訴訟，如此可能取得 NPE 的專利。對 NPE 而言，RPX 專利再授權給會員，或是直接購買系爭專利。
- 會員間的專利交易：RPX 會員間可進行專利交易，如 InFocus、Saxon51、Nokia 及 IBM 都有出售專利給 RPX 的記錄；RPX 拿到專利後的處理方式是先將整批專利授權給會員，再讓與給其他企業，並在讓與合約中約定這些專利不得用於對 RPX 的會員提起訴訟。
- 非會員與會員間的專利交易：RPX 在非會員與會員間專利交易上扮演中介角色，也參與交易。

但 RPX 公司也不是完全沒有爭議的，至少包括以下兩項[238]：

- 商業勒索爭議：如 2011 年 1 月由卡巴斯基實驗室公司（Kaspersky Lab ZAO，簡稱卡 Kaspersky）向美國聯邦調查局（Federal Bureau of Investigation, FBI）提出刑事告訴，認爲 RPX 向多家科

---

[237] 同註 236。

[238] 同註 236。

技公司收取會費的商業活動有商業勒索之嫌。

- 《反托拉斯法》爭議：2012 年 3 月，Cascades Computer Innovation 在美國北加州地方法院對 RPX 及 RPX 公司會員 HTC、Motorola Mobility Holdings、三星電子、Dell 及 LG 等廠商提起訴訟，指控被告等違反《反托拉斯法》。

十二、智慧財產權交易和貿易平台（IP Transaction Exchanges & Trading Platforms）

專利交易的過程中可能存在交易雙方資訊的不對稱，因此使專利的交易能夠有效率，交易雙方權利的資訊必須充分揭露，並且需要進行大量的盡職查核以釐清可交易的資產。因此在專利交易中需要存在一個中介的媒介，使專利交易能夠進行，這種交易機制可能是實體的、也可能是線上的。這樣的交易平台類似股票的交易所，交易雙方可在存在的交易規則下進行交易。其中最著名的例子是智慧財產權交易國際公司（Intellectual Property Exchange International, Inc., IPXI），以及 American Express IP Zone，Gathering2.0。

例 9-5 專利交易平台的生與死——IPXI

國際智慧財產權交易所公司（Intellectual Property Exchange International Inc., IPXI）於 2008 年由 Ocean Tomo 公司成立，是全球首家以市場定價和標準化條款交易的智慧財產權金融交易所。IPXI 成立的宗旨在開發一種基於「透明度、價格發現、效率和流動性」的智慧財產權授權模式，建立一個具市場效率的交易平台，將專利授權標準化和商品化，以便於專利授權在公開市場交易[239]。但要了解，IPXI是將智慧財產權授權設計成交易單位然後進行交易，類似於芝加哥商品交易所等現有商品交易所的交易方式，而不是直接交易專利的權利。Steele（2016）對於IPXI的交易模式描述如下[240]：

IPXI先設計出授權單位（Unit License Right , ULR）作爲交易所的基本交易單位，類似於傳統商品交易所的購買契約，其中每個ULR代表一個授權，可能是有使用專利以製造和／或銷售預定數量產品的權利，如製造商想要使用IPXI提供的專利生產10,000輛汽車，則製造商必須以市場價格購買10,000 ULR。根據這種方式，IPXI將首先與專利權人簽訂協議，專利權人透過販售或委託IPXI爲授權代理人，將專利控制權移交給IPXI，IPXI因此具有對ULR進行再授權或強制執行專利權的權利。這樣的優勢在於：專利權人可以透過非專屬授權給其他潛在購買者；另一方面，IPXI會對專利進行盡職查核以確定其價值，有助於提供有關專利價值的更完整資訊。IPXI的商業模式被認爲解決了四個關鍵的授權問題：品質的確定、提供使用的證據、交易的透明度和專利授權的定價。

但是到了2015年3月23日，IPXI宣布結束其業務，該公司的說法是「IPXI的商業模式提供了公平性和透明度，但潛在的被授權人明確表示，IPXI眞正引起他們注意的唯一方式是通過訴訟，這是我們的商業模式試圖克服的」[241]。這種說法的隱藏意義在於，對目前的專利生

---

239 Steele, M. L., (2016).,"The Great Failure of the IPXI Experiment: Why Commoditization of Intellectual Property Failed", *Cornell L. Rev.*, 102, 1115.

240 同註239。

241 同註239。

態而言，被授權方通常會到面臨訴訟時，才有想獲得授權的動機，簡單的說，這種看法就是：「沒有訴訟威脅，就沒有談判動力」。但是Steele（2016）認爲市場中還是有許多沒有訴訟威脅，卻自動簽訂授權協議的被授權人，所以沒有訴訟威脅應該不是 IPXI 失敗的全部原因。

Steele（2016）並認爲 IPXI 將專利的非專屬利授權標準化和商品化，並在公開市場上定價來提高效率和透明度，而這必須基於公開市場定價將決定這些授權的公平價格。然而 IPXI 沒有考慮事前和事後授權的區別。

Steele（2016）還解釋當製造商簽訂傳統的授權協議時，製造商同意向專利權人支付使用專利技術製造或銷售的產品的固定比率授權金；但在 IPXI 模式下，使用專利技術沒有固定的價格，而是根據專利在市場上價值而產生價格上的變動。如果專利技術的需求提高，其在市場上的 ULR 價格會隨著需求的增加而上升。因此對 ULR 的購買者形成負擔。因爲當製造商在專利授權初期時，因爲其價格還算低，因此會購買 ULR 取得事前授權，製造商也會因此投入製造所需的成本，而當製造商使用完 ULR 後，製造商必須重新進入市場以購買更多 ULR 以繼續生產；但此時 ULR 的價格可能已經提高很多，但製造商因爲事前投入了生產成本，而只好繼續購買 ULR 的事後許可，而隨著市場逐漸消耗 ULR 的有限供應，使得 ULR 價格繼續上漲。相較於如果製造商侵害了專利權並面臨並訴訟，製造商反而可透過和解而只需要獲得一次事後授權。在傳統的授權方式下，製造商爲每種產品支付專利授權使用費率，而不會限制其生產。

另外，Steele（2016）也提到本來專利的非專屬授權和有限的天然資源不同，應該是一種沒有限制的、且不會產生經濟學上稀少性的權利。但經過 IPXI 商品化後，IPXI 和專利權人可以獨家控制市場上 ULR 的數量，人爲的製造稀少性。在任何時候，他們都可以按照自己的意願發布較少的 ULR，因此市場上的 ULR 供應取決於 IPXI 和專利權人決定發布的數量，而可能造成因 ULR 的初始供應太低無法滿足生產需求的情況。而投機者可能會在首次公開募股時購買 ULR，然後當製造商必須購買更多產品時，再提高售價轉售給製造商。

十三、智慧財產權拍賣公司（IP Auction Houses）

通常專利在交易時會遇到如搜尋交易對象不易、談判困難、專利價值（價格）不易評估等問題，因此提高了交易的風險、難度與成本；特別是轉讓方或受讓方都要耗費時間與資金尋找潛在的交易方，卻不一定能夠成功。因此，專利通常被認爲缺乏流動性，而且其價值是不容易確定的。爲了從智慧財產權資產中獲取最大的價値，必須建立一個提高智慧財產權資產流動性的市場；另一方面，專利的智慧財產權資產的價值不易確定，因此必須在能將交易價格與價値脫鉤，而拍賣正是一種可以在交易過程中將價格與商品眞實價値脫鉤的方法，因此智慧財產權的拍賣應運而生。拍賣是一種古老的交易方式，透過公開競價的程序，讓出價最高者可以獲得專利或其他智慧財產權。拍賣的優點是資訊公開、規則固定，因此減少了撮合交易所需的風險、難度與成本。

拍賣的方式包括 (1) 競標者出價由低價逐步往上喊價，再由喊價最高者得標的英國式拍賣法；(2) 賣方由最高價逐步往低價喊價，直至有人願意購買的荷蘭式拍賣法；(3) 投標者們先密封投標金額，開標時最高價者得標的最高價得標拍賣法等。而在專利拍賣中，專利拍賣公司的功能在提供開放平台，使買賣雙方能預知交易效果、拍賣委託人公開的專利資訊、對專利的檢索與評估等相關資訊；而賣方根據預先確定的規則和條件提供一項或多項專利，拍賣公司收取相關費用如買家的保證金賣家的佣金等。知名的廠商包括 PatentAuction.com、IPAuctions.com、IP Auctions GmbH 和 ICAP（併入了 Ocean Tomo 的交易部門）。

以知名專利中介公司 Ocean Tomo 進行專利拍賣的方式來看，Ocean Tomo 早在 2006 年就開始舉辦智慧財產權拍賣會，Ocean Tomo 拍賣專利分為以下幾個步驟[242]：

- **徵求交易標的**：Ocean Tomo 針對各類企業、研發機構，與投資人徵求欲拍賣的智慧財產權，再由 Ocean Tomo 進行評選出適合交易的商品。
- **進行審查**：將初步篩選出的標的物交給交易專家團隊來評審，針對標的物的品質與技術進行分析，如果決定該標的可以拍賣，再與賣方與簽訂上架拍賣與販賣的條款與條件。
- **進行拍賣**：採英國式拍賣法，先設定標的物底價，再以喊價方式進行拍賣，最高喊價者得標。競標時要避免投標者的身分揭露以保護投標者的隱私。

但專利拍賣不是沒有缺點的，其缺點包括：

- **拍賣成交率偏低**：主要因為市場評估機制並不普遍，使得智慧財產權，特別是專利沒有可參考的行情價，使得專利權人會對自己的專利價格預期過高，造成底價偏高而容易流標。另一方面，拍賣也無法提供買家完整的時間對拍賣標的進行法律盡職查核，以及財務稽核，使買家無法及時下決策。因此成交量也偏低。

---

242 同註 157。

- **不當競爭者**：雖然專利拍賣的過程資訊較透明公開，拍賣過程也較爲公平，但仍然無法杜絕一些競爭者加入競標，而其加入競標目的可能是抬高交易價格，或是阻擋其他競爭者獲得專利，甚至標得後再要求高額的授權費用，這些都可能形成不當的競爭。

十四、大學技術轉移中介者

許多技術研發單位在技術轉移時遇到相當多的困擾，不論是從媒合、價值確定、契約簽署、營業秘密保護，以及如何將收益最大化等；此時就需要有專業的市場中介者協助。此外，因爲在美國的大學和研究機構是研發的重心之一，每年獲得的專利數以萬計，但投入的研發成本和授權收入仍不成比例，所以技術轉移中介者十分重要。大學技術轉移中介者（University Technology Transfer Intermediaries）通常是智財開發公司、智財收購基金或專利代理商，通常這樣的公司會稱自己爲「創新服務公司」（Innovation Services Firm），常見的廠商例如 Texelerate 和 Innovaro。

Innovaro 的前身爲 UTEK Corporation，在紐約證券交易所的代號爲 INNI，主要的業務在提供創新和企業軟體解決方案的諮詢。Utek 是於 1998 年在南佛羅里達大學（USF）技術轉移辦公室成立，成立目的在將發明與發現向市場提出授權，Utek 從技術人員間進行技轉到對任何行業進行技術轉移，主要根據「開放式創新」的概念。該公司主要的服務內容包括策略創新諮詢、專利分析、全球技術授權，和基於 Web 的智財服務[243]。Texelerate 則是從事學術研究技術轉移諮詢和智慧財產權貿易公司，提供

[243] Flynn, M.,“Utek Corporation: Promoting Innovation”, 2008/04/30, https://web.archive.org/web/20110707132913/http://www.americanexecutive.com/index.php?option=com_content&task=view&id=6673&Itemid=80，最後瀏覽日：2018 年 10 月 4 日。

學術界技術轉移時的項目評估、策略規劃、專利組合、企業培訓，和研究機構智慧財產權權政策制定等的諮詢服務。

十五、專利公開股票指數發行商

專利公開股票指數發行商（Patent-Based Public Stock Index Publishers）是根據對專利分析的方法和技術而來，且必須具有成熟的專利評等方法。專利公開股票指數首先在美國出現，其出現代表了資本市場對於企業擁有無形資產的重視。透過專利公開股票指數，投資者可以將資產投入具有高價值智財的公司，等於也投資了智財本身。而對於專利公開股票指數的投資策略，主要就是專利的品質。其較知名的廠商包括 Ocean Tomo、Patent Board。

例 9-6 Ocean Tomo 公司與 Ocean Tomo 300® 專利指數

Ocean Tomo成立於2003年，定位爲一家「智慧資本商業銀行」[244]，專門提供提供與智慧財產權產權和無形資產相關的金融服務，主要業務包括[245]：

- 意見提供：爲智慧財產權、非智慧財產權訴訟提供侵權損害賠償證明；337 調查或智慧財產權訴訟程序的企業發表專家意見；提供對專利的評估服務等。
- 管理服務：包括專利授權與專利授權費率、智慧財產權管理與營運訓練、智慧財產權策略、專利分析。
- 諮詢服務；專利與技術交易代理、公開與私人專利拍賣、併購

244 Ocean Tomo 公司簡介，http://oceantomo.cn/company-overview.html

245 同註 244。

智慧財產權的盡職查核。

跟其他相關業者相比，Ocean Tomo 提供過以下主要的特色業務包括[246]：

- 在 2005 年成立投資擁有成熟智慧財產權的新興成長型公司的私募股權和債務基金，以及建立智慧財產權現場公開拍賣市場。
- 在 2006 年建立 Ocean Tomo 300® 專利指數，是美國第一個基於智慧財產權價值的工業指數。Ocean Tomo 300® 專利指數於 2006 年於證券交易所上市。
- 在 2008 年創辦國際智慧財產權交易所（IPXI），是世界上第一家智慧財產權相關的金融交易所。
- 在 2009 年創辦 Ocean Tomo Bid-Ask ™全球專利網路競價交易市場。

Ocean Tomo 300® 專利指數（Ocean Tomo 300® Patent Index）（紐約證交所代碼：OTPAT）是第一個以智慧財產權價值基礎的股票指數，包括 300 家擁有專利價值比公司帳面價值高的公司的投資組合[247]，Ocean Tomo 300® 出現的背景是因爲以往的指數如道瓊斯工業平均指數、標準普爾 500 指數反應的多半是公司的有形資產，無法反應目前企業價值很大一部分來自無形資產的現況，因此成立了 Ocean Tomo 300® 專利指數。依據指數本身的說明[248]：Ocean Tomo 300® 專利指數的組成公司市值的平均值和中位數分別爲 254 億美元和 71 億美元；大型股、中型股和小型股分別占指數的 45%、32% 和 23%，但它指數權重約

246 同註 244。

247 同註 244。

248 同註 244。

92%、7% 和 1%。指數中股票主要包括資訊技術、醫療保健和工業技術，分別爲 40%、19% 和 10%；但指數中權重較大的行業是資訊技術、醫療保健和金融，分別爲 33%、15% 和 14%。

Ocean Tomo 300® 專利指數中的成分公司是由 Ocean Tomo 選入的，例如友達光電在 2009 年被選爲美國 2009/2010 年成分股之一，因爲截至 2009 年 11 月止，友達已核准之專利數字已達近 6,000 件，而申請中之專利亦達近 5,500 件[249]。而在 2013 年初，中國規模最大積體電路代工廠中芯國際也被列入 2012 至 2013 年度 Ocean Tomo 300® 專利指數，因爲到 2013 年 1 月止，中芯國際已獲批准的專利達 3000 餘件，且申請中的專利達 3,800 件，連續四年位居中國 IC 製造業專利申請數排行榜首位[250]。

關於 Ocean Tomo 300® 的評價，自 2007 年 1 月發行以來至 2009 年 10 月 31 日爲止，Ocean Tomo 300® 專利指數的表現已勝過標準普爾 500 指數 10.02%；因此有評論認爲其是自 1896 年道瓊工業指數、1957 年標準普爾 500 指數及 1971 年那斯達克指數以來，第一個重要市場股票指數（Broad-Based Index）[251]。

---

249 友達光電網頁，「友達光電榮獲 2009/2010 Ocean Tomo 300® 專利指數肯定」，2009/11/26，https://www.auo.com/zh-TW/News_Archive/detail/news_CSR_20091126，最後瀏覽日：2018 年 10 月 4 日。

250 中芯新聞網頁，「中芯國際被列入 Ocean Tomo 300 專利指數」，2013/02/01/，https://www.smics.com/tc/site/news_read/4419，最後瀏覽日：2018 年 10 月 4 日。

251 友達光電網頁，「友達光電榮獲 2009/2010 Ocean Tomo 300® 專利指數肯定」，2009/11/26，https://www.auo.com/zh-TW/News_Archive/detail/news_CSR_20091126 最後瀏覽日：2018 年 10 月 4 日。

第十章 專利貨幣化實例

10.1 企業專利貨幣化類型

如前所述，專利貨幣化是將專利從無流動性的資產，轉化爲具流動性貨幣的過程，其內涵主要包括授權、外包給第三方、利用專利池與專利標準、買賣讓與、授權技轉、侵權訴訟、作價投資、專利資產證券化、質押融資等模式。但主要還是集中在以下幾個常見的類型。如劉鈿（2016）[252]所提出的四個類型，分別說明如下：

1. 專利交易平台

如 2013 年美國芝加哥的智慧財產金融交易所（IPXI），就是爲專利交易成立的平台，該交易所創立了標準單位授權契約，使專利權人以平等的方式向組織授權其許可技術，而 IPXI 扮演市場監督者角色。

2. 專利訴訟

這是常見專利權人以專利獲得資金的方式，但近年因爲 NPE 的影響，使得各國都採取手段防範 NPE 的訴訟，因此建立更嚴格的訴訟制度。但因此 NPEs 也紛紛開始尋找新的商業模式而轉爲市場中介者的角色，如成立協助發明的基金、將訴訟模式轉變爲防禦型專利保險提供者等。

3. 專利證券化

將專利資產透過一定程序組合、包裝、估價後發行對應的證券；然後

---

[252] 劉鈿（2016），「專利貨幣化模式實證研究」，**決策論壇——公共政策的創新與分析學術研討會論文集（上）**。

在專利權人與投資者之間，設立一個獨立的信託機構以進行資金募集和債券出售。本書將在下一節詳加說明。

4. 技術轉移

設立技術轉移進行技術的轉移，不過這通常爲研究機構或大學採用。

本書將在後續章節介紹專利資產證券化與融資貸款兩種貨幣化的方式；因爲這兩種方式一般人較爲陌生，但卻是有效從市場或金融機構獲得現金的方式。

10.2 企業專利貨幣化例（一）——專利證券化

在前面本書雖然已介紹了智慧財產權證券化的發展歷程與實例，本節將進一步說明專利證券化的原理、流程與模式。專利證券化是資產證券化的一種，其本質是一種融資。通過證券化，可以將來自資產的收益或各種未來付款的權利以證券形式出售，而這些資產獲得收益的權利用於擔保和償還債務給投資者。這些資產的證券化是以公開或私人發行方式發行。其中特殊目的機構（Special Purpose Vehicle, SPV）獲得證券化資產（專利）的所有權利，並以法律規定的方式信託，再直接向投資者償還投資金額和利息。智慧財產權證券化或專利證券化的好處是，可以將智慧財產權的價值與企業價值脫鉤，例如原本企業本身的整體信用評等偏低時，企業可以將擁有較高價值的智慧財產權或專利證券化，此時企業就可以透過公司通過智慧財產權證券化獲得更多的融資。而本書接下來的內容則以專利證券化爲主。

一、專利證券化的定義

「證券化」（Securitization）通常指公司將資產所能產生的現金流來作爲擔保，然後發行證券給投資人；而資產所產生之現金流量，再來對證券投資人還本付息。證券化是一種融資模式，企業透過證券化可以用來自某些資產的收益或應收款，用於擔保和償還債務給特殊類型證券持有人，包括投資人或公司。最早出現的證券化是不動產的證券化，關於不動產的證券化其定義是：「將一個或數個龐大而不具流動性之不動產，透過細分爲較小單位並發行有價證券予投資人之方式，達到促進不動產市場及資本市場相互發展之目標。不動產證券化對投資人之好處，主要是可透過不動產證券化方式，以小額資金參與過去無力參加大面積且金額龐大之不動產投資，同時擁有變現性與流通性，並由受託機構運用專業能力爲投資人選擇適當不動產標的，加以管理、運用或處分，以增加收益。」[253]另一個常聽到的是金融資產證券化，和不動產證券化中不同的是，金融資產證券化中的「資產」，通常是指金融機構所具有的「債權」。金融機構可以使用債權資產作爲擔保，發行證券賣給投資人，而之後債權所產生之現金流，則用來對證券投資人還本付息。

Fabozzi（2014）認爲資產證券化的主要原因在於[254]：

- 資產證券化具有降低融資成本的潛力。
- 資產證券化能使公司資金來源多樣化。
- 資產證券化能管理公司的風險。
- 資產證券化具有對於必須滿足基於風險資本要求金融機構、降低其資本要求的潛力。
- 資產證券化提供公司在資產負債表外融資的機會。

---

253 金管會銀行局，金融小百科，「淺介我國不動產證券化」，https://www.banking.gov.tw/ch/home.jsp?id=176&parentpath=0,5,67&mcustomize=cyclopedia_view.jsp&dataserno=382&aplistdn=ou=chtips,ou=ap_root,o=fsc,c=tw，最後瀏覽日：2018年10月14日。

254 Fabozzi Frank J.、Kothari, V. 著，宋光輝等人譯（2014），資產證券化導論，北京：機械工業出版社。

• 資產證券化有獲得服務費的機會。

而智慧財產權資產證券化，基本原理和不動產與金融資產證券化一樣，只是產生現金流來源的資產不同，因此智慧財產權資產證券化可說是「將智慧財產權資產所能產生的現金流來作爲擔保，然後發行證券給投資人；而資產所產生之現金流量，再來對證券投資人還本付息。」而可作爲智慧財產權資產證券化的智慧財產權包括專利、著作權、商標等，因此專利資產證券化是智慧財產權資產證券化的一個分支。

專利資產證券化和前述兩種資產證券化的主要差異在於，專利資產主要是專利權這類無形資產，其價值比不動產與金融資產更難估計、其獲利的能力更不穩定，因此投資人的風險更高。從專利證券化的歷史經驗可以得到，專利證券化的失敗通常來自收益的銳減。所以專利資產證券化相對其他有形資產的證券化，其資產配置的設計與價值的估計更爲重要。

二、專利證券化的基本原理

由於專利證券化所依據的基本原理，就是資產證券化，因此專利證券化也符合資產證券化基本原理，包括資產重組原理、風險隔離原理、信用增級原理，分別說明如後：

（一）資產重組原理

資產重組原理（Reorganization）是指把要發行證券的資產標的，加以重新組合配置，組合配置的目標是能透過資產的重新組合，而能將收益也能重新組合配置，使收益最大化。例如將高價值的資產與較低價值的資產組合在一起，形成綁售（Bundle），對於高價值的資產來說，未必會減損其價值，但可將低價值的資產也能換成現金，如此一來至少能將成本回收。以專利等智慧財產權而言，最常見的就是專利池，其概念和資產證券化中所提到的資產持概念相似。

智慧財產權證券化中的資產重組，必須以擬發行證券的智慧財產權的主要標的爲核心，篩選具有相關特徵的智慧財產後，將其進行重組而形成智慧財產權證券化的資產池如專利池；而重組過程要注意以下幾個原則：

1. 分散資產風險

通常企業擁有資產的風險來自其市場價值，而市場價值來自資產的市場需求與競爭優勢；例如產品的生產技術之價值來自市場對商品的需求，以及商品本身對其他競爭者的優勢，當商品面臨競爭者的挑戰，或是市場出現新一代產品時，產品的銷售會受到影響，企業的收益下降、企業經營風險提高，此時企業的證券價格也會隨之滑落。專利池中的專利也是一樣的，必須考慮其市場價值與競爭優勢，特別是其技術的領先程度。但和一般企業資產不同的是，專利還有法律上的風險，包括其壽命的長短，以及其穩定性。如許多藥廠因爲專利藥的專利到期而面臨學名藥的競爭、形成的藥品專利懸崖（Patent Cliff），以及專利被舉發無效而面臨的市場競爭等。因此在專利資產的組合上，除了要考量各項資產必須在信用評等上具有分散性，也就是資產池中必須具備信用評等高、中、低兼備的資產，使得資產池的分擔風險具有統計上的意義。

另一方面，專利證券化必須考慮專利的風險，也就是專利的壽命不能太短，專利的穩定性要高，也就是不易被舉發。因爲專利證券化的價值基礎，是來自專利權的授權收益等，因此專利權的效度非常重要。因此，本書先前提到的專利組合是有必要的，專利權人如果只將關鍵專利證券化，風險是非常高的，因爲可能被舉發，市場接受度也可能不高。因此，單一產品的專利組合，甚至複數個專利組合是比較好的專利證券化資產組合避險方式。另外，資產的組合也必須具有一定的規模，才能使資產證券具有較高的價值。

2. 資產規模與信用的最佳化

此外，關於資產組合還有規模與信用，規模會影響專利證券化的成本如法律、會計、管理、訴訟等費用，這些屬於固定成本，因此如果資產池內的專利數量夠多，則固定成本可以適度分散，達到規模經濟的效果；但也不能過大，因為如果置入太多專利，但許多是無法產生預期收入的，可能會減損資產池的整體價值。最後資產的組合還有信用問題，也就是證券化的專利要能有一定的信用，如此才能預估其未來收益。因為資產證券化唯一的擔保就是資產，在專利證券化中就是專利，無法以企業的信用作為擔保；因此一旦專利失去信用度，整個專利證券化都將失去價值。

（二）風險隔離原理

風險隔離原理（Isolation of Risk）是指將要證券化的資產與企業間的風險區隔開來，讓企業可能產生的風險不會影響到專利證券化，也就是說專利證券化的風險和收益，與證券化發起人的風險和收益沒有關聯，而只和證券化的資產，也就是專利的風險和收益相關。如此將使證券化的風險降低，也比較容易估計證券化專利的價值。常見的風險隔離方式包括分離與儲備，分離就是將資產分散，使風險發生時資產受影響程度能夠受到控制；儲備就是將資產複製建立備份。但專利證券化的風險隔離方式是建立防火牆。因為通常資產證券化過程中，最要避免的風險就是擁有資產的發起人的破產風險，因為如果作為證券化發起人的專利擁有人破產，則專利證券化資產的專利可能被視為專利擁有人的財產而連帶被清算。要避免以上的狀況發生，可以透過「真實出售」或「信託」的方式將擬證券化的專利與作為證券化發起人的組織或個人的風險隔離，如果發起人在專利證券化後破產，則該證券化的專利資產不列入被清算資產之內，則 SPV 就不會受到影響而可以正常運作。

（三）信用增強原理（Credit Enhancement）

由於資產證券化的風險包括借款者無力償還借款的信用風險、應收帳款回收速度不足以彌補資產抵押應付帳款的流動性風險、再投資風險資本利得或損失的利率風險、抵押貸款者執行提前清償之權利的清償風險等。因此評等機構要根據擔保品的特性、交易參與者及該證券本身的評等、延遲付款的歷史資料以及授信準則，決定必要的信用增強等級，以降低違約所造成的損害，通常信用增強程度等於「違約機率 × 違約損失率」。信用加強的方式很多，可分爲由第三者或賣方提供保證的外部信用增強，以及利用本身現金流量的內部信用增強。通常外部信用增強方式包括保險公司（Monoline Insurance）、金融擔保公司（Corporate Guarantee）、信用狀（Letter of Credit）、現金擔保帳戶（Cash Collateral Account）等。

三、專利證券化的流程與參與者

（一）專利證券化的流程

關於智慧財產權的證券化，Nithyananda（2012）簡要說明其步驟如下[255]：

1. 步驟一：智慧財產權所有權人（原始權益人、發起人）將其擁有的智慧財產權權利以契約形式將一定期限的許可使用費全以眞實銷售等方式轉移給 SPV。

2. 步驟二：將智慧財產權授權給多個被授權人並收取授權費用。

3. 步驟三：SPV 將在投資銀行／承銷商的幫助下發行智慧財產權擔保債務工具。

4. 步驟四：SPV 將債務工具交由信用評等機構行發行之前的內部信用

[255] 同註 51。

評等，以及由保險公司評估其違約風險的保險；SPV 根據內部信用評等的結果和智慧財產權人的融資需求，採用符合的信用增強方式，提高智慧財產權的信用級別，並透過信用增強機構的付款來減少 SPV 的支付，並向投資者保證其投資的安全性。

5. 步驟五：債券承銷商會將債券工具銷售給多個投資者，以發行收入向智慧財產權人支付未來智慧財產權授權費收費權的購買價款；智慧財產權人或受託人向智慧財產權的被授權方收取使用費，並將款項存入 SPV 的收款戶，由受託管人負責管理。

6. 步驟六：由受託人從智慧財產權授權協議的授權費用按期對投資者還本付息，並對信用評等機構收取中介機構服務費。

7. 步驟七：由承銷商收取向投資者出售此類債務工具所得的收益。

8. 步驟八：然後承銷商將其所得的收益轉給 SPV。

9. 步驟九：SPV 將所得的收益轉給原始智慧財產權所有權人。

（二）專利證券化的參與者

1. 發起人（發行機構、創始機構）

發起人（Originator）是創設證券化資產的實體，可以是個人、公司或研究機構。專利證券化中發起人是專利權的原始擁有者也是專利的賣方，其將專利權的未來收益權用於證券化。專利證券化中不一定只有一個發起人，而可能是將多個原始專利權人的多個專利權集合在一起而成爲資產池。另外，也有可能是獲得他人的專利，再將這些專利未來收益權轉移給特殊目的機構 SPV 的組織，如專利資產公司或投資銀行等。發起人將原始專利資產權利轉移給 SPV，而並不直接參與將證券出售給第三方投資者的過程，這將可以使發起人本身的風險與專利資產的風險隔離。

我國的法律中，目前只有《金融資產證券化條例》提供與專利證券化類似的法律規範，例如發起人，在《金融資產證券化條例》第 4 條中被稱為「創始機構」，其定義為：「指依本條例之規定，將金融資產（以下簡稱資產）信託與受託機構或讓與特殊目的公司，由受託機構或特殊目的公司以該資產為基礎，發行受益證券或資產基礎證券之金融機構或其他經主管機關核定之機構。」

2. 特別目的機構 SPV

特別目的機構 SPV（Special Purpose Vehicle）又稱為特殊目的機構／公司，其職能是在資產證券化過程中，向創始機構購買與包裝證券化資產，以將資產的風險與創始機構的風險、特別是破產風險隔離，然後再以此資產為基礎發行證券。SPV 通常分為特殊目的公司（Special Purpose Company, SPC）和特殊目的信託（Special Purpose Trust, SPT）兩種形式，特殊目的公司有時是創始機構的附屬公司，但我國《金融資產證券化條例》第 54 條規定特殊目的公司與創始機構不得為同一關係企業；特殊目的信託的受託機構通常是獨立的信託公司。《金融資產證券化條例》第 4 條定義特殊目的信託是「以資產證券化為目的而成立之信託關係。」；特殊目的公司則是「經主管機關許可設立，以經營資產證券化業務為目的之股份有限公司。」

證券化發起人將資產轉移給 SPV 的目的在實現風險隔離，而實現風險隔離的方式有「眞實銷售」和「信託」兩種模式；其中發起人與 SPC 進行資產轉移的方式為「眞實銷售」模式，發起人與 SPT 進行資產轉移的方式為「信託」模式。分別說明如下：

- SPC 的眞實銷售模式：眞實銷售模式是由發起人自己設立 SPC，再將作為證券基礎的資產所有權眞正轉移給 SPC，因此稱為眞實銷售模式。然後再由 SPC 向投資人發行資產擔保證券，而向投資人募集的資金被視爲購買發起人基礎資產的對價。在眞實銷售過程中必須具備相關法律文件如轉讓協議與律師證明等法律文件，以確認基礎資產所有權確實由發起人轉移至 SPC。但有些法律規定 SPC 不得爲發起人的關係企業，因此再進行證券化前要先了解相關規定。

- SPT 的信託模式：信託模式是由發起人設立 SPT 關係，將基礎資產設定爲信託財產再轉移給受託機關持有，受託機構通常是信託業，而且必須經由信用評等機構評等後達到一定等級以上者才具資格，因此常爲著名的信託機構。受託機構接受委託後再向投資者發行信託憑證。信託模式是利用財產信託的獨立性來達到基礎資產的風險隔離。這樣當發起人破產時就不會波及到受託機構持有的信託財產了。

因此，SPV 的主要功能包括[256]：

- 代表投資者持有基礎資產：資產原始權益人將資產出售之後，SPV 必須代表投資者持有這些證券化的基礎資產，並藉以發行證券。
- 隔離資產：將發起人和將其售出的證券化資產的權利關係分開，以隔離兩者間的風險，是 SPV 最重要的功能，這樣證券化產品投資者的收益與作爲原資產持有者的發起人，如果破產時，其風險會與投資人無關。特別是當發起人發生財務困難時，因爲 SPV 已經代表投資者取得證券化資產的所有權，因此發起人的債權人對已證券化的資產沒有提出索償的權利。
- 作爲發行證券的主體：雖然 SPV 必須代表投資者持有證券化的基礎資產，並藉以發行證券。但要注意的是，SPV 只是一個法律上

---

256 秦菲（2009），「知識產權證券化研究」，華東交通大學碩士論文。

存在的實體，沒有實際的經營業務。

• 賦稅優惠：證券化過程中不會帶來稅收負擔，而且在實務上 SPV 會採取避稅而避免被重複課稅。

四、專利證券化的影響

Nithyananda（2012）[257] 說明智慧財產權證券化對交易各方產生的影響如下：

1. 對智慧財產權持有者

因為智慧財產資產不會被記入資產負債表，因從信用風險降低中受益；另外由於智慧財產資產將轉移給 SPV，而由 SPV 承擔貸款工具／債務工具，也降低了智慧財產權持有人募集資金的成本；而因為信用評等機構對 SPV 提供的特定債券發行進行評等，而不是評估智慧財產權持有者所有的業務活動，因此增加了公司的資金槓桿率，使企業增加用於進一步投資研發或擴展業務的資金。

2. 對智慧財產權支持證券投資者

因為其投資標的是將技術風險和其他經營風險分開，使得投資人投資的是智慧財產而不是業務，因此降低了風險，也使得此類工具比股票有更大的流動性。

3. 發行人、承銷商、貸款方和保險公司

因為在成功的實施金融創新的智慧財產商品，享有市場先占優勢。但智慧財產權證券化過程中必須避免破產風險，因為如果借款人進入破產程序，那麼將在系統中產生道德風險問題，會對潛在的投資者、承銷商、保

257 同註 51。

險公司、信用增強者等產生影響，因此以上相關各方都會盡量避免可能破產的交易。

10.3 專利貨幣化例（二）——專利擔保融資

一、專利融資的法律依據

（一）專利作為質權的法律依據

通常專利對於企業的功能，可包括以下三個思考方向：

- 專利是否能作爲企業的資產？
- 企業是否能透過專利交易或授權而獲利？
- 專利是否能成爲企業資金融通的工具？

本書前述已經針對專利交易與授權做了許多說明，其中因爲交易與授權涉及交易雙方的合意與授權的契約行爲，本著私法自治的原則，法律無需做太多的限制。但專利能夠作爲企業的資產，則必須要有法律上的基礎。如專利或技術可以作爲企業的資產，可以見我國《公司法》第 99-1 條：「股東之出資除現金外，得以對公司所有之貨幣債權、公司事業所需之財產或技術抵充之。」另外，在《公司法》第 128 條第三項有規定：「以其自行研發之專門技術或智慧財產權作價投資之法人，得爲股份有限公司發起人」。由上可知在我國法令中已明確律定技術（智慧財產權）可以視爲公司的資產。

另一方面，專利要成爲企業資金融通的工具，最常見的就是能將專利作爲質權，向金融機構進行擔保融資。關於擔保融資，我國《銀行法》第 12 條規定可以做爲銀行擔保授信的擔保者包括：「一、不動產或動產抵押權。二、動產或權利質權。三、借款人營業交易所發生之應收票據。四、各級政府公庫主管機關、銀行或經政府核准設立之信用保證機構之保證。」而關於擔保者的貸款能力，《銀行法》第 37 條規定借款人所提質物或抵押物之放款值，由銀行根據其時值、折舊率及銷售性，覈實決定。由上觀之，專利權必須具有權利質權的性質，才能作爲向銀行擔保授信的依據。

關於權利質權，我國《民法》的定義是在《民法》第 900 條：「稱權利質權者，謂以可讓與之債權或其他權利爲標的物之質權。」而關於權利質權的性質，《民法》第 900 條規定：「權利質權，除本節有規定外，準用關於動產質權之規定。」因此，我們必須先了解關於動產質權的一些規定。關於動產質權的定義是在《民法》第 884 條：「稱動產質權者，謂債權人對於債務人或第三人移轉占有而供其債權擔保之動產，得就該動產賣得價金優先受償之權。」《民法》第 885 條規定：「質權之設定，因供擔保之動產移轉於債權人占有而生效力。」至於質權擔保的範圍，《民法》第 885 條規定：「質權所擔保者爲原債權、利息、遲延利息、違約金、保存質物之費用、實行質權之費用，及因質物隱有瑕疵而生之損害賠償。但契約另有約定者，不在此限。」

以上所述爲權利質權的基本法律規範，而關於專利，因爲專利權是財產權的一種，專利權人可自其專利權創設出一種擔保物權[258]，可以拿來設定質權，也就是以專利權人爲債務人，爲了讓他的債權人之債權得到擔保，而以專利權設定權利質權，將來債權人可就該專利權有優先受償之權；所以專利質權可爲專利權人（或貸與人）與質權人之間消費借貸契約的擔保。而根據《民法》第 904 條：「以債權爲標的物之質權，其設定應

258 經濟部中小企業處法律諮詢服務網，「彰顯擔保價值，專利設質先搞清」，2007/01/09，https://law.moeasmea.gov.tw/modules.php?name=Content&pa=showpage&pid=632，最後瀏覽日：2018 年 10 月 9 日。

以書面爲之。」所以用專利權設質必須向經濟部智慧財產局辦理登記，才能對抗第三人，即所謂的專利權質權設定登記[259]。

至於專利權質權設定登記程序，經濟部智慧財產局的規定如下：「申請專利權質權設定登記者，應由專利權人或質權人備具專利權質權登記申請書、專利證書、規費，並檢附質權設定契約或證明文件。質權設定原因消滅時，辦理質權塗銷登記者，應由專利權人或質權人備具申請書、專利證書、規費、債權清償證明文件或質權人出具之塗銷登記同意書或法院判決書及判決確定證明書或依法與法院確定判決有同一效力之證明文件辦理。」[260]

（二）專利質權的法律性質

1. 專利質權是擔保物權

因爲質權是一種擔保物權，因此要了解專利質權的法律性質，必須先從了解物權開始。知名民法學者王澤鑑教授對物權的定義是：「係指對物的權利，即將某物歸於某特定主體，由其直接支配，享受其利益之權利」[261]。而如果以標的物支配範圍爲標準，可把物權區分爲完全物權以及定限物權，其中「完全物權」就是所有權。而「定限物權」指所有權之外的其他物權，可以分爲用益物權及擔保物權。王澤鑑教授認爲擔保物權是指：「以確保債務的清償爲目的，於債務人或第三人所有之物或權利所設定的物權。擔保物權屬於所謂的定限物權，即於他人之物或權利設定的物

---

259 經濟部智慧財產局網頁，「何謂專利權質權登記？應如何辦理？」，2015/12/8，https://www.tipo.gov.tw/ct.asp?xItem=504369&ctNode=7633&mp=1，最後瀏覽日：2018 年 10 月 9 日。

260 同註 259。

261 王澤鑑（2010），**民法物權**，自行出版。

權，因以支配擔保物的交換價值爲內容，又稱爲價值權。」[262]

2. 擔保物權的類型

擔保物權的功能在於確保債務清償時獲得優先受償權。現行《民法》有明文規定有抵押權、質權與留置權三種擔保物權，以及實務上的讓與擔保；分別說明如下：

- 抵押權—《民法》第 860 條：「稱普通抵押權者，謂債權人對於債務人或第三人不移轉占有而供其債權擔保之不動產，得就該不動產賣得價金優先受償之權。」
- 質權—如前所述的動產質權與權利質權。
- 留置權—《民法》第 928 條：「稱留置權者，謂債權人占有他人之動產，而其債權之發生與該動產有牽連關係，於債權已屆清償期未受清償時，得留置該動產之權。」
- 讓與擔保：依法務部法律字第 0910030114 號函釋：「實務上所稱『讓與擔保』，係指債務人爲擔保其債務，將擔保物所有權移轉與債權人，而使債權人在不超過擔保之目的範圍內，取得擔保物所有權者而言（參照最高法院七十年台上字第一〇四號判例）。準此，『讓與擔保』乃財產所有人（債務人）爲提供財產受讓人（債權人）債權之擔保而設，……讓與擔保之受讓人僅限於保全債權時得行使其權利。」

而擔保物權所擔保者，抵押權和質權稍有不同，《民法》第 861 條規定：「抵押權所擔保者爲原債權、利息、遲延利息、違約金及實行抵押權之費用。但契約另有約定者，不在此限。得優先受償之利息、遲延利息、

262 同註 261。

一年或不及一年定期給付之違約金債權，以於抵押權人實行抵押權聲請強制執行前五年內發生，及於強制執行程序中發生者爲限。」至於職權所擔保的內容，《民法》第 887 條規定：「質權所擔保者爲原債權、利息、遲延利息、違約金、保存質物之費用、實行質權之費用及因質物隱有瑕疵而生之損害賠償。但契約另有約定者，不在此限。」

3. 專利質權的性質

關於專利質權的性質，可以從質權與抵押權的相同與差異點看出。抵押權是債權人對於債務人或第三人不移轉占有而供其債權擔保之不動產，得就該不動產賣得價金優先受償之權；質權則是債權人對於債務人或第三人移轉占有而供其債權擔保之動產，得就該動產賣得價金優先受償之權。兩者最大差異在質權抵押物由質權人保管，當超過借款期限而借款人無法還款時，質權人可直接處理質權抵押物以彌補損失。因此抵押多採取土地、房屋這些不動產或者車船等特別動產作爲抵押物；質權抵押多採用物品進行抵押。而專利質權雖然是一種權利質權，在作爲質權抵押時和權利質權不同，不是採用移轉占有的方式，而是以至主管機關登記的方式，以達到公示的目的，類似於土地的抵押。因此，專利質權的性質不完全同於權利質權，也有點類似於抵押權。此外，關於專利質權人的權利，我國《專利法》第 6 條規定：「專利申請權，不得爲質權之標的。以專利權爲標的設定質權者，除契約另有約定外，質權人不得實施該專利權。」

因此我們可以歸納專利質權具有以下的性質：

- 專利權質押標的物：專利權質押標的物是專利權。
- 專利質權人權利：專利設定質權期間，質權人無權授權他人使用或轉讓該設定質權專利。
- 費用分擔：專利設定質權期間，原則上專利權維持的相關費用如專利年費、專利規費等應由質權設定人承擔。

- 生效期：專利設定質權必須辦理登記，並自登記之日起生效。

二、臺灣專利融資制度簡介

我國的專利融資，主要的法源依據是《產業創新條例》（簡稱《產創條例》），《產創條例》第 13 條規定：「爲協助呈現產業創新之無形資產價值，中央主管機關應邀集相關機關辦理下列事項：一、訂定及落實評價基準。二、建立及管理評價資料庫。三、培訓評價人員、建立評價人員與機構之登錄及管理機制。四、推動無形資產投融資、證券化交易、保險、完工保證及其他事項。」《產創條例》第 13 條第 15 條規定：「爲提升智慧財產流通運用效率，各中央目的事業主管機關得建立服務機制，提供下列服務：一、建立資訊服務系統，提供智慧財產之流通資訊。二、提供智慧財產加值及組合之資訊。三、辦理智慧財產推廣及行銷相關活動。四、協助智慧財產服務業之發展。五、產業運用智慧財產之融資輔導。六、其他智慧財產之應用。」

《產創條例》的規定爲推動智慧財產的應用、評價，以及以從市場智慧財產取得資金，訂定了法律上的基礎。在實務推動上，經濟部工業局於 2003 年與 2004 年，分別公布了《智慧財產鑑價準則與程序》以及《智慧財產評價作業準則》，作爲專利評價的依據；並於 2002 年 11 月設立了「臺灣技術交易市場整合服務中心」（TWTM），委託財團法人工業技術研究院代爲經營管理，目前改名爲「臺灣技術交易資訊網」[263]。但該平台以尋求投資與技術交易爲主。而在實際可以使用技術作爲融資的規定，現行

---

263 臺灣技術交易資訊網網址，https://www.twtm.com.tw/Web/faq.aspx，最後瀏覽日：2018 年 10 月 10 日。

主要爲《中小企業信用保證基金知識經濟企業融資信用保證要點》及，該要點主要是規範銀行向中小信保基金提出申請屬於知識經濟企業的融資信用保證，其中第二條規定，中小企業信用保證基金提供企業融資信用保證的對象包括下列二項基本資格：「（一）符合本基金「保證對象要點」第二點之中小企業。（二）符合下列條件之一者：……5. 最近二年內所開發之技術或產品已取得專利權、著作權、商標權。」《要點》中規定其授信種類包括短期週轉融資、中期週轉融資及資本性支出融資。上述授信包括爲企業開狀、保證開狀或簽發保證函等間接授信。其申請程序爲：「申請企業應備齊申請書表及相關文件向信保基金提出申請，經檢視文件齊全且符合申請資格後，進行訪廠，並就財務結構、經營團隊、無形資產、行銷通路、產業前景等各面向評估後，提審議委員會審議，審核通過者，信保基金核發承諾書予申貸企業，企業得執承諾書向與信保基金簽約之金融機構申請融資。」[264]

不過一般認爲，臺灣的相關規定與制度實施的太慢，例如《產創條例》中關於建立無形資產評價環境並連結金融體系的規定，直到 2017 年才完成，相較之下，其他國家就積極許多。

三、日本專利融資制度簡介

日本開始專利擔保融資開始於二十世紀 90 年代亞洲金融危機之後，因爲金融機構出現許多不良資產，因此開始發掘新的融資擔保品[265]。日本對於智慧財產權融資擔保的模式，包括直接提供資金的債務融資，以及由

---

264 經濟部中小企業處中小企業財務融通資訊服務網，https://friap.moeasmea.gov.tw/guarantee.php，最後瀏覽日：2018 年 10 月 10 日。

265 李颯（2009 年），「知識產權擔保體例的選擇」，鄭州大學碩士論文。

對融資者提供信用加強或是信用保證[266]。日本專利融資來源主要來自兩大方面：日本政策投資銀行與日本信用保證協會，以下分別說明。

（一）日本政策投資銀行

日本未特別針對智慧財產融資提供信保機制，其智財權擔保融資主要由日本政策投資銀行（株式会社日本政策投資銀行、にっぽんせいさくとうしぎんこう）（Development Bank of Japan, DBJ）提供。DBJ 是日本政府財務省管轄的公司，前身是由復興金融金庫、日本開發銀行、北海道東北開發公庫等單位合併，後依據 2007 年訂定的《株式会社日本政策投資銀行法》，於 2008 年新設立現行的日本政策投資銀行[267]。DBJ 的功能主要在配合政策需要，擔任政策金融機構的角色，以協助日本企業提升技術水準。DBJ 主要針對企業進行貸款，其中包括以企業流動資產（動產、庫存、應收債權等）爲擔保的「資產擔保融資」（Asset Based Lending, ABL），以及以融資對象未來可產生之現金流作爲償債來源的「計畫型融資」（Project Finance）[268]。

DBJ 從 1995 年開始提供智慧財產權擔保貸款，其中的智慧財產權擔保品包括核可之專利權、申請中之專利權、電腦程式著作權、內容著作權及其他智慧財產權。關於智慧財產鑑價，DBJ 並非估計智財權的交換價值，而是估計以智慧財產因應用方式或用途的不同，所能產生的現金流。DBJ 強調智慧財產必須是「會產生現金流」，以及「可作爲事業發展核心

---

266 同註 265。

267 金融管理委員會金融研究資源整合平台，「各國推動創意企業放款與無形資產評鑑價之經驗」，2015 年 1 月，https://research.fsc.gov.tw/FrriFileDownLoad.asp?ResearchID=20161213-1717，最後瀏覽日：2018 年 10 月 10 日。

268 同註 265。

價值」的智慧財產才可作爲融資標的[269]。

（二）日本信用保證協會

在民間方面，「日本信用保證協會」有針對智慧財產權質權融資業務，日本的民間金融機構也有類似的例子，如1995年住友銀行與Bandai Visual共同出資設立Multimedia Finance，推出以智慧財產權爲擔保的融資貸款方案，融資貸款對象以遊戲軟體、電視電影等影像軟體、電腦軟體三大領域爲主，並由Multimedia Finance進行鑑價。另外富士銀行於2000年開辦著作權擔保貸款，最著名的案例是2001年以音樂創作權爲擔保，貸給音樂製作人小室哲哉10億日元融資。

而日本一般對於可融資貸款的智慧財產權條件爲[270]：

- 必須是在日本已確定的智慧財產權：因此專利權及尚未核准的申請案不在其中。
- 必須是具有流通性的智慧財產權：因此要進行經濟性評估決定是否可擔保融資。
- 必須是具有收益性的智慧財產權：如果智慧財產權能創造收益，則即便企業破產，也可以用智慧財產權進行擔保權的處理。

而日本對智慧財產權價值的評估方式包括[271]：

- 成本計算法：即獲得該智慧財產權所花費的成本。
- 市場交易行情價格：根據相似智慧財產權在市場上的交易情況進行評估。

---

269 同註265。

270 李龍（2009年），「日本知識產權質押融資和評估」，**華東理工大學學報：社會科學版**，24(4)，79-85。

271 同註270。

- 收益還原法：將智慧財產權將來可能創造的價值還原成現在的價值，推測智慧財產權產生商品未來銷售額及授權費的收入，再扣除成本後，再計算出智慧財產權現在價值。
- 以智慧財產權事業部門的收支價值：不僅考量單一專利等智財權的價值，而要考慮整個智財部門所有智財權的資金收支。
- 擔保的智慧財產權在行業中的重要性：可以將同行業中的其他公司中的相關智財權進行比較，判斷該智財權技術含量的高低。
- 設定質權的方法。

四、美國專利融資制度簡介

（一）美國智慧財產權擔保融資的法律原則

美國智慧財產權擔保融資的法律規定有以下幾個重點[272]：

1. 智慧財產權擔保設立以書面形式爲要件

因爲智慧財產權擔保是無形財產權，無法進行事實占有和控制，因此適用美國《統一商業法典》（Uniform Commercial Code, UCC）第九編中對於非占有型擔保的規定，需要書面（包括電子文檔）的擔保協議（Security Agreement）形式設立，並由當事人簽字蓋章或符號加密等方式確認。

2. 專利權擔保的登記

在美國，關於專利權擔保是否要向專利商標局辦理登記是經過歷史轉折的，在1891年的Waterman案中，最高法院在判決中指出，專利權無法進行實際的轉移或占有，如果在專利商標局進行抵押登記，就等於轉移

272 謝黎偉（2012年），「美國智慧財產權擔保融資的立法與實踐」，重慶工商大學學報：社會科學版，29(4)，66-75。

占有，將會使抵押權人享有對抗包括抵押人在內其他人的權利。所以當時專利權擔保通常以抵押或附條件買賣的形式進行。但後來美國法典第九編規定非占有型擔保必須登記，使得專利權擔保必須要向專利商標局辦理登記。在 1973 年的 Holt 案中，法院認定《美國專利法》第 261 條並未排除 UCC 第九編的適用，且由於《美國專利法》並未要求在專利商標局辦理專利擔保登記，所以債權人在 UCC 的擔保登記可產生公示效力，足以產生對抗第三人。在其他的案件中，法院也認爲聯邦登記和 UCC 登記可以共存[273]。

3. 智慧財產權擔保權行使優先次序

當擔保權人需要行使智慧財產權的擔保權時，可能會有數個擔保權人在一個擔保物上主張權利，因此產生擔保權的優先次序問題。一般規則是「登記在先、權利在先」，但不同的法規稍有不同：UCC 規定同一擔保物以先登記原則確定次序，但專利法、商標法和版權法都有一個登記寬限期，只要以附條件買賣或抵押方式設立擔保，擔保設立之後的三個月或一個月內擔保權人的登記都具有追溯效力；因此如果在寬限期內，即使其他擔保權人或受讓人做了登記，也能對抗早於其設立擔保權但晚於其登記的擔保權人[274]。

（二）美國智慧財產權擔保融資制度

美國的智慧財產權融資保證機制主要包括由智慧財產權管理公司 M・CAM（Mosaic Collateral Asset Management），以及美國中小企業局（Small Business Adminstration, SBA）等依市場機制建立，包括融資保證、

---

[273] 同註 272。

[274] 同註 272。

完工保險到融資再保險等制度[275]。M‧CAM 與 SBA、聯邦儲備銀行維吉尼亞州里奇蒙分行（Federal Reserve Bank of Richmond）、美國聯邦存款保險公司（Federal Deposit Insurance Corporation, FDIC ）合作發展出 CAPP（Certified Asset Purchase Price）強化抵押計畫：主要是對作爲借款擔保品的智慧財產權，以無形資產之貼現現金流量（Discounted Cash Flow, DCF）方法鑑定估價，再由 M‧CAM 出具保證以該價格回購的協議，增強貸款的擔保，該購買合約並由再保業者提供保證，其細部流程如下[276]：

1. 以 DCF 鑑定無形資產回購價

M‧CAM 的承保標準爲資產變現價值（Asset Liquidation Value, ALV），先進行行業比價，即先找出至少三個與所承保無形資產相關的、以現金交易的出售、併購交易、授權等的資產價格，再考慮折價比率、行業增值指標及信心因素，據此決定無形資產變現價值。

2. 決定貸款額度

確認 ICV 變現價值後，根據實際交易和業界企業融資慣例，以 30～90% 的扣減率核予額度。保證期間最長可達 5 年。期間 M‧CAM 負責監督智慧財產權的應用情形；以確保價值，M‧CAM 的收入則是保證費及服務費。

3. 選定無形資產的折價曲線

根據無形資產生命週期選定賣回合約的折價曲線。

4. 違約時將抵押之無形資產處理

在違約時，CAPP 之購買合約由再保業者提供保證，再保業者在借款

---

275 同註 267。

276 同註 267。

人喪失抵押品贖回權時，以抵押品殘值支付貸款機構，並取得無形資產所有權。

五、中國大陸專利融資制度簡介

（一）中國大陸智慧財產權擔保融資的法律依據

1. 主要法源依據

中國大陸智慧財產權擔保融資的法源主要來自《物權法》和《擔保法》。其中《物權法》第 223 條明定權利質權包括「可以轉讓的註冊商標專用權、專利權、著作權等知識產權中的財產權」，第 227 條規定智慧財產權設定質權的方式及設質後各方的權利：「以註冊商標專用權、專利權、著作權等知識產權中的財產權出質的，當事人應當訂立書面契約。質權自有關主管部門辦理出質登記時設立。知識產權中的財產權出質後，出質人不得轉讓或者許可他人使用，但經出質人與質權人協商同意的除外。出質人轉讓或者許可他人使用出質的知識產權中的財產權所得的價款，應當向質權人提前清償債務或者提存。」而《擔保法》第 75 條中明定依法可以轉讓的商標專用權、專利權、著作權中的財產權可以作爲質押，第 79 條中明定智慧財產權設質要訂定書面合約：「以依法可以轉讓的商標專用權、專利權、著作權中的財產權出質的，出質人與質權人應當訂立書面契約，並向其管理部門辦理出質登記。質押契約自登記之日起生效。」

2. 專利權質押登記辦法

爲了明確規定專利質押的實施，根據《物權法》和《擔保法》，中國大陸訂有《專利權質押登記辦法》，所謂的「質押」就是指設定質權。其第 1 條說明了專利權質押的目的是爲了「促進專利權的運用和資金融通，保障債權的實現」。第 2 條規定負責專利權質押登記工作的單位是國家知識產權局負責，第 3 條規定以專利權出質的，出質人與質權人應當訂立書面質押契約。至於要以專利權申請質押登記，當事人應當向國家知識產權局提交下列文件：「（一）出質人和質權人共同簽字或者蓋章的專利權質押登記申請表；（二）專利權質押契約；（三）雙方當事人的身分證明；（四）委託代理的，註明委託權限的委託書；（五）其他需要提供的材料。專利權經過資產評估的，當事人還應當提交資產評估報告。」第 9 條規定以專利權申請質押登記時，當事人提交的專利權質押契約應當包括以下與質押登記相關的內容：「（一）當事人的姓名或者名稱、地址；（二）被擔保債權的種類和數額；（三）債務人履行債務的期限；（四）專利權項數以及每項專利權的名稱、專利號、申請日、授權公告日；（五）質押擔保的範圍。」除此之外，第 10 條規定除本辦法第 9 條規定的事項外，當事人可以在專利權質押契約中約定的事項包括：「（一）質押期間專利權年費的繳納；（二）質押期間專利權的轉讓、實施許可；（三）質押期間專利權被宣告無效或者專利權歸屬發生變更時的處理；（四）實現質權時，相關技術資料的交付。」

關於專利質押期間，第 16 條明文規定不予辦理專利權轉讓登記手續或者專利實施契約備案手續，除非出質人提出質權人同意轉讓或者許可實施該專利權的證明。而第 18 條規定質押登記註銷的情況包括：「（一）債務人按期履行債務或者出質人提前清償所擔保債務的；（二）質權已經實現的；（三）質權人放棄質權的；（四）因主契約無效、被撤銷致使質押契約無效、被撤銷的；（五）法律規定質權消滅的其他情形。」

（二）中國大陸智慧財產權擔保融資的模式

中國大陸專利質押融資的方式可分爲普通質押貸款模式和政府介入質押貸款模式，其中政府介入質押貸款模式又可大致區分爲上海浦東模式、武漢模式與北京模式[277]：

1. 北京模式

北京模式被稱爲是「銀行＋企業專利權／商標專用權質押」的直接質押融資模式[278]，北京模式被稱爲是銀行主導市場化的知識產權質押貸款模式。在專利質押貸款過程中政府協助導入包括法律事務所、評估公司與擔保公司的參與，分別提供服務並收取費用。交通銀行北京分行則根據支持服務科技型中小企業的市場定位，推出小企業專利權和商標專用權質押貸款及文化創意產業版權擔保貸款[279]。至於企業在貸款過程中需要的成本如利息、各類中介費如擔保費、評估費、保險費等，政府會加以補貼。但北京模式的缺點是貸款門檻高、小企業貸款不易。

2. 上海浦東模式

此模式被稱爲是「銀行＋政府基金擔保＋專利權反擔保」的間接質押模式[280]，由地方政府推動爲主，屬於地方政府的浦東生產力促進中心負責企業專利質押貸款的擔保；官方的浦東知識產權中心等第三方機構負責對申請知識產權貸款的企業採用知識產權簡易評估；違約風險則是由上海銀行浦東分行承受損失貸款金額的5%。政府相關部門擔負了擔保、評估

---

277 新聚能科技，「專利質押與融資實務—以中國大陸爲例」，http://synergytek.com.tw/blog/2015/09/11/%E5%B0%88%E5%88%A9%E8%B3%AA%E6%8A%BC%E8%88%87%E8%9E%8D%E8%B3%87%E5%AF%A6%E5%8B%99-%E4%BB%A5%E4%B8%AD%E5%9C%8B%E5%A4%A7%E9%99%B8%E7%82%BA%E4%BE%8B/?variant=zh-tw，最後瀏覽日：2018年10月10日。

278 百度百科，「知識產權質押融資」條目，https://baike.baidu.com/item/%E7%9F%A5%E8%AF%86%E4%BA%A7%E6%9D%83%E8%B4%A8%E6%8A%BC%E8%9E%8D%E8%B5%84，最後瀏覽日：2018年10月10日。

279 同註278。

280 同註278。

主、貼息支持的功能。浦東模式可說是政府機構加強擔保模式，其優點是模式簡化貸款流程並提高放款速度，但政府所承擔的風險明顯太大[281]，因爲在此模式下銀行放款是基於政府的信用，而可能不是基於專利權本身的價值。

3. 武漢模式

此模式被稱爲是「銀行＋科技擔保公司＋專利權反擔保」的混合模式[282]，在專利質押貸款過程引入擔保公司接受以未上市股權、應收帳款、專利權等無形資產進行反擔保措施；武漢市知識產權局負責進行專利質押融資的受理、審核與立項；武漢市財政局則與武漢市知識產權局與共同合作，對以專利權質押方式獲得貸款的武漢市中小企業則負責發放貼息資金。武漢模式則由於金融機構認爲曝險過高，因此參與知識財產質押融資意願不高[283]。

此外，中國大陸還有一些其他的專質押融資的方式，包括[284]：

- 企業經中介機構評估的專利權質押向銀行申請貸款。
- 企業將專利與有形資產，法人代表無限連帶責任擔保等捆綁作爲質押物向銀行申請貸款的捆綁式質押融資方式。
- 互聯網＋專利質押融資方式，即是以 P2P 的方式線上進行融資。

（三）中國大陸智慧財產權擔保融資現況

近年來，中國大陸智慧財產權擔保融資已形成風潮，許多資產管理公

---

281 同註 277。

282 同註 278。

283 同註 277。

284 羅彬、王艷紅（2017），「專利池資本化的路徑及風險分擔機制研究」，**內江科技**，38(7)，頁 25-28。

司及銀行紛紛推出知識產權抵押融資產品，或是只針對專利的專利質押融資產品；並推出各類如「互聯網＋知識產權＋金融」互聯網知識產權金融平台的創新金融服務模式。因此中國大陸專利權質押融資金額從 2011 年的 90 億元人民幣、2012 年的 141 億元，逐年成長到 2016 年的 436 億元人民幣；而2017年上半年，新增專利權質押融資金額達到318億元[285]。

但另一方面，中國大陸智財產擔保融資也隱含一些問題：包括貸款是否過於浮濫？質押的專利是否具有合理價值等。特別是 2018 年許多 P2P 貸款平台倒閉，是否影響了智慧財產權擔保融資？都需要進一步觀察。

10.4 其他類型的專利貨幣化

關於專利貨幣化的內涵，不同研究者有不同的說法；通常除了資產證券化與擔保融資，許多研究者認爲買賣、授權也屬於專利貨幣化。本書在先前的章節介紹了專利的買賣、授權等，但是本書認爲這些屬於專利商業化的範疇，而與專利貨幣化仍有目的及手段的差異。但除了以上所述的專利貨幣化類型，其實關於專利貨幣化的例子還有很多。崔哲（2017）等人[286]提出專利貨幣化的範疇還包括：專利擔保資產售出與回授授權、攻擊性專利基金、防禦行專利基金、專利股票指數與股票基金、專利孵化基金等。

其中崔哲（2017）等人認爲專利擔保資產售出與回授授權、攻擊性專利基金、防禦行專利基金等，已經可發展成一個新的領域「專利金融」。關於專利金融已超出本書的討論範圍，在本書中不進一步說明。至於專利股票指數，以往已經有 Chi Research 的科技市淨率（Technology P/B）指

285 彭繪羽（2017），「我國專利質押融資概況研究」，現代商業，30，頁49-51。
286 同註 14。

標以及 Ocean Tomo 的創新率指標都曾嘗試過，但不受市場重視。而中國大陸的深圳交易所與德高行合作，在 2015 年挑選出上海、深圳交易所的 100 支股票編成「國證德高行專利領先指數」，並於 2017 年 6 月開始，發行一檔德高行和深交所合作的股票基金[287]。

由以上例子可知，專利的商業化與貨幣化是正在進行中的趨勢，否則投入大量投入資金進行研發的企業將難以爲繼；而專利與金融界的關係也將愈來愈密切。因爲企業需要資金，而金融界的資金需要選擇好的投資標的；以專利作爲篩選投資標的的工具，對於投資者而言是非常有效的。

[287] 蔣士棋，「專利量化數據，打開投資新視野」，**北美智權報** 185 期，2017 年 5 月 17 日，http://www.naipo.com/Portals/1/web_tw/Knowledge_Center/Industry_Economy/IPNC_170517_0701.htm，最後瀏覽日：2019 年 1 月 1 日。

第十一章 企業如何進行專利貨幣化

11.1 從企業專利策略、專利組合到專利貨幣化

一、專利貨幣化的條件與步驟

（一）專利貨幣化的條件

本書在前面的章節中，已詳細介紹企業專利策略、專利組合與企業貨幣化，但企業要能成功的實施專利貨幣化，需要有以下條件的配合：

1. **完備的法律制度**：包括高強度的專利保護、完善的專利質押融資制度、專利資產證券化制度。

2. **健全的交易市場**：制度化的專利交易市場，並有專業的中介者與活躍的投資者。

3. **企業具有專利能力**：企業具有能提供交易市場所需專利的能力。

（二）專利貨幣化的步驟

依照 Hutter（2008）[288] 的看法，除了以上的條件，企業要進行成功的專利貨幣化，通常必須注意以下四個步驟：

1. 第 1 步：執行客觀的內部專利審計並識別潛在可用資產

組織要能成功執行專利貨幣化的第一步，是要能了解其所擁有的專利組合是否包含第三方有意收購的任何專利資產。而透過專利審計（Patent

---

[288] Hutter, J., "Patent Monetization Can be a New Source of Revenue for Your Clients: Make Sure You Know the Critical Steps for Success", 2008/12/1, http://www.jdsupra.com/post/documentViewer.aspx?fid=f7a96786-bd33-4e8a-abe6-a7bd504b8e12，最後瀏覽日：2018年12月20日。

Audit）能夠識別出這些能構成專利貨幣化的潛在候選人。智慧財產審計（Intellectual Property Audit）已經是會計領域中重要的一部分，本書只討論專利的審計，因此稱為專利審計。關於專利審計的內容，將在 11.2 節中詳細說明。

進一步說明的是，通常專利審計是運用在企業進行專利交易、併購時盤點專利資產的行動，包括內部及外部的審計。在此只限於挖掘專利貨幣化所需的專利資產，因此重點在於專利的有效性與價值性。

2. 第 2 步：專利資產行銷評估

在完成內部專利審計並發掘出可以進行專利貨幣化的專利資產，以確定該專利資產所涵蓋的主題是否為第三方感興趣的之後應該再從商業角度進行該專利資產行銷的評估。也就是研究該專利資產產品的潛在購買者，以及對該潛在購買者進行行銷研究。在此的評估可以從有需求的購買者及可能侵犯該專利資產權利的侵權者兩個方向著手，因為如前所述，許多交易是在避免專利訴訟的先決條件下完成的。如果行銷評估和初步評估顯示企業擁有第三方可能有興趣獲得的專利資產，接下來則可進一步執行行銷的計畫。

3. 第 3 步：執行專利貨幣化行銷計畫

在別出專利資產的潛在購買者以及專利資產可能收益後要制定專利行銷計畫的計畫。行銷計畫會根據企業組織的內部專業知識、業務帶和所涉及的技術類型、行銷管道而有所不同。例如 Hutter（2008）說明現有行銷管道包括：通過內部專利授權業務管道進行行銷；通過專利經紀行銷；進行專利拍賣等銷售；進行線上交易匹配。

4. 第 4 步：聘請律師完成交易

最後，各方將委由律師完成交易，以獲取各自的利益。

二、從無形資產觀點看專利的價值

（一）無形資產的價值

專利價值指標要爲各行業能夠接受，最好要能符合《國際會計準則第38號》「無形資產」的規定。《國際會計準則第38號》[289]中關於「無形資產」的主要定義如下：

1. 無形資產

企業於取得、發展、維護或強化無形資源時，通常會消耗資源或發生負債。此類無形資源可能包括科學或技術知識、新程序或系統之設計與操作、許可權、智慧財產權、市場知識及商標（包含品牌名稱及出版品名稱）。該等無形資源常見之項目，例如電腦軟體、專利權、著作權、電影動畫、客戶名單、擔保貸款服務權、漁業權、進口配額、特許權、客戶或供應商關係、客戶忠誠度、市場占有率及行銷權。

2. 可辨認性

無形資產之定義規定無形資產需可辨認，以便與商譽區分。

3. 控制

企業有能力取得標的資源所產生之未來經濟效益，且能限制他人使用該效益時，則企業可控制該資產。企業控制無形資產所產生未來經濟效益之能力，通常源自於法律授與之權利。若缺乏法定權利，企業較難證明能控制該項資產。然而，具備執行效力之法定權利並非控制之必要條件，因爲企業可採用其他方式控制資產之未來經濟效益。

---

[289] 會計研究發展基金會翻譯，「國際會計準則第38號翻譯初稿」，http://www.ardf.org.tw/IFRS/IAS38.pdf，最後瀏覽日：2018年10月3日。

4. 未來經濟效益

無形資產所產生之未來經濟效益，可能包括銷售商品或提供勞務之收入、成本之節省或因企業使用該資產而獲得之其他效益。例如在生產過程中使用智慧財產權，雖不能增加未來收入但可能降低未來生產成本。

《國際會計準則第 38 號》亦規定，無形資產僅於符合下列條件時，始應認列：(1) 歸屬於該資產之預期未來經濟效益很有可能流入企業；及 (2) 資產之成本能可靠衡量。

林宜男與李禮仲（2004）[290]對無形資產的定義則是：「無形資產乃無實體存在而具有經濟價值之資產，且具有下列之特性：無實體存在，無法觸摸；具有排他性之專用權；具有未來經濟效益；可供營業使用；效益年限至少一年以上。」

（二）從無形資產價值到專利的價值

關於專利的價值，一直是研究者有興趣的課題。但相關研究較少討論商業的價值，而且眾說紛紜，缺乏實證的驗證。本書則認爲 Allison 和 Lemley（2003）在 2003 年發表了“*Valuable Patents*”[291]一文，因爲是從法律訴訟資料作爲統計依據，較具有實用的價值。該文提出根據 1963 年至 1999 年間美國公告的 2,925,537 項專利，以及 1999 至 2000 年期間終止的所有專利訴訟中與 6,861 項專利相關的 4,247 件不同案件，再進一步從中選擇了兩組子集合來進行更深入的研究：包括 1996 年中期至 1998 年中期之間授權的 1,000 項專利的隨機樣本，以及在此兩年期間公告並和 1999

---

290 林宜男、李禮仲（2004），「中小企業無形資產融資擔保法規之專案研究」，經濟部中小企業處 93 年度中小企業法規調適專案研究計畫期中報告。

291 Allison, J. R., Lemley, M. A., Moore, K. A., & Trunkey, R. D. (2003),“Valuable patents”, *Geo. Lj*, 92, 435.

年至 2000 年間發生的侵權訴訟相關的 300 項專利。Allison 和 Lemley（2003）得到研究結果認為專利價值的因素包括：

1. **申請專利範圍**（patent claim）：專利申請範圍（Claim）數量多有助提高專利價值。

2. **引用先前技術文獻**（Prior Art Citations Made）：專利在申請時會引用許多現有的相關技術，這些專利可能被認為更有價值。

3. **專利被引用次數**（Citations Received）：價值高的專利被引用的機會當然高。

4. **專利分類**（Patent Classifications）：專利分類的涵蓋面常被作為專利價值的指標，涉及技術領域多的價值較高。

5. **專利及專利申請案家族**（Families of Applications and Patents）：專利家族涉及專利成本（Patent Cost），專利及專利申請案家族多的價值較高。

6. **專利申請時程**（Prosecution Length）：專利的申請時間差別很大，申請時程長的價值較高。

7. **專利年限**（Patent Age）：專利的年限是十分客觀的指標，因為專利的年限是法令規定而非申請人所能主觀認定的。當專利愈接近到期年限時，其價值是愈來愈低的。

11.2 建立可貨幣化的專利資產

一、策略性專利組合的建立

（一）建立專利組合的步驟

本書在第 5 章中，曾經說明了如何形成專利組合的策略與路徑，但前述的方法主要關注專利組合的本身，在此本書則要站在企業經營的立場，以建立可貨幣化的專利資產的角度來討論企業建立專利組合的步驟。通常能夠貨幣化的專利組合，多半是企業中重要的專利資源，就好像對於企業最重要的專利被稱爲策略性專利一樣，我們稱具有策略性意義的專利組合爲「策略性專利組合」。策略性專利組合對許多企業來說都是重要的投資，透過對專利組合的投資可以擴大和分散企業收入來源，同時並能保護企業的核心智財資產。Henry（2017）[292]提出策略性專利組合的目的包括：

- 爲企業的產品、技術和服務提供完善保護。
- 透過以專利權排除競爭對手、授權與交叉授權等產生額外收入。
- 獲得專利訴訟與授權談判、策略聯盟談判的籌碼。
- 建立防禦措施。

而 Henry（2017）也提出建立與業務目標完全一致的策略性專利組合的七個關鍵步驟如下：

1. 確定企業的專利業務目標

業務目標是企業決定該保護那些最有價值專利的指導原則，而企業的專利業務目標通常包括以下各項：保護企業的核心技術；透過授權或訴訟增加收入；將企業利潤最大化；在相關技術領域或市場阻擋特定競爭對手；降低專利訴訟、特別是侵權訴訟的風險；明確的專利揭露範圍。

以及其他能爲專利提供明確指導原則的業務目標，如目標市場、預定推出產品的技術規格等。

2. 設定預算

通常在企業中，專利或智財預算被列在研發（R&D）預算中，除了

---

292 Henry, M.,“HOW TO LAUNCH A PATENT PORTFOLIO: 7 STRATEGIC STEP”, 2017/11/16, https://www.henrypatentfirm.com/blog/how-to-launch-a-patent-portfolio，最後瀏覽日：2108 年 12 月 21 日。

申請費外，還需要每年度維護的年費，因此如果每年的預算不成長，則可能會產生排擠效應，因此企業最好做跨年度的預算規劃，特別是應該以產品生命週期與專利生命週期來做規劃。

3. 明列可作為專利的構想

企業應該將可能想要申請專利的概念與想法列成記錄表，這樣可以記錄企業的創新過程與成果，也可以紀錄員工的貢獻。

4. 將可作爲專利的構想依優先順序排列

企業對於創新的結果可能有很多，但通常企業只會將最有價值的申請專利，因此要將可作爲專利的構想依優先順序排列，而此順序必須依照先前所述的業務目標。然後盡量提早申請專利來保護智慧財產權。

5. 確認專利申請日期

如果有需要對外展示相關技術時，企業應該先確認此舉是否會因此喪失自己申請專利的新穎性？通常在專利制度中的新穎性優惠期，就是爲了保護企業在專利保護與業務需要而揭露技術時，能有一個緩衝期。因此，企業必須確認其申請專利的日期，以防止因對外揭露自己的技術而喪失專利。

6. 估算專利申請成本

在確定專利申請的優先順序及整個專利的預算後，必須估計申請專利的成本。因爲專利是屬地主義，各個國家都有自己的專利制度，因此在不同國家要同時受到法律保護，則必須向各國均提出申請。而專利說明書的內容、申請專利範圍的項數、向其他國家提出文件的翻譯費用、代理人的費用等，都是專利申請的成本。而如果要申請專利組合，更需思考多個專利的成本，以及專利組合中專利的數量。

7. 建立一個專利申請行事曆

將先前的預算規劃、優先順序和專利申請日期等，建立一個行事曆，以作爲專利布局的時間序列記錄並追蹤專利組合相關的所有重要日期，以免錯過申請過程專法律所規定的期限。

透過以上的步驟以及先前所提到的專利組合策略，才能有效的規劃並完成有效的企業專利組合。

（二）專利組合中申請專利地點的選擇

如前所述，因爲專利是屬地主義，各個國家都有自己的專利制度，因此在不同國家要同時受到法律保護，則必須向各國均提出申請。但另一方面在多個國家或地區申請專利，成本也會隨之提高。因此企業在保護某個核心技術時，究竟該如何考慮地點的選擇？以下是幾個可以參考的原則：

1. 是否有市場經濟價值

企業首先要思考的是，要申請專利的地區是否有經濟價值？該地區是否是企業已經擁有高度市場份額的地區？還是具有潛力的目標市場？另外根據近年來跨國性專利訴訟的趨勢，產品中使用元件或技術的供應商，也可能是侵權訴訟中的被告；因此企業要維持供應鏈的完整性，必須在主要供應鏈地區考慮當地專利法規而做出對應的專利布局。另一方面，如果某些市場的經濟價值高，但是專利保護強度弱，則專利的申請與保護其實效益不大，此時應該優先考慮不一定要在此區域投入資源進行專利的保護。

2. 是否爲發明、生產或供應的地點

除了在消費市場進行保護，也因考慮產品生產地的保護，可以考慮的因素包括：企業的研發與生產地區或國家；存在主要競爭對手的地區或國家；存在企業供應鏈的地區或國家；競爭對手可以實施發明的地區或國家等。

3. 創新活動的發生地

企業創新的地點通常是在企業的總部，或是企業的創新總部或是如IBM等大企業的研究院。通常突破性地發明和專利，都是在創新活動發生地申請的。但近年來在這方面有一個議題愈來愈受到重視，就是國家安全與技術保護。一些國家爲了防止機密敏感地發明技術外洩，會採取一些管制的作法，包括專利的揭露程度、授權的限制、技術輸出的管制等，企業應該要注意這些法律規定，以免因管制影響了專利的流動性。

二、專利組合的建立——以建立專利資產證券化的資產池為例

關於如何規劃專利貨幣化所需的專利組合，另一個可以參考的例子是專利資產證券化的資產池，資產池是由可交易的專利資產組合成的，以作爲證券化的標的；因此在進行專利資產證券化的融資交易中扮演重要角色。資產池的組成最重要的兩個原則是風險與價值：要盡量降低技術的風險，並提升資產池的價值。

（一）資產池的可能風險

關於資產池的風險，靳曉東（2011）[293]認爲在進行專利資產證券化的交易過程中包括以下類型的風險：替代技術出現或技術升級的風險；專利技術是否可實施的風險；專利技術可重複利用的風險；專利技術產品責任的風險。

本書則進一步認爲還可能遭遇以下的風險：先前技術專利效力延長的風險；專利保護強度不足造成產品被仿冒的風險；市場成長不如預期；專利被失效的風險等。

---

[293] 靳曉東（2011），「我國專利資產證券化中資產池構建的技術風險及其防範」，《全國商情：經濟理論研究》，4，頁43-44。

要避免以上所述的風險，最好的方式是一方面在事前妥善地進行專利的分析，以及產業市場前景的預測、競爭對手的狀況地分析；另一方面是採取大數法則，將風險高、中、低的專利組合在一起，使得平均風險能夠降低。例如前述提到美國藥品專利資產證券化時，標準普爾作爲評等機構，廣泛地蒐集了以下的資料包括：專利藥品的患者人數、患者生長率額定死亡率、目前劑量水準與預期劑量水準、每劑成本等數據資料。標準普爾將蒐集到的相關資料與風險因子並參數輸入模型，以得到藥品未來可能的授權金金額，然後將未來地收入進行貼現，以得到資產池資產的淨現值，再以此基礎得到結構增強措施後得到的基礎資產池可融資的金額[294]。

（二）如何建立資產池

關於專利資產證券化的資產池的構建，必須注意以下幾個重點：

1. 基礎資產的選擇

關於基礎資產的選擇，首先要選擇合適的技術領域，通常可以參考IPC的產業分類表，然後再考慮申請的區域，結合以上兩者的分析以選擇在市場與地區都具有潛力的技術領域發展基礎資產。同時也應該一併考慮國家的產業政策，因爲理論上專利政策應該要和產業政策相關，專利制度的目的之一就是落實國家產業的發展。而國家重點發展的產業，除了其相關市場與發展供應鏈難度較低，也可能取得租稅優惠或政府補貼而降低成本，比較有市場競爭優勢外；更因爲有較高的知名度，較容易從市場獲得資金，發展專利資產證券化也比較容易。此外還要考量資金流，包括資金來源和資金流向，要選擇資金來源較廣泛、一般投資者較有興趣的領域作爲基礎資產。

294 同註293。

2. 資產的搭配

前面已經提出，在構建專利資產池時應當考慮大數法則，組合中包括高、中、低風險的專利。因此，資產池必須具有一定的規模，如果只有一個專利，風險將會很高。另外，如果資產池都是高價值，或者都是具有能收取高額授權金的專利，則資產價值可能會過高，而造成資產證券化後的資產單價過高，使得多數投資人望而卻步。因此應該做高中低價值資產的搭配，除了讓價格合理化，更能讓發行者擁有的低價值專利也有機會回收成本。另一方面爲了讓資產證券能有穩定的收益，也要注意讓資產是有穩定回收現金流的，例如一個資產中不同專利回收授權金的時間不同，但如果能互相搭配形成互補效果，形成穩定的資金流量，才能維持證券的價格。其中可考慮的作法是在資產池中採用上下游技術的專利。

3. 投資組合的分析

在建立投資組合時，可以採用投資組合的理論對資產進行量化的評估，除本書前述投資組合理論，以及投資評估時常見的 CAMP 理論[295]。這些理論可以評估資產的風險與收益間的關係。因爲投資行爲的本質就是投資者在收益和風險中進行選擇，而投資的收益和風險都是具不確定性的。例如在 Markowitz 的投資組合理論中，使用投資組合的期望收益率平均值代表投資的預期收益，用對應投資收益率的變異數代表投資的風險。而投資資產組合的總收益，則是用各個資產預期收益的加權平均值表示。Markowitz 把投資組合的波動率爲橫座標，收益率爲縱座標畫出二維曲線，每條曲線代表一個投資組合，然後以這樣的圖可以選擇最佳的投資組合。

---

295 張諄（2018），科技型中小企業專利資產池的構建從風險角度出發，**河北企業**，2018 年 12 期。

以上本書介紹企業形成專利組合的可能思考途徑，其中專利證券化資產池的組合是常見的方法。但企業可以發展自己的方法，例如可以思考綁售的方式，以核心專利包裹出售較不具價值的專利等方式，規劃自己的專利組合。

11.3 專利審計與盡職查核

一、什麼是專利審計與盡職查核

（一）專利審計與盡職查核的差異

專利審計（Patent Audit）是智慧財產審計（Intellectual Property Audit, IP Audit）的一部分，因此要了解專利審計，就要先了解智慧財產權審計。而什麼是智慧財產權審計？Rastogi（2010）認爲[296]：「智慧財產權審計可以定義爲對企業擁有、使用或獲取的智慧財產權進行系統審查，以評估和管理其風險，以解決問題並實施智慧財產權資產管理的最佳實踐。」

此外，Punnoose 等人（2012）[297] 認爲智慧財產權審計的目標有四個：「挖掘公司內部產生的 IP，從而創建可保護 IP 的庫存；關於公司提交或保護的智慧財產權維護的結論性評估；確定公司有一個包括發明、挖掘、保護和管理的過程，以及這種智慧財產權過程是完美無缺的；降低智慧財

---

296 Rastogi, T. (2010), "IP Audit: Way to a Healthy Organization",2010/7, http://nopr.niscair.res.in/bitstream/123456789/10009/1/JIPR%2015(4)%20302-309.pdf?utm_source=The_Journal_Database&trk=right_banner&id=1424963868&ref=d1fa4a177d2260d57f2a8fadd8a2d90f，最後瀏覽日：2018 年 12 月 22 日。

297 Punnoose, S., & Shobhana, V.,"The intellectual property audit", 2012, http://nopr.niscair.res.in/bitstream/123456789/14765/1/JIPR%2017(5)%20417-424.pdf?utm_source=The_Journal_Database&trk=right_banner&id=1400281054&ref=7d3b6ecd34765429db8d10142dd99982，最後瀏覽日：2018 年 12 月 22 日。

產權風險。」

專利盡職查核（Patent Due Diligence）則通常被視爲智慧財產權審計流程的一部分，關於智慧財產權盡職查核，歐洲智慧財產權協助平台（European IPR Helpdesk）認爲[298]：「智慧財產權盡職查核通常被定義爲在評估公司關鍵資產和負債的工具。最重要的是，這種評估對於商業交易至關重要，因爲它側重於管理智慧財產權貿易銷售中，所涉及的銷售公司或交易目標的智慧財產權資產。更具體地說，智慧財產權盡職查核包括評估相關智慧財產權的實際和適當價値，以及買方可能進一步進行商業交易與智慧財產權相關的風險。因此，從買方的角度來看，IP 盡職查核是關於風險管理的。」

（二）專利審計與盡職查核的功能

專利審計有助於企業重新檢視自己擁有的智慧財產資產，進而有助於企業回頭審視其在技術與商品的開發歷程，並找出核心能力；這些都有助於業務的發展。專利審計有助企業：制定企業專利策略發展，包括專利的商業化策略；檢視企業的專利資產風險；採取適當的專利保護行動；記錄企業已存在及處於不同開發階段的技術；評估企業組織的專利優勢和劣勢避免企業重複獲取專利造成浪費。

Rastogi（2010）提出專利審計反映在以下的市場現實中：

1. 高通公司超過五成的收入是由授權給第三方生產的無線晶片獲得。

2. IBM 透過授權自己無法使用的非核心技術而獲得了高額收入。

3. 德州儀器公司從其未使用的專利權授權中，獲得的收益高於其產品

---

298 歐洲智慧財產權協助平台，“IP due diligence: assessing value and risks of intangibles”, https://www.iprhelpdesk.eu/sites/.../Fact-Sheet-IP-Due-Diligence.pdf，最後瀏覽日：2018 年 10 月 15 日。

收入。

4. 根據 1934 年的《證券交易法》，美國公司負有管理智慧財產權和報告實際公司價值的信託責任。

5. 陶氏化學公司透過智慧財產權審計，在 1994 年節省了 5,000 萬美元不需要的專利年費和維護費，並增加 2,500 萬美元的專利授權收入。

Punnoose 等人（2012）[299] 提到另一個更具體的和專利審計有關的業界案例：2008 年 9 月，Google 推出了其手機操作系統 Android，當時其最大對手是 Apple 的操作系統 IOS，其競爭從手機的設計到程式。Apple 聯盟以高 45 億美元的價格收購 Nortel 的專利組合，因此 Google 也以 125 億美元收購摩托羅拉移動公司，比原來的預估價格高出 63%。主要原因是摩托羅拉移動公司提出其 24,500 項的專利和專利申請，這樣的智財組合增強了無形資產價值，因此其收購價比原收盤價溢價 63%。

二、專利審計與盡職查核的使用時機[300]

企業通常在合併、收購其他企業或企業無形資產，或進行技術轉移時進行專利審計。Punnoose 等人（2012）提出有目的性的專利審計包括以下三種類型：

（一）通常的專利審計

通常企業會在以下種情況進行專利審計：

1. 在新創公司成立之前。

2. 企業實施與專利相關的新政策、新標準或流程時。

3. 企業實施新的行銷方法或營運方式或公司要進行重組時。

[299] 同註 297。

[300] 同註 297。

（二）事件驅動的專利審計

Punnoose 等人（2012）認為企業因某些事件發生進行專利審計就是「專利盡職查核」，專利盡職查核是由第三方進行以評估公司擁有的專利資產價值以及潛在風險。但審計過程中通常要參考公司財務、營運和法律方面的詳細資訊。事件驅動的專利審計會發生在以下企業活動中：

1. **併購或入資其他企業**：在進行併購或入資其他企業談判之前，會進行相關的專利盡職查核，調查的結果可能會影響收購或合併公司的價值與合併結果。

2. **財務活動**：包括融資貸款、首次公開發行（IPO）、專利資產證券化等交易。專利審計有助於了解企業專利的轉讓、授權與專利價值，以便更進一步了解企業無形資產的價值。

3. **專利授權**：專利授權方進行專利盡職查核可以確認被授權人是否擁有相關專利，以免交易被干擾；相反的被授權方應對授權方進行專利盡職查核，以確定可授權的範圍是否合理。

4. **進入新市場及推出新產品或服務**：在進入新市場、推出新產品或服務之前，應進行盡職查核以確定是否對已存在於市場中其他競爭者的專利權有侵害的可能。

（三）企業變更時的專利審計

1. **因法律的變更進行專利審計**：因法律的變化，如專利法、會計法、稅法等與專利相關法律的規定有所變更時，企業必須進行相關審計，以檢查企業擁有的專利資產及使用資產的方式是否符合新的法律。

2. **企業破產或重整**：企業在申請破產、重整、關閉重要業務部門之前。

三、專利審計的內涵

關於專利審計的實質內涵，也就是專利審計的內容與步驟，本書採用Rastogi（2010）的說明。首先在開始專利審計之前，先要確定此次審計的目的、性質和審計範圍，然後進行以下程序：

（一）蒐集公司專利與智財相關資訊

開始審計之前盡量蒐集關於公司的資訊，包括：

1. 公司中與專利和智財相關的內部和外部活動，及其對公司擁有的知識資產的影響。

2. 與公司智慧財產權資產與業務策略相關所有文件，如公司簡介、手冊子、宣傳品等。

3. 公司擁有的智慧財產權的狀態，包括權利歸屬、效力、收入與支出、是否有訴訟等。也包括員工對公司智慧財產權政策和策略的了解程度。

（二）準備專利審計計畫

審計計畫應包括審計目的、範圍、執行時間表、涵蓋的部門、審計人員名單以及最終報告的形式等。如果審計是出於任何特定目的進行的，則還應涵蓋要審計的業務部門。

（三）進行專利審計

實際進行專利審計時，可以擬訂步驟清單，然後進行以下的內容項目：

1. 審查公司智慧財產權戰略

專利策略審查應包括所有現有技術的文件，以及處於不同發展階段的技術，有助於了解公司的創新研發進程以及對專利經營的指導原則，並可以對照目前公司專利現況。

2. 查核公司擁有的專利資產與知識資產

識別企業本身的知識資產，包括已經受到保護或應該受到保護的專利。另外也識別企業的知識資產，特別包括組織的顯性與隱性知識，以及營業秘密。除了了解專利資產與知識資產的所有權問題，還要了解並設法解決保護這些資產的系統性問題。進行審計時必須注意以下的因素：

- 企業組織的性質：包括了解公司的組織狀況、核實公司成立的文件，以及處理來自組織的智慧財產權的組織架構。
- 所有權狀態：主要是專利資產的所有權是共有還是獨有？是否有效？是受讓人還是被授權人等。
- 限制的性質：主要是專利轉讓或授權存在的限制，如地域限制、時限的限制，以及公平交易的問題。
- 專利與智財資產的法律狀態：指企業智慧財產權資產的法律狀態，應充分分析企業參與的任何訴訟或可能參與的訴訟，還有企業營業秘密狀態。

（四）審查企業專利擁有的知識資產

查核企業所有授權專利的內容、申請專利和未揭露的部分。如果是專利家族，也要查核外國申請的資料，以及是否遵守其他國家／地區的法律。還有審查專利授權中的年金支付、授權使用費支付的支付狀況等。

（五）審核相關協議

審核與智慧財產權有關的各種協議，包括與員工、承包商、合作夥伴、競爭對手、供應商、客戶，經銷商等的各類協議，包括：

1. 許可和轉讓協議。

2. 雇用和承包協議：了解因僱用合約而產生職務發明的專利歸屬問題，以及員工和承包商的營業秘密保護問題。

3. 合作研發和合資協議：包括審查協議中的條款以了解誰將擁有合作／合資企業產生的智慧財產權，以及分銷協議、授權經營協議、保密協議，材料轉讓協議、使用費協議，利益分享協議等。

（六）審查資訊流

包括蒐集各組織部門如行銷部門、研發部門、銷售部門的資訊，以共同協助組織中的決策者做決策以改善公司。

（七）分析蒐集的資訊

在將以上的審核流程完成後，審核小組必須對審核期間蒐集的資訊進行分析和評估，然後要將分析結果寫入審計報告中，以作爲企業在智慧財產權政策和策略規劃與決策時增加參考的依據。

（八）準備審計報告

審計報告除了包含審計的過程如審計的目標、審計計畫、審計方法，進行流程與花費的時間、結果分析、揭露的缺陷以及建議外，包括企業重要的專利資訊如公司持有的專利清單，特別是在審計過程中發現需要加以保護的專利，以及建議推薦的智財行動。

整個審計結果是要保密的，因爲審計結果可能會揭露組織可能發現損害其聲譽的資訊。

四、專利盡職查核清單

關於專利盡職查核的執行，通常是由具有鑑定能力的第三方公正單位，或是法律事務所來執行。以法律事務所爲例，具有專利盡職查核能力的事務所，一般都會具有執行智慧財產權業務的能力，包括專利的申請、答辯，維護與訴訟等。近年來國外事務所也從事企業專利策略的規劃、特定技術領域專利的分析、產業趨勢分析以及專利的布局等。因爲具備了以上所述的能力，才能進行專利的審計與盡職查核業務。

以印度的 Nishith Desai Associates 事務所爲例，除了以上的智財法律業務外，他們在專利盡職查核業務上組織了一個小組並規劃一個盡職查核構化流程，以進行包括詳細審查和記錄智慧財產權的工作。圖 11-1 是該事務所的智慧財產權盡職查核清單，我們可以看到清單羅列了查核的重點，包括：

是否在公司內部建立了 IP？是否存在將 IP 分配給公司的契約？公司是否獲得／授權了 IP？是否有適當的 IP 轉讓協議和許可協議？IP 轉讓／許可協議是否已充分蓋章？獲得授權的 IP 是否按照慣例使用授權條款？對 IP 的使用是否有任何限制？IP 是否有共同所有權人？共同所有權人在 IP 中擁有的權利性質是什麼？IP 是否已註冊？什麼是 IP 的到期日期？如果 IP 無法註冊，是否受到保密協議的保護 IP 是否在使用？IP 在哪裡？IP 是否被商業利用？哪個部門負責 IP 保護？哪個部門是負責其管理和執法？是否有一個強大而有效的 IP 保護，管理和執行計畫？IP 的價值爲何？知識產權是否受任何留置權，抵押權，第三方權利的約束？

通過實地查核與回答以上清單中的問題，查核單位可以協助企業評估他們的智慧財產權所涉及的風險和機會。而圖 11-2 是另一家加拿大 Mark Penner and Sarah Goodwin, Fasken Martineau DuMoulin 法律事務所的智慧財產權盡職查核清單，其中的內容和 Nishith Desai Associates 事務所提出的清單內容除了文字上的不同，在實際內容上的差異並不大。

	Intellectual Property (IP)				
	Patents	Trademarks	Copyrights	Designs	Confidential Information
Nature / Type of IP					
Is the IP created In-house?					
Do contracts exist to assign the IP to the company? a) with employees b) with contractors					
Is the IP acquired / licensed by the company?					
If IP is acquired, is there a proper assignment agreement in place?					
If IP is licensed, is there a proper license agreement in place?					
Are the IP assignment / license agreements adequately stamped /franked?					
In case of a licensed IP, is the IP used as per the terms of the license?					
Are there any restrictions on the use of the IP?					
Is there any joint ownership of IP?					
If yes, what is the nature of rights the joint owners have in the IP?					
Is the IP registerable?					
If Yes, is it registered?					
What is the date of expiry of IP?					
If IP cannot be registered, is it protected by confidentiality agreements					
Is the IP in use?					
Where is the IP used?					
Is the IP being commercially exploited?					

圖 11-1　Nishith Desai Associates 的智慧財產盡職查核清單（部分）
（來源：http://www.nishithdesai.com/fileadmin/user_upload/pdfs/Research%20 Papers/Intellectual_Property__IP__Audit.pdf）

NO.	ITEM DESCRIPTION	DATE PROVIDED	NOT APPLICABLE
1.	**INTELLECTUAL PROPERTY**		
1.1	Names of all law firms that handle intellectual property matters for the Company, and contact names and numbers.		
1.2	Schedule and copies of all intellectual property registrations and pending applications therefor, including: issued patents, patent applications, design patents, design patent applications, industrial designs, industrial design applications, copyright registrations, trade-mark registrations, trade-mark applications and integrated circuit topography (mask works) registrations, (including any other applicable related foreign IP, such as petty patents, etc.). Schedules should include jurisdiction in which each item of IP is registered or applied for. Schedules should include status of all pending cases.		
1.3	Identify those patents, patent applications and patent families, as well as trade-marks, that relate to technologies which are currently commercialized/ licensed and technologies for which regulatory approval is being or will be sought for commercialization or license.		
1.4	With respect to the items listed in 1.3, please identify the most relevant competing technology, if any, and the most relevant prior art.		
1.5	With respect to all pending patent applications in Canada or U.S. (or such other key foreign jurisdictions), provide a copy of the most recent office action or Examiner's report.		
1.6	Schedule of all trade-marks, copyrights or proprietary information of the Company not protected by registration, including without limitation, common-law trade-marks, trade secrets, know-how, processes, programs and confidential information relating to operations of the Company.		
1.7	All agreements and documents relating to ownership and rights of use and publication of advertising copy, trade-marks, logos and slogans used in connection with the Company's business, products or services, including licences, assignments, waivers and releases, and agency agreements.		
1.8	All agreements and documents relating to ownership and rights of use for all issued patents, patent applications, design patents, design patent applications, industrial designs and industrial design applications used in connection with the Company's business, products or services, including licences, assignments, waivers and releases, and agency agreements.		
1.9	All agreements and documents relating to assignment or license of copyright in any copyrightable material used by the Company, including releases of any moral rights of the authors.		

圖 11-2　加拿大 Mark Penner and Sarah Goodwin, Fasken Martineau DuMoulin 法律事務所的智慧財產盡職查核清單（部分）

（來源：https://www.lexisnexis.ca/pdf/products/LPAC-IPT-Checklist-1113_final1.pdf）

第十二章 結論——企業應該如何經營專利

12.1 企業專利經營的實例

本書主要的目的與內容，在於介紹企業爲何要經營專利，以及企業應該如何經營專利。本書在前面的章節，提出了企業應該從企業專利策略、企業專利布局、企業商品化與貨幣化三個階段，循序經營自己的專利。而本節將補充企業在專利經營上的實例，來探討企業專利經營。

一、企業專利策略相關例——IBM公司的專利策略

IBM（International Business Machines Corp, IBM）公司於 1911 年在美國成立，是全球知名的科技大廠，主要的業務是提供資訊技術和商業解決方案，在業界有「藍色巨人」的稱號。IBM 在智財 IP 規劃與實施方面非常成功，制裁相關收入超過 10 億美元。所以 IBM 不但對全球資訊科技的發展起著領導作用，其對智財、特別是專利的開發與經營可以提供其他企業做爲借鏡。在 Ma（2008）[301] 對 IBM 亞太地區智財助理總顧問 Paik Saber 的專訪，我們可以了解 IBM 公司專利策略的一些概貌。以下本書由 Ma（2008）的報導來簡介 IBM 的專利策略。

---

301 Ma, A., “IBM, Patent Leadership: Balances Proprietary and Collaborative Innovation”, 2008, http://www.chinaipmagazine.com/en/journal-show.asp?id=250，最後瀏覽日：2018 年 12 月 31 日。

（一）IBM 的專利部門

IBM 的法律部門包括智慧財產權小組，負責協調、支援和領導整個公司的智慧財產權活動，例如最近 IBM 採行的開放式協作和創新策略以及直接參與所有智慧財產權協議的談判。智慧財產權部門包括專利組合部門，負責管理全球最大的專利組合；管理內容包括 IBM 在半導體、伺服器，儲存與軟體全球專利組合的規模和內容，以產生約 10 億美元的智慧財產權收入。

（二）IBM 的全球專利策略

IBM 的全球專利策略包括以下三項：

1. 高品質的專利組合：IBM 擁有超過 170,000 名技術人員，每年研發經費高達 60 億美元，所以創造並建立了高品質的專利組合。Saber 認爲這些組合「不僅幫助 IBM 獲得顯著的智慧財產權收入，更重要的是，幫助我們發展業務。」

2. 在專利運用方面進行創新：例如在 2005 年 1 月，IBM 向承諾提供 500 項專利供公眾用於軟體開發而不主張權利。IBM 還承諾免費使用其開放式醫療保健和教育軟體標準的專利組合。

3. 世界上第一個具有專利產生和專利管理治理的企業政策：2006 年 9 月，IBM 宣布了世界上第一個關於專利產生和專利管理治理的企業政策，其主要原則包括：專利申請人對其專利申請的品質和明確性負責；專利申請應經由公開審查；專利所有權應該透明且易於辨識。

（三）IBM 的全球智財策略

IBM 認爲作爲全球性企業，IBM 必須在有業務經營的所在國家建立其智財體系。同時也應該提供建議以幫助提高全球智慧財產權制度的品質。

（四）IBM 對專利的看法

IBM 認爲專利是支持和鼓勵合作協作、開放標準和創新的有效工具；提高全世界專利制度的完整性和品質有助於確保所有參與者都能從智財保護中受益。

（五）對 IBM 專利策略的評析

由以上的說明可以看出，IBM 對於智財（專利）的看法，最重要的是獲得主導權；藉由獲得技術的保護，然後主導其是否協作、開放標準，並主導各領域技術的創新。在專利的管理方面，是由公司政策的高度、以專利組合爲核心，以專業部門管理專利組合及其運用。然後在專利運用上進行創新，設法以專利組合創造收入。

二、企業專利布局例——Clipper的風力發電機專利布局

Clipper Windpower 是於 2001 年在美國創立的一家風力渦輪機製造公司，在 2010 年 12 月被聯合技術公司收購然後在 2012 年被出售給 Platinum Equity[302]。2007 年 9 月 Clipper Windpower 設計和開發了 2.5 兆瓦風力渦輪機，其主要的機型爲多組機之齒輪箱分流型感應發電機和多組機之齒輪箱分流型永磁發電機。到目前爲止，Clipper 還被認爲是風電市場中重要的參與者[303]。陳瓊娣（2016）[304]分析USPTO專利資料庫中Clipper公司的風力渦輪機組專利，發現其專利可以區分爲三大類：核心專利、圍籬專利和外圍專利。

---

[302] Wikipedia encyclopedia, “Clipper Windpower” 條目，https://en.wikipedia.org/wiki/Clipper_Windpower，最後瀏覽日：2018 年 12 月 31 日。

[303] Digital Journal, “Onshore Wind Energy Market is expected to expand at ~27% CAGR”, http://www.digitaljournal.com/pr/3870093，最後瀏覽日：2018 年 12 月 31 日。

[304] 陳瓊娣，2016，清潔技術企業專利組合策略研究，**科研管理**，37(4)，118-125。

Clipper 主要的風力渦輪機組核心專利是 Liberty 渦輪機系統的關鍵技術，Liberty 渦輪機是 2.5 兆瓦的風力渦輪機[305]，是由美國能源部的國家再生能源實驗室與 Clipper Windpower 合作開發[306]。Liberty 渦輪機爲永磁性發電機，使用 80 米的塔高作爲設計標準，但葉片直徑有不同變化。Liberty 渦輪機的商業自 2006 年 6 月開始銷售，到 2012 年停止銷售。Clipper 爲 Liberty 渦輪機申請的主要技術專利包括[307]：

1. US7042110：可變速度渦輪發電機的專利。

2. US7233129 和 US7339335 專利：具有事故故障超越能力的發電機和沒有霍爾感測器的 DC 有刷電機的制動系統和方法專利。

3. US6731017：增加發電機密度分布式電力系統總成。

4. US7069802：改善齒輪負載分布的方法。

進一步解析以上專利，以 US7042110 專利爲例，US7042110 專利主要包括以永磁同步發電機爲核心的發電裝置、流體渦輪機、多個流體渦輪機組合、將流體流動力轉換成旋轉機械動力的裝置。US7233129 和 US7339355 爲保障渦輪機故障穿越能力，目的在保證渦輪機在事故發生時仍然能夠並保持與電網連結達到美國聯邦能源管理委員會（Federal Energy Reggulatory Commission, FERC）所制定的電網故障穿越能力標準，使 Clipper 的渦輪機系統能夠具備商用能力。

---

305 Wikipedia encyclopedia, “Liberty Wind Turbine” 條目，https://en.wikipedia.org/wiki/Clipper_Windpower。

306 Selko, A., “Largest Wind Turbine Manufactured in U.S. Gets Energy Award”, Inindustryweek, 2007/09/11, https://web.archive.org/web/20110525063513/http://www.industryweek.com/articles/largest_wind_turbine_manufactured_in_u-s-_gets_energy_award_14948.aspx?SectionID=1，最後瀏覽日：2018 年 9 月 26 日。

307 陳瓊娣（2016），「清潔技術企業專利組合策略研究」，科研管理，37(4)，118-125。

而在以上核心專利之外的專利主要是圍繞核心專利的專利，主要功能在使前述核心專利保護的 Liberty 渦輪機能形成完整的風電系統，包括關於風塔的風速追蹤和估計技術、風力發電機塔的架設技術、渦輪機伸縮式轉子葉片，以及轉子的力矩限制的設置方法、低壓通過能力的發電系統等包括風塔、轉子、葉片等風力發電相關裝置的專利。

最後是由其他的專利構成的外圍專利，包括渦輪機的熱管理系統、渦輪機風力發電機組組件起重系統、用於風力和海洋發電渦輪機的可擴展式轉子葉片、風力和海洋發電渦輪機擴展轉子葉片的伺服控制的擴展機制等，包括施工與熱管理裝置、葉片調整與控制等裝置。

圖 12-1 說明 Clipper 公司的 Liberty 風力發電機專利布局，Clipper 公司以 Liberty 渦輪機爲核心的風力發電系統作爲保護標的，首先以核心專利保護 Liberty 渦輪機本體及其可用於電網連結的關鍵技術；再以圍籬專利保護附屬設施；如此一來可以保障 Clipper 公司可以針對風力渦輪機組

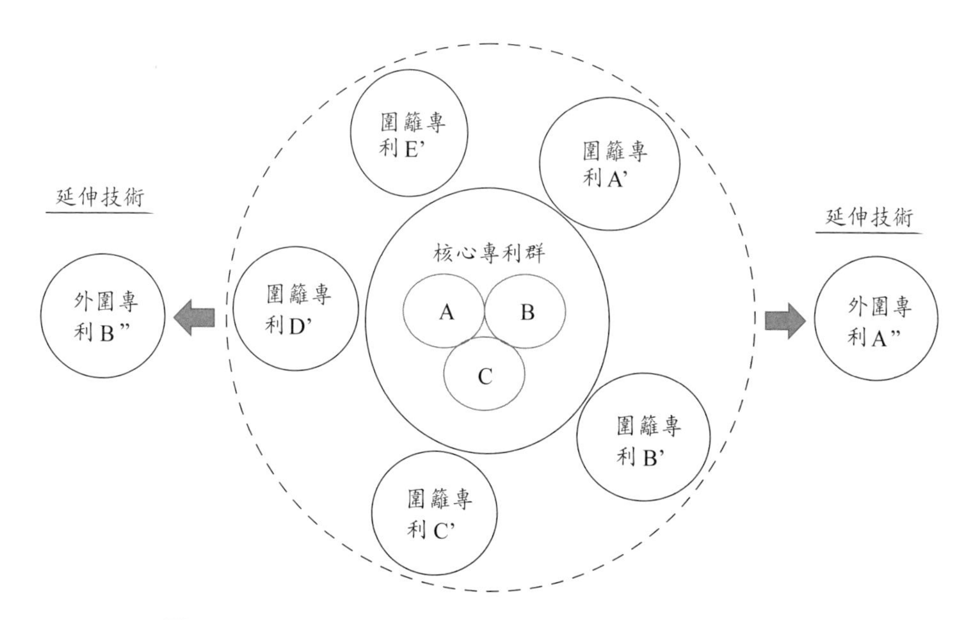

圖 12-1 Clipper 公司的 Liberty 風力發電機專利布局

做技術轉移或整體系統的輸出。而對於外圍專利，Clipper 公司不是進一步向上開發基礎專利或材料專利，因爲這和Clipper公司的核心能力不符；Clipper 公司採取發展相關控制技術，以改進整體產品性能爲優先。

三、專利商品化相關例——嘖嘖杯

臺灣近年來較有名與專利有關的群眾募資案，就是發生在 2017 年的「嘖嘖杯」案。其主要的案情簡述如下[308]：

（一）爭議標的

「嘖嘖杯」是一種時尚手搖飲料摺疊杯，希望能減少臺灣民眾購買手搖杯所產生的塑膠垃圾，並以專爲臺灣人設計、具時尚感做爲號召。該產品計畫從 2016 年開始發想，經過多次修改設後提出一種杯折疊起來只有傳統環保杯 3 分之 1 大小，容量卻可達到 750 毫升，重量只有 250 公克的可折疊杯。

（二）爭議雙方

將「嘖嘖杯」提至群眾募資平台「嘖嘖平台」的提案人「初心地球社」，以及其協力製造廠商「瀛海公司 dr. Si」。

（三）事件過程簡述

1.「初心地球社」於 2017 年 9 月 20 日在群中募資平台「嘖嘖平台」（www.zeczec.com）開始募資，2 個月內就募得 6,387 萬 5,839 元，並預計在 2017 年 12 月量產上市，價格爲團購專案價 850 元。

2. 嘖嘖杯合作廠商「瀛海公司 dr. Si」在 11 月搶先推出類似產品「巧

308 經濟部中小企業處（執行單位：財團法人臺灣經濟研究院）（2017），「全球早期資金趨勢觀測報告第 4 季」節錄之中時電子報 2017.12.08 報導。

力杯」，其設計重點如飲用口、杯蓋設計、杯身均與噴噴杯類似。而且在價格方面，「巧力杯」只賣599元。

3. 提案人「初心地球社」針對「瀛海公司」產品「巧力杯」發表聲明表示與「巧力杯」與正版「噴噴杯」募資案無關，並認爲瀛海公司毀約。

4. 瀛海公司先表示，因初心地球社要求預算壓在2,000萬元之內，他們不得已只好自行上市產品。然後瀛海公司發出正式新聞稿指出是因爲與初心地球社未達成合作共識，且初心地球社並在11月20日對方來函要求停止專案，且雙方並無正式合約，也沒有正式下訂單。

5. 初心地球社社長在12月11日公告，宣布專案結束並將透過原金流平台全數退款，結束這場爭議。

（四）智慧財產相關爭議

1. 瀛海公司聲明該公司於2017年4月已向經濟部智慧財產局提出專利申請，而初心地球社的社長是於於2017年5月至該公司提出合作企劃案，但雙方並無正式簽約行爲。且初心地球社所提合作開發企畫的標的，皆是運用該公司所有專利。

2. 初心地球社與噴噴杯的發起人則在臉書聲明，聲明該產品的專利當初是由初心地球社發想、提案才擬定了噴噴杯現有七大功能設計。但由於經驗不足，導致瀛海公司自行申請噴噴杯結構專利，但她也擁有噴噴杯的著作權及商標，她是該產品的共同開發人[309]。

（五）對噴噴杯案的評析

關於噴噴杯的討論，一般的評論都集中在開發者應該要如何保護自己的智慧財產未能適當保護；另一方面在討論設計者與協力廠商間的專利歸

---

309 以上內容主要摘自中時電子報2017.12.08報導。

屬。但本書願意提供更進一步的觀點，也就是如本書所提到的，專利商品化的困難。雖然本案並不是直接跟專利商品化有關，但相關的困難是一樣的，即研發者或開發者由於技術商品化能力與銷售能力不足，因此必須藉由共同開發、委託生產、策略聯盟等方式商品化，但智財的歸屬自然會產生爭議。因此開發者應該調整心態，如果沒有相關商業化的能力，應該優先掌握法律的保護，再談合作事宜。而開發者掌握的應該以專利優先，包括發明與設計專利，而不是商標與著作權。因爲商標的眞正價值來自使用商標的企業所代表的企業聲譽、產品品質與消費者信賴感，是公司重要的無形資產。因此一個新產品的商標，不見得有多少價值，因此還應該以專利爲優先。另一方面，整理瀛海公司近年與折疊杯相關專利如表 12-1 所示，的確擁有一些相關專利，因此初心地球社是否有規避瀛海公司的專利而開發出新的設計，成爲其是否能生產並在市場上販賣商品的關鍵。

表 12-1 瀛海公司近年與折疊杯相關專利

中華民國專利號	申請日	公告日	專利名稱
D194098	2017/03/15	2018/11/21	保溫杯
I636929	2017/04/19	2018/10/01	隨行杯杯蓋
D190455	2017/04/19	2018/05/21	杯蓋
I489959	2010/06/01	2015/07/01	可摺疊的水壺

另一方面，嘖嘖杯的群眾募資，也反映了一個事實：臺灣在產品研發時取得資金並不容易，特別是在專利研發上。有專業知識和能力評估技術價值的金融業對新創事業及專利貸款的興趣缺缺，使得新創者通常轉向大眾募資。但大眾對於技術或產品價值的評估並不在行，因此會負擔相當大的風險。所幸嘖嘖杯的負責人願意負責任，還退款給投資人，使本次事件能順利落幕，投資人因此沒有受到傷害。

12.2 小結

如前所述，本書重點在於將企業專利經營區分爲企業專利策略、企業專利布局、企業商品化與貨幣化三個層次，依序進行以建立企業專利的能力與專利資產。事實證明，全球專利的競爭已經和以往不同，並不侷限在高科技產業以及幾家主要高科技廠商，而是逐漸擴張與成長，此點從本書第一章所述專利交易市場的成長可見端倪。另一方面，專利交易市場參與者也愈來愈多，類型也愈來愈多樣化。善用專利中介者可以讓企業專利的運用更加活躍，反過來不會善用使用專利中介者的廠商，不論在專利訴訟還是專利運用上都會居於不利地位。而且企業最好建立足夠強的專利組合，不論是攻擊性還是防禦性，是自行開發還是購自外部，還是獲得授權。因爲當企業面臨對手以法律手段進行攻擊或威嚇時，專利組合是最好的防禦和攻擊武器。

參考文獻

中文書籍

GRATTAN, ROBERT F.著，國防部譯（2007），策略過程——軍事與商業之比較，臺北：國防部史政編譯室史政處。

Harrison & Sullivan著，何越峰主譯（2017），董事會裏的愛迪生——領先企業如何實現其知識產權的價值，北京：知識產權出版。

Mishkin著，鄭艷文等譯，貨幣金融學（第九版），中國人民大學出版社。

Rivette, K. G., & Kline, D.著（2000），閣樓上的林布蘭，臺北：經典傳訊。

Rowe, A.J., Mason, R.O., and Dickel, K..著，胡忠立編譯（1988），經營策略管理——企業個案實例演習，臺北：清華管理科學圖書中心。

Fabozzi Frank J.、Kothari, V.著，宋光輝等人譯（2014），資產證券化導論，北京：機械工業出版社。

王澤鑑（2010），民法物權，自行出版。

周延鵬（2015），智富密碼：智慧財產運營及貨幣化，臺北：天下雜誌。

張勤和朱雪忠（2010），知識產權制度戰略化問題研究，北京：北京大學出版社。

馬天旗主編（2016），專利布局，北京：知識產權出版社。

馬天旗主編（2016），專利挖掘，北京：國家知識產權局出版社。

黃孝怡（2018），專利與企業經營策略，臺北：五南出版社。

湯明哲（2003），策略精論——基礎篇，臺北：天下文化。

〔日〕中野明著，黃美青譯（2007），彼得·杜拉克的事業策略，臺北：晨星出版社。

〔日〕三谷宏治著、陳昭蓉譯（2015），經營戰略全史，臺北：先覺出版社。

Ansoff, H. Igor（邵沖譯）（2010），**戰略管理**，北京：機械工業出版社。

〔韓〕崔哲、〔韓〕裵桐淅、〔韓〕張源埈、〔韓〕孫秀娫著，金善花譯（2017），**知識產權金融**，北京：知識產權出版社。

〔日〕大前研一著（黃宏義譯）（1984），**策略家的智慧**，長河出版社。

吳思華（2001），**策略九說：策略思考的本質**，臺北：臉譜。

湯明哲（2003），**策略精論**：基礎篇，臺北：天下文化。

朱純瑜（2010），專利市場中介角色演化與價值創造模式，東海大學企業管理學系碩士學位論文。

陳月秀（2004），智慧財產權證券化——從美日經驗看我國實施可行性與立法之芻議，國立政治大學法律學研究所碩士論文。

秦菲（2009），知識產權證券化研究，華東交通大學碩士論文。

李颯（2009年），知識產權擔保體例的選擇，鄭州大學碩士論文。

經濟部中小企業處（執行單位：財團法人臺灣經濟研究院）（2017），「全球早期資金趨勢觀測報告第4季」。

林宜男、李禮仲（2004），「中小企業無形資產融資擔保法規之專案研究」，經濟部中小企業處93年度中小企業法規調適專案研究計畫期中報告。

中文期刊論文

王美心（2009），「生醫專利證券化運用於知識產權戰略」"Creativity Article Competition on Intellectual Property Rights"，**創新力——智慧財產權論文比賽論文集**。

林小愛（2013），「專利交易特殊性及運營模式研究」，**知識產權**，3，頁69-74。

林鵬飛（2014），「防禦型專利集合之創新商業模式RPX個案研究」，**智慧財產權月刊**，189，2014.09，頁70-108。

李龍，（2009年），「日本知識產權質押融資和評估」，**華東理工大學學報（社會科學版）**，24(4)，79-85。

宋海寧（2015），「近年全球專利交易的統計和趨勢分析——以美國專利交易市場爲主進行考察」，**科技與法律**，(4)，812-843。

胡正銀、方曙（2014），「專利文本技術挖掘研究進展綜述」，**數據分析與知識發現**，30(6)，頁62-70。

李偉（2008），「企業發展中的專利：從專利資源到專利能力——基於企業能力理論的視野」，**自然辯證法通訊**，30(4)，54-58。

李偉（2011），「企業專利能力影響因素實證研究」，**科學學研究**，29(6)，847-855。

李瑞豐、陳燕（2017），「專利布局視角下藥企應對『專利懸崖』策略研究及思考」，**電子知識產權**，(6)，64-72。

張諄（2018），科技型中小企業專利資產池的構建從風險角度出發，**河北企業**，2018年12期。

靳曉東（2011），「我國專利資產證券化中資產池構建的技術風險及其防範」，**全國商情：經濟理論研究**，(4)，43-44。

陳朝宇、林盈平（2017），「剖析專利授權於實務上之應用」，**智慧財產權月刊**，第224期，頁33-54。

項維欣、吳思華、陳意文（2012），「專案團隊內創意構想守門能耐與體制規則概念建構及量表發展與驗證」，**中山管理評論**，20(4)，1045-1104。

黃孝怡（2018），「策略性專利布局：從企業專利策略到專利布局」，**智慧財產權月刊**，236，頁5-29。

黃孝怡（2018），「技術性專利布局：專利探勘與TRIZ理論」，**智慧財產權月刊**，236，頁30-53。

陳明哲（2012），「預測競爭對手的回應：AMC分析法初探」，**哈佛商**

業評論，75，頁28-29。

陳瓊娣（2016），「清潔技術企業專利組合策略研究」，科研管理，37(4)，頁118-125。

劉鈿（2016），「專利貨幣化模式實證研究」，決策與信息，023，頁82-82。

謝黎偉（2012年），「美國智慧財產權擔保融資的立法與實踐」，重慶工商大學學報：社會科學版，29(4)，頁66-75。

羅彬&王艷紅（2017），「專利池資本化的路徑及風險分擔機制研究」，內江科技，38(7)，頁25-28。

彭繪羽，（2017），「我國專利質押融資概況研究」，現代商業，(30)，49-51。

詹愛嵐，（2012），「企業專利戰略理論及應用研究綜述」，情報雜誌，5，006。

英文書籍

Altshuller, G (2002), “40 principles: TRIZ keys to innovation”,. Vol. 1, Technical Innovation Center, Inc.,.

Altschuller, G. (2004), “And Suddenly the Inventor Appeared: TRIZ, the Theory of Inventive Problem Solving”, Technical Innovation Center, Inc, Worcester

Knight, H. (2013), “Patent strategy for researchers and research managers”, John Wiley & Sons Inc., Hoboken, New Jersey

Miele, A. L. (2002), “Patent strategy: The manager's guide to profiting from patent portfolios (Vol. 27), John Wiley & Sons.

Porter, M.. E. (1985), “*Competitive Advantage*”, New York.

Rothaermel, F. T. (2008), “Chapter 7 Competitive advantage in technology intensive industries”, In *Technological Innovation: Generating Economic Results* , (pp. 201-225). Emerald Group Publishing Limited.

日文書籍

〔日〕石田正泰著（2009），「企業経営における知的財産活用論—CIPOのための知的財産経営へのガイド」，社團法人發明協會。

英文期刊論文

Allison, J. R., Lemley, M. A., Moore, K. A., & Trunkey, R. D. (2003), “Valuable patents”, Geo. Lj, 92, 435.

Bader, M. A. (2007), “Strategic management of patent portfolios”,. *Nouvelles-Journal of the Licensing Executives Society*, 42 (4), 552.

Barney, J. (1991), “Firm resources and sustained competitive advantage”, *Journal of Management*, 17 (1), 99-120.

——, J., Wright, M., & Ketchen Jr, D. J. (2001), “The resource-based view of the firm: Ten years after 1991”, *Journal of Management*, 27 (6), 625-641.

Brockhoff, K. K. (1992), “Instruments for patent data analyses in business firms”, *Technovation*, 12 (1), 41-59.

Chen, M. J., & Miller, D. (2012), “Competitive dynamics: Themes, trends, and a prospective research platform”, *The Academy of Management Annals*, 6 (1), 135-210.

Cheng, S. T., Yu, W. D., Wu, C. M., & Chiu, R. S. (2006) , “Analysis of construction inventive patents based on TRIZ”, *In Proceedings of International Symposium on Automation and Robotics in Construction*, ISARC, 3-5.

Chesbrough, H. W. (2006), “The era of open innovation”, *Managing Innovation and Change*, 127 (3), 34-41.

—— (2012), “Open innovation: Where we've been and where we're going”, *Research-Technology Management*, 55 (4), 20-27.

Chien, C. V. (2010), “From arms race to marketplace: the complex patent ecosystem and its implications for the patent system", *Hastings Lj*, 62, 297.

Chien, C.,(2010), "From Arms Race to Marketplace: The Complex Patent Ecosystem and Its Implications for the Patent System", 62, *HASTINGS L.J.* 297, 397.

Ernst, H. (1998), "Patent portfolios for strategic R&D planning", *Journal of Engineering and Technology Management*, 15 (4), 279-308.

Ernst, H. (2003), "Patent information for strategic technology management",. *World Patent Information*, 25 (3), 233-242.

Evans, G. E. (2013), "Intellectual Property Commercialization: Policy Options and Practical Instruments", United Nations. Economic Commission for Europe, United Nations.

Ewing, T., & Feldman, R., (2012), "The giants among us", Stan. Tech. L. Rev., 1.

Fabry, B., Ernst, H., Langholz, J., & Köster, M. (2006), "Patent portfolio analysis as a useful tool for identifying R&D and business opportunities—an empirical application in the nutrition and health industry", *World Patent Information*, 28 (3), 215-225.

Gazem, N., & Rahman, A. A (2014)., "Interpretation of TRIZ principles in a service related context", *Asian Social Science*, 10 (13), 108.

Graf, H., & Krüger, J. J. (2011), "The performance of gatekeepers in innovator networks", *Industry and Innovation*, 18 (1), 69-88.

Ghafele, R., & Gibert, B. (2014). "IP commercialization tactics in developing country contexts",. *Journal of Management and Strategy*, 5 (2), 1.

Gallini, N.T. and B.D. Wright., (1990), "Technology Transfer under Asymmetric Information", *RAND Journal of Economics*, 21: 147-160.

Grant, R. M. (1991), "The resource-based theory of competitive advantage: implications for strategy formulation", *California Management Review*, 33

(3), 114-135.

Liang, Y., & Tan, R. (2007), "A text-mining-based patent analysis in product innovative process", *In Trends in computer aided innovation*, 89-96, Springer, Boston, MA.,

Love, B. J., Richardson, K., Oliver, E., & Costa, M. , (2018), "An Empirical Look at the Brokered Market for Patents", *Missouri Law Review*, 83, 359.

Liu, Z.F.(2016), "Technology innovation of coupling classical TRIZ and patent text: Concepts, models & empirical research", *Journal of Mechanical Engineering Research and Developments*, 39. 815-825.

Lichtenthaler, U. (2007), "Corporate technology out-licensing: Motives and scope", *World Patent Information*, 29 (2), 117-121.

Macdonald, S. (2004). "When means become ends: considering the impact of patent strategy on innovation", *Information Economics and Policy*, 16 (1), 135-158.

Millien, R., & Laurie, R. (2007), "A summary of established & emerging IP business models. In Proceedings of the Sedona Conference", *Sedona*, AZ , pp. 1-16.

Mintzberg, H. (1987), "The strategy concept I: Five Ps for strategy", *California management review*, 30 (1), 11-24.

Morgan, R.P., Kruytbosch, C. and Kannankutty. N. (2001), "Patenting and Invention Activity of U.S. Scientists and Engineers in the Academic Sector: Comparisons with Industry", *Journal of Technology Transfer* 26: 173-83.

Myhrvold, N. (2010), "The big idea: funding eureka!", *Harvard Business Review*, 88 (2), 40-50.

Patel, R. P. (2002), "A patent portfolio development strategy for start-up companies", US Patent and Trademark Office.

Prahalad, C. K., & Hamel, G. (1990), "The core competence of the corporation", *Harvard Business Review*, 68 (3), 79-91.

Rivette, K. G., & Kline, D. (2000), "Discovering New Value in Intellectual Property", *Harvard Business Review*, 78 (1), 54-66.

Somaya, D. (2012), "Patent strategy and management: An integrative review and research agenda", *Journal of management*, 38 (4), 1084-1114.

Seaton, Roger AF, and M. Cordey-Hayes,(1993) "The development and application of interactive models of industrial technology transfer", *Technovation* 13.1: 45-53.

Sichelman, T. (2009), "Commercializing patents", *Stan. L. Rev.*, 62, 341.

Steele, M. L., (2016)., "The Great Failure of the IPXI Experiment: Why Commoditization of Intellectual Property Failed", *Cornell L. Rev.*, 102, 1115.

Svensson, R. (2012), "Commercialization, renewal, and quality of patents", *Economics of Innovation and New Technology*, 21 (2), 175-201.

van Zanten, J. F. V., & Wits, W. W. (2015), "Patent circumvention strategy using TRIZ-based design-around approaches", *Procedia engineering*, 131, 798-806.

Wernerfelt, B. (1984), "A resource based view of the firm", *Strategic Management Journal*, 5 (2), 171-180.

—— (1989), "From critical resources to corporate strategy", *Journal of General Management*, 14 (3), 4-12.

Wechtler, H., & Rousselet, E. (2012), "Research And Methods In Competitive Dynamics: Review And Perspectives", In *EURAM 2012*

日文期刊論文

渡辺宏之。（2004）。知財ファイナンスと信託。季刊企業と法創造「特集シンポジウム」，(3)，65-80。

網頁

Baghdassarian, M. (2015), “Recent Approaches and Considerations to Monetizing Intellectual Property”,2015, https://www.kramerlevin.com/images/content/1/4/v4/1422/ITM-RecentApproaches.pdf，最後瀏覽日：2018年9月19日。

Digital Journal, “Onshore Wind Energy Market is expected to expand at ~27% CAGR” , http://www.digitaljournal.com/pr/3870093，最後瀏覽日：2018年12月31日。

Eckardt, R., “What is IP Strategy?”, 2012/10/03, https://ipstrategy.com/2012/10/03/what-is-ip-strategy/，最後瀏覽日：2018年11月10日。

Ellis, J., “Japan’s sovereign patent fund may have notched up two big victories this month”, Jun 28, 2017, https://medium.com/@jacknwellis/japans-sovereign-patent-fund-may-have-notched-up-two-major-victories-in-recent-weeks-8ae4bdd34185，最後瀏覽日：2018年9月26日。

Ene, S. I.“Intellectual Property Strategy-With main focus on patents and licensing of patents (Master's thesis, NTNU)”, ,2014, https://daim.idi.ntnu.no/masteroppgaver/011/11164/masteroppgave.pdf，最後瀏覽日：2018年11月11日。

Erin Fuchs, “Tech's 8 Most Fearsome 'Patent Trolls'”, Business Insider, Nov. 25, 2012/11,25，https://www.businessinsider.com/biggest-patent-holding-companies-2012-11，最後瀏覽日：2019年9月30日。

Flynn, M., “Utek Corporation: Promoting Innovation”,2008/04/30, https://web.archive.org/web/20110707132913/http://www.americanexecutive.com/index.php?option=com_content&task=view&id=6673&Itemid=80，最後瀏覽日：2018年10月4日。

Granstrand, O., “StrategicManagement of Intellectual Property”, http://www.ip-research.org/wp-content/uploads/2012/08/CV-118-Strategic-Management-of-Intellectual-Property-updated-aug-2012.pdf，最後瀏覽日：2018年5月26日。

Heikkilä, J. (2012), "Intellectual property strategies and firm growth: evidence from Finnish small business data", https://jyx.jyu.fi/bitstream/handle/123456789/37793/1/URN%3ANBN%3Afi%3Ajyu-201205081628.pdf，最後瀏覽日：2018年11月11日。

Henry, M., "HOW TO LAUNCH A PATENT PORTFOLIO: 7 STRATEGIC STEP", 2017/11/16, https://www.henrypatentfirm.com/blog/how-to-launch-a-patent-portfolio，最後瀏覽日：2108年12月21日。

Hutter, J., "Patent Monetization Can be a New Source of Revenue for Your Clients: Make Sure You Know the Critical Steps for Success",2008/12/1, http://www.jdsupra.com/post/documentViewer.aspx?fid=f7a96786-bd33-4e8a-abe6-a7bd504b8e12，最後瀏覽日：2018年12月20日。

Intellectual ventures網頁，http://www.intellectualventures.com/about，最後瀏覽日： 2018年9月29日。

investopedia.com, "Real Option", https://www.investopedia.com/terms/r/realoption.asp，最後瀏覽日：2018年9月25日。

IP Handbook CHAPTER 5.1，"IP Strategy"，http://www.iphandbook.org/handbook/chPDFs/ch05/ipHandbook-Ch%2005%2001%20Pitkethly%20IP%20Stratey.pdf，最後瀏覽日：2018年12月15日。

Jeff Giles, "HOW DAVID BOWIE TURNED 'BOWIE BONDS' INTO $55 MILLION PAYDAY", 2017/9/28, http://ultimateclassicrock.com/david-bowie-bonds/，最後瀏覽日：2018年9月16日。

Krishnan, S., "Optimizing The Patent Portfolio in a Pharmaceutical Industrial Set-Up",2017, http://piramalpharmasolutions.com/storage/app/uploads/public

/5a1/6c6/729/5a16c6729c5eb804619941.pdf，最後瀏覽日：2018年12月23日。

Lloyd, R., “Facebook, Google, Apple, Microsoft, IBM and 14 others team up with AST to launch new patent buying initiative”, 2016/05/18, https://www.iam-media.com/defensive-aggregation/facebook-google-apple-microsoft-ibm-and-14-others-team-ast-launch-new，最後瀏覽日：2018年12月15日。

Lu, J. “Decompose and adjust patent sales prices for patent portfolio valuation”,2012, https://www.lesi.org/docs/default-source/lnmarch2013/11_lu5edit-r (p-71-79).pdf?sfvrsn=6，最後瀏覽日：2019年1月30日。

Ma, A., “IBM, Patent Leadership: Balances Proprietary and Collaborative Innovation”, 2008, http://www.chinaipmagazine.com/en/journal-show.asp?id=250，最後瀏覽日：2018年12月31日。

Markmanadvisors, “Is IBM a patent troll?”, 2018/08/02, https://www.markmanadvisors.com/blog/2018/8/2/is-ibm-a-patent-troll，最後瀏覽日：2018年9月26日。

Market: A Good Year to be a Buyer”,2016/2/8, http://www.ipwatchdog.com/2016/02/08/2015-brokered-patent-market/id=65747/，最後瀏覽日：2018年12月15日。

MBA智庫百科，「專利經營」條目，https://wiki.mbalib.com/zh-tw/%E4%B8%93%E5%88%A9%E7%BB%8F%E8%90%A5，最後瀏覽日：2018年12月6日。

Medansky, Keith W., & Dalinka, Alan S. (2005), “Considering intellectual property securitisation”, http://www.buildingipvalue.com/05_NA/143_146.htm，最後瀏覽日：2018年9月16日。

Metis Partners , “WHAT IS IP-BACKED FINANCE? ”, http://metispartners.

com/ip-basics/what-is/ip-backed-finance/，最後瀏覽日：2018年9月30日。

Millien, R., “Landscape 2013: Who are the Players in the IP Marketplace?”, 2013/1/23, http://www.ipwatchdog.com/2013/01/23/ip-landscape/id=33356/，最後瀏覽日：2018年9月28日。

Morgan, J.P., “Acacia Research Corp.: Out Innovating: Initiating With an Overweight”, North America Equity Research, 2011/3/9, https://ipcloseup.files.wordpress.com/2011/12/actg_jpmorgan_030911-inititiation.pdf，最後瀏覽日：2018年9月28日。

Ocean Tomo, “Intellectual Propert Strategy”, http://www.oceantomo.com/intellectual-property-strategy/，瀏覽日期：2018年12月9日。

Patel, A., Germeraad. P., “The New IP Strategy Agend”, https://www.lesi.org/docs/default-source/lnjune2013/1_germeraad3wr.pdf?sfvrsn=2，最後瀏覽日：2018年11月7日。

Patel, R., “Developing a Patent Strategy A Checklist for Getting Started”, https://www.fenwick.com/FenwickDocuments/Patent_Checklist.pdf，最後瀏覽日：2018年12月9日。

Prahalad, C. K., & Hamel, G. 2007/3/1，企業核心能力（*The Core Competence of the Corporation*），哈佛商業評論中文版，https://www.hbrtaiwan.com/article_content_AR0000428.html，最後瀏覽日：2018年12月6日。

Punnoose, S., & Shobhana, V., “The intellectual property audit”, 2012, http://nopr.niscair.res.in/bitstream/123456789/14765/1/JIPR%2017 (5)%20417-424.pdf?utm_source=The_Journal_Database&trk=right_banner&id=1400281054&ref=7d3b6ecd34765429db8d10142dd99982，最後瀏覽日：2018年12月22日。

Rastogi, T. (2010), “IP Audit: Way to a Healthy Organization”,2010/7, http://

nopr.niscair.res.in/bitstream/123456789/10009/1/JIPR%2015 (4)%20302-309.pdf?utm_source=The_Journal_Database&trk=right_banner&id=1424963868&ref=d1fa4a177d2260d57f2a8fadd8a2d90f，最後瀏覽日：2018年12月22日。

Rogers, David E., "Eight Ways to Strengthen Your Patent Portfolio", 2016/10/04, http://www.jdsupra.com/legalnews/eight-ways-to-strengthen-your-patent-45067/，最後瀏覽日：2018年12月23日。

Richardson, K., Oliver, E., and Costa, M., "The 2015 Brokered Patent.

Richardson, K., Oliver, E., and Costa, M., "2016 Patent Market Report: Overview", 2017/4/10, http://www.ipwatchdog.com/2017/04/10/2016-patent-market-report-overview/id=81689/，最後瀏覽日：2018年12月15日。

Richardson, K., Oliver, E., and Costa, M., "The 2017 brokered patent market - the fightback begins", Richardson Oliver Law Group LLP, 2018, https://www.richardsonoliver.com/wp-content/uploads/2018/01/The-Brokered-Patent-Market-The-Fightback-Begins-Back-IAM87-Richardson-Oliver-Costa.pdf，最後瀏覽日：2018年12月15日。

Selko, A., "Largest Wind Turbine Manufactured in U.S. Gets Energy Award", Inindustryweek, 2007/09/11, https://web.archive.org/web/20110525063513/http://www.industryweek.com/articles/largest_wind_turbine_manufactured_in_u-s-_gets_energy_award_14948.aspx?SectionID=1，最後瀏覽日：2018年9月26日。

Somaya, D. (2002), "Theoretical perspectives on patent strategy, University of Maryland", http://citeseerx.ist.psu.edu/viewdoc/download?doi=10.1.1.195.354&rep=rep1&type=pdf，最後瀏覽日：2018年11月11日。

Swiss Federal Institute of Intellectual Property, "What does an IP strategy consist of?", https://www.ige.ch/en/intellectual-property/developing-an-ip-strategy/

what-does-an-ip-strategy-consist-of.html，最後瀏覽日：2018年10月17日。

Takashi Suzuki & Mina Maeda, “Hitachi's IP Strategy for Business Growth”, www.hitachi.com/rev/pdf/2015/r2015_06_101.pdf，最後瀏覽日：2018年12月9日。

Terry Ludlow, “Trends In Technology IP Licensing”, https://www.ipo.org//wp-content/uploads/2014/12/IPLicensingTrends_TerryLudlow1.pdf，最後瀏覽日：2018年12月23日。

The National Congress of Inventor Organizations (NCIO), “America’s inventor: online edition： Jerome Lemelson”, http://www.inventionconvention.com/americasinventor/dec97issue/section16.html#Friday，最後瀏覽日：2018年9月19日。

Tom Espiner ,'Bowie bonds' - the singer's financial innovation, BBC News, 2016/1/11, https://www.bbc.com/news/business-35280945，最後瀏覽日：2018年9月16日。

Toutoungi, A., “Sovereign Patent Funds: What? Why? Where?”,2016/2/12, https://www.eversheds-sutherland.com/global/en/index.page?，最後瀏覽日：2018年9月26日。

Wikipedia encyclopedia, “Elias Howe”條目，https://en.wikipedia.org/wiki/Elias_Howe，最後瀏覽日：2018年9月19日。

Wikipedia encyclopedia, “Jerome H. Lemelson”條目，https://en.wikipedia.org/wiki/Jerome_H._Lemelson，最後瀏覽日：2018年9月19日。

Wikipedia encyclopedia, “Patent monetization”條目，https://en.wikipedia.org/wiki/Patent_monetization，最後瀏覽日：2018年12月23日。

Wikipedia encyclopedia , “Liberty Wind Turbine”條目，https://en.wikipedia.org/wiki/Clipper_Windpower

WIPS, "The Comparison between Apple and Samsung's Patent Portfolios", 2013/01, http://customer.wips.co.kr/mail/newsletter/2013/0117/Apple%20and%20Samsung_Final_Report_JP.pdf，最後瀏覽日：2018年12月6日。

Wolfe, J., "IBM wins $83 million from Groupon in internet patent fight",2018/07/28, https://www.reuters.com/article/us-ibm-groupon-lawsuit/ibm-wins-83-million-from-groupon-in-internet-patent-fight-idUSKBN1KH2CL，最後瀏覽日：2018年9月26日。

Wikipedia encyclopedia，"Defensive patent aggregation"條目，https://en.wikipedia.org/wiki/Defensive_patent_aggregation，最後瀏覽日：2018年10月1日。

Wikipedia encyclopedia，"RPX Corporation"條目，https://en.wikipedia.org/wiki/RPX_Corporation，最後瀏覽日：2018年10月1日。

Wikipedia encyclopedia, "Clipper Windpower"條目，https://en.wikipedia.org/wiki/Clipper_Windpower，最後瀏覽日：2018年12月31日。

李日寶，「國內外證券化市場之發展、運作方式及相關實力分析【專題一】：國內外證券化市場之發展、運作方式及相關實力分析」，www.sfb.gov.tw/fckdowndoc?file=/92年10月專題一.pdf&flag=doc，最後瀏覽日：2018年9月16日。

李日寶，「國內外證券化市場之發展、運作方式及相關實力分析【專題一】：國內外證券化市場之發展、運作方式及相關實力分析」，www.sfb.gov.tw/fckdowndoc?file=/92年10月專題一.pdf&flag=doc，最後瀏覽日：2018年9月16日。

蔣士棋，「專利量化數據，打開投資新視野」，《北美智權報》185期，2017年5月17日，http://www.naipo.com/Portals/1/web_tw/Knowledge_Center/Industry_Economy/IPNC_170517_0701.htm，最後瀏覽日：2019年1月1日。

百度百科，「知識產權質押融資」條目，https://baike.baidu.com/item/%E7%9F%A5%E8%AF%86%E4%BA%A7%E6%9D%83%E8%B4%A8%E6%8A%BC%E8%9E%8D%E8%B5%84，最後瀏覽日：2018年10月10日。

維基百科「資產證券化」條目https://zh.wikipedia.org/wiki/%E8%B5%84%E4%BA%A7%E8%AF%81%E5%88%B8%E5%8C%96，最後瀏覽日：2018年9月16日。

維基百科「大衛．鮑伊」條目，https://zh.wikipedia.org/wiki/%E5%A4%A7%E5%8D%AB%C2%B7%E9%B2%8D%E4%BC%8A，最後瀏覽日：2018年9月16日。

維基百科「Intellectual property brokering」條目，https://en.wikipedia.org/wiki/Intellectual_property_brokering，最後瀏覽日：2018年12月16日。

維基百科「Intellectual Ventures」條目，https://en.wikipedia.org/wiki/Intellectual_Ventures，最後瀏覽日： 2018年9月29日。

金管會銀行局，金融小百科，「淺介我國不動產證券化」，https://www.banking.gov.tw/ch/home.jsp?id=176&parentpath=0,5,67&mcustomize=cyclopedia_view.jsp&dataserno=382&aplistdn=ou=chtips,ou=ap_root,o=fsc,c=tw，最後瀏覽日：2018年10月14日。

金融管理委員會金融研究資源整合平台，「各國推動創意企業放款與無形資產評鑑價之經驗」，2015年1月，https://research.fsc.gov.tw/FrriFileDownLoad.asp?ResearchID=20161213-1717，最後瀏覽日：2018年10月10日。

經濟部中小企業處法律諮詢服務網，「彰顯擔保價值，專利設質先搞清」，2007/01/09，https://law.moeasmea.gov.tw/modules.php?name=Content&pa=showpage&pid=632，最後瀏覽日：2018年10月9日。

經濟部智慧財產局網頁，「何謂專利權質權登記？應如何辦理？」，2015/12/ 8，https://www.tipo.gov.tw/ct.asp?xItem=504369&ctNode=7633&

mp=1，最後瀏覽日：2018年10月9日。

國家實驗研究院科技政策研究與資訊中心科技產業資訊室，「科技大廠紛紛成立專利授權管理公司」，2013年5月29日，http://iknow.stpi.narl.org.tw/Post/Read.aspx?PostID=8095，最後瀏覽日：2018年12月15日。

國家實驗研究院科技政策研究與資訊中心科技產業資訊室，「Twitter花3600萬買下IBM的900項專利」，2014年3月，http://iknows.spti.narl.org.tw/post/Read.aspx?PostID=9441，最後瀏覽日：2018年12月15日。

國實院科技政策研究與資訊中心科技產業資訊室，「搜尋引擎專利訴訟，Software Rights Archive控告微軟」，2011/07/31，http://iknow.stpi.narl.org.tw/post/Read.aspx?PostID=6421，最後瀏覽日：2018年10月1日。

資策會科技法律研究所，「何謂防禦型聯盟（Defensive Patent Aggregator）？其是否爲NPE的重要類型？」，https://stli.iii.org.tw/article-detail.aspx?no=57&tp=5&i=4&d=7320，最後瀏覽日：2018年10月1日。

會計研究發展基金會翻譯，「國際會計準則第38號翻譯初稿」，http://www.ardf.org.tw/IFRS/IAS38.pdf，最後瀏覽日：2018年10月3日。

歐洲智慧財產權協助平台，「IP due diligence: assessing value and risks of intangibles」，https://www.iprhelpdesk.eu/sites/.../Fact-Sheet-IP-Due-Diligence.pdf，最後瀏覽日：2018年10月15日。

友達光電網頁，「友達光電榮獲2009/2010 Ocean Tomo 300®專利指數肯定」，2009/11/26，https://www.auo.com/zh-TW/News_Archive/detail/news_CSR_20091126，最後瀏覽日：2018年10月4日。

友達光電網頁，「友達光電榮獲2009/2010 Ocean Tomo 300®專利指數肯定」，2009/11/26，https://www.auo.com/zh-TW/News_Archive/detail/news_CSR_20091126最後瀏覽日：2018年10月4日。

中芯新聞網頁，「中芯國際被列入Ocean Tomo 300專利指數」，

2013/02/01/，https://www.smics.com/tc/site/news_read/4419，最後瀏覽日：2018年10月4日。

新聚能科技，「專利質押與融資實務──以中國大陸為例」，http://synergytek.com.tw/blog/2015/09/11/%E5%B0%88%E5%88%A9%E8%B3%AA%E6%8A%BC%E8%88%87%E8%9E%8D%E8%B3%87%E5%AF%A6%E5%8B%99-%E4%BB%A5%E4%B8%AD%E5%9C%8B%E5%A4%A7%E9%99%B8%E7%82%BA%E4%BE%8B/?variant=zh-tw，最後瀏覽日：2018年10月10日。

國家圖書館出版品預行編目資料

企業專利策略、布局與貨幣化／黃孝怡著. -- 初版. -- 臺北市：五南, 2019.07
面； 公分
ISBN 978-957-763-464-1（平裝）

1.專利 2.企業經營 3.企業策略

440.6 108009274

5A24

企業專利策略、布局與貨幣化

作　　者 — 黃孝怡（310.5）
發 行 人 — 楊榮川
總 經 理 — 楊士清
總 編 輯 — 楊秀麗
主　　編 — 王正華
責任編輯 — 金明芬
封面設計 — 姚孝慈
出 版 者 — 五南圖書出版股份有限公司
地　　址：106台北市大安區和平東路二段339號4樓
電　　話：(02)2705-5066　　傳　　真：(02)2706-6100
網　　址：http://www.wunan.com.tw
電子郵件：wunan@wunan.com.tw
劃撥帳號：01068953
戶　　名：五南圖書出版股份有限公司

法律顧問　林勝安律師事務所　林勝安律師

出版日期　2019年7月初版一刷
定　　價　新臺幣450元